Java程序设计

项目化教程

赵冬玲　智珊珊　李　申　田月霞◎编著

清华大学出版社
北京

内容简介

本书通过银行管理系统项目的实现贯穿所有的 Java 程序设计知识点,引导读者分析问题、设计解决方案、编写代码、测试运行,使读者可以更好地理解和掌握 Java 语言编程的实际应用,提升工程项目实践能力,为后续专业课程的学习打下扎实的基础。

本书共分为 8 个任务,循序渐进地介绍了如何使用 Java 语言开发应用系统。前 3 个任务通过项目开发环境搭建、银行登录模块实现、客户信息管理模块实现,介绍 Java 语言基础编程知识,通过数组实现了银行客户信息存储功能。任务 4 为银行系统客户常用功能模块实现,深入讲解 Java 语言的面向对象编程特性,包括类与对象,封装,继承和多态,抽象类与接口等,并通过面向对象编程优化银行系统客户存款、取款、转账、查询余额等功能。任务 5 银行业务异常处理实现,进一步优化银行系统异常处理,提高程序健壮性、安全性和可维护性。任务 6 通过集合框架强化数据存储应用,优化客户信息存储功能。任务 7 通过 I/O 流实现客户信息导出功能。任务 8 通过数据库操作、图形界面编程综合实现银行管理系统项目,使读者在实践中巩固所学知识,提高实际开发能力。同时,本书还设置了大量的案例和综合实训,激发读者的学习兴趣,增强学习效果。

本书可作为高等职业院校计算机应用技术、软件技术、工业互联网技术、大数据技术等相关专业的教学用书,也可作为有继续教育需求的社会学习者及从事计算机软件行业的技术人员的参考用书。

本书封面贴有清华大学出版社防伪标签,无标签者不得销售。
版权所有,侵权必究。举报:010-62782989,beiqinquan@tup.tsinghua.edu.cn。

图书在版编目(CIP)数据

Java 程序设计项目化教程 / 赵冬玲等编著. -- 北京:清华大学出版社,2024.8. -- ISBN 978-7-302-66994-4

Ⅰ. TP312.8

中国国家版本馆 CIP 数据核字第 2024K39A97 号

责任编辑:邓　艳
封面设计:刘　超
版式设计:文森时代
责任校对:马军令
责任印制:刘海龙

出版发行:清华大学出版社
网　　址:https://www.tup.com.cn, https://www.wqxuetang.com
地　　址:北京清华大学学研大厦 A 座
邮　　编:100084
社 总 机:010-83470000
邮　　购:010-62786544
投稿与读者服务:010-62776969,c-service@tup.tsinghua.edu.cn
质量反馈:010-62772015,zhiliang@tup.tsinghua.edu.cn
印 装 者:北京鑫海金澳胶印有限公司
经　　销:全国新华书店
开　　本:185mm×260mm
印　　张:19.25
字　　数:464 千字
版　　次:2024 年 8 月第 1 版
印　　次:2024 年 8 月第 1 次印刷
定　　价:69.00 元

产品编号:103723-01

前　　言

随着科技的飞速发展，计算机技术已经成为现代社会不可或缺的一部分。编程语言作为计算机技术的核心，对于软件开发人员来说，掌握一门或多门编程语言是非常重要的。Java 作为一种被广泛使用的编程语言，因其简单、高效、跨平台等特点，深受广大程序员的喜爱。因此，编写一本系统而实用的 Java 教材显得尤为重要。

本书旨在为初学者提供一个系统的 Java 学习路径，帮助他们掌握 Java 编程的基本知识和技能，从而在软件开发领域取得成功。按照学习者的学习特点，我们精心设计了银行系统项目，依托项目开发过程构建本书结构，共包括 8 个任务，每个任务的内容如下。

任务 1 为项目开发环境搭建，从什么是程序开始，让读者了解为什么要学习 Java 语言，掌握 Java 技术平台并对职业发展有清晰地认识。介绍 Java 开发工具 JDK 的下载和环境配置，集成开发工具 Eclipse 的下载和使用。

任务 2 为银行登录模块实现，全面介绍 Java 的基本概念、语法、数据类型、运算符、流程控制语句等基础知识，利用以上知识实现银行系统用户登录等功能，为读者打下坚实的 Java 编程基础。

任务 3 为客户信息管理模块实现，介绍数组、字符串等基础知识，引入数据存储理念，使用数组实现用户信息存储。

任务 4 为银行系统客户常用功能模块实现，深入讲解 Java 的面向对象编程特性，包括类与对象，封装，继承和多态，抽象类与接口等内容，并通过面向对象的编程思想优化客户存款、取款、转账、查询余额等功能，重点培养读者使用面向对象思想进行程序设计的能力。

任务 5 为银行业务异常处理实现，介绍了 Java 的异常处理，进一步优化银行系统异常处理功能，提高程序的健壮性、安全性和可维护性。

任务 6 为客户信息存储功能优化，通过集合框架优化数据存储，实现管理员查看客户信息功能。

任务 7 为导出客户信息功能实现，通过实现客户信息导出，介绍 I/O 流的常见用法。

任务 8 为银行管理系统项目实现，通过综合项目案例，引导读者进行 Java 应用的开发实践，包括数据库操作、图形界面编程等，使读者在实践中巩固所学知识，提高实际开发能力。

本书特色如下。

1. 编写团队具有多年的 Java 教学经验和较强的项目应用开发能力，拥有多名具备丰富企业实践能力的教师和企业工程师。

2. 通过银行管理系统项目，将课程知识点和技能点融入项目和任务中，引导读者分析问题、设计解决方案、编写代码、测试运行，使读者可以更好地理解和掌握 Java 编程的实际应用，提升工程项目实践能力，为后续专业课程的学习打下扎实的基础。

3. 将"计算机程序设计员"职业资格技能等级认证、蓝桥杯 Java 程序设计大赛、软件开发岗位等所需的技能融入课程中。

4. 本书配套相应课程，可通过网站或扫描二维码进行观看，其中包含案例讲解视频、电子课件、案例代码和习题答案等丰富的学习资源，便于读者线上线下结合学习。

5. 将行业标准融入学习内容中，实现课程思政与专业知识的深度融合，通过具体的项目案例培养学生的团队协作和沟通能力，自主学习和创新能力，形成严谨、认真的工作态度，让学生成为一个有责任心、有担当的有用人才。

在本书编写过程中，我们力求做到内容全面、结构清晰、实例丰富，以便读者更好地学习和理解。同时，本书适合各类编程初学者使用，无论是计算机专业的学生还是非计算机专业的自学者，都能受益匪浅。

本书由河南机电职业学院智珊珊老师编写任务1、任务2和任务3，赵冬玲老师编写任务4和任务5，李申老师编写任务6，田月霞老师编写任务7和任务8。本书在编写过程中得到了本校和其他高等职业院校老师的支持和帮助，他们为本书提供了宝贵的意见和建议，在此表示由衷地感谢。同时，本书还参考了相关文献，在此对文献的作者表示诚挚的谢意。由于作者水平有限，书中难免存在疏漏与不足之处，恳请各位同人和读者指正。

编 者

目 录

任务 1　Java 项目开发环境搭建 1
　1.1　任务描述 1
　1.2　Java 概述 2
　　　1.2.1　Java 语言的发展历史 2
　　　1.2.2　Java 语言的特点 3
　　　1.2.3　Java 平台 5
　1.3　用记事本实现 Java 程序开发 6
　　　1.3.1　JDK 的下载、安装及配置 6
　　　1.3.2　Java 程序开发的步骤 11
　　　1.3.3　用记事本实现 Java 程序开发 12
　　　1.3.4　Java 程序的结构 16
　　　1.3.5　Java 程序的注释 17
　　　1.3.6　Java 编码规范 18
　1.4　Eclipse 下 Java 程序的开发 19
　　　1.4.1　Eclipse 下载和安装 19
　　　1.4.2　Eclipse 下创建 Java 程序 22
　　　1.4.3　Java 项目组织结构 24
　1.5　任务实施 25
　1.6　任务小结 26
　1.7　任务评价 26
　1.8　习题 27
　1.9　综合实训 28

任务 2　银行登录模块实现 29
　2.1　任务描述 29
　2.2　Java 语法基础 30
　　　2.2.1　Java 标识符与关键字 31
　　　2.2.2　变量与常量 33
　　　2.2.3　数据类型 34
　　　2.2.4　变量的声明和输出 37
　2.3　运算符和表达式 39
　　　2.3.1　赋值运算符与赋值表达式 40
　　　2.3.2　算术运算符与算术表达式 41
　　　2.3.3　关系运算符与关系表达式 45

	2.3.4	逻辑运算符与逻辑表达式	47
	2.3.5	自增运算符与自减运算符	48
	2.3.6	运算符优先级	48
	2.3.7	数据类型转换	49
2.4	条件语句		52
	2.4.1	语句与语句块	52
	2.4.2	分支（if条件）语句	53
	2.4.3	switch多分支选择语句	57
2.5	循环语句		58
	2.5.1	while语句	59
	2.5.2	do…while语句	60
	2.5.3	for语句	61
	2.5.4	循环嵌套	63
	2.5.5	循环的跳转	66
2.6	任务实施		69
2.7	任务小结		71
2.8	任务评价		71
2.9	习题		71
2.10	综合实训		74

任务3	客户信息管理模块实现		75
3.1	任务描述		75
3.2	数组		76
	3.2.1	数组概述	76
	3.2.2	一维数组	78
	3.2.3	二维数组	83
	3.2.4	常见错误	86
	3.2.5	数组的应用	88
3.3	字符串		91
	3.3.1	字符串常量的创建	91
	3.3.2	字符串的操作	91
3.4	任务实施		93
3.5	任务小结		96
3.6	任务评价		96
3.7	习题		96
3.8	综合实训		97

任务4	银行系统客户常用功能模块实现	98
4.1	任务描述	98

- 4.2 类和对象 101
  - 4.2.1 类和对象的有关概念 101
  - 4.2.2 类的定义 102
  - 4.2.3 创建对象 103
  - 4.2.4 成员方法的使用 105
  - 4.2.5 方法重载 111
  - 4.2.6 构造方法 112
  - 4.2.7 this 关键字 116
- 4.3 封装 117
  - 4.3.1 封装概述 117
  - 4.3.2 封装原则 118
  - 4.3.3 包 package 122
  - 4.3.4 访问修饰符 124
  - 4.3.5 static 修饰 125
- 4.4 继承和多态 127
  - 4.4.1 继承 127
  - 4.4.2 super 关键字 134
  - 4.4.3 final 修饰符 136
  - 4.4.4 类的多态 138
- 4.5 抽象类和接口 142
  - 4.5.1 抽象类 142
  - 4.5.2 接口 145
- 4.6 Java API 中的常用类 149
- 4.7 Java 项目开发中的分层思想 157
- 4.8 任务实施（一） 158
- 4.9 任务实施（二） 164
- 4.10 任务小结 173
- 4.11 任务评价 174
- 4.12 习题 174
- 4.13 综合实训 176

任务 5 实现银行业务异常处理 177
- 5.1 任务描述 177
- 5.2 异常的基础知识 178
  - 5.2.1 生活中的异常 178
  - 5.2.2 Java 中的异常 178
  - 5.2.3 异常的分类 181
- 5.3 异常处理机制 182

		5.3.1 try-catch 语句块	182
		5.3.2 try-catch-finally 语句块	184
		5.3.3 多重 catch 语句块	188
		5.3.4 抛出异常	189
	5.4	任务实施	192
	5.5	任务小结	197
	5.6	任务评价	197
	5.7	习题	197
	5.8	综合实训	199

任务 6 优化客户信息存储功能 200

	6.1	任务描述	200
	6.2	集合框架概述	201
	6.3	List 接口	202
		6.3.1 ArrayList 集合类	203
		6.3.2 泛型	207
		6.3.3 LinkedList 集合类	209
	6.4	Map 接口	211
	6.5	遍历集合方式	213
		6.5.1 使用 lterator 遍历集合类	213
		6.5.2 使用增强 for 循环遍历集合类	215
	6.6	任务实施	217
	6.7	任务小结	220
	6.8	任务评价	220
	6.9	习题	220
	6.10	综合实训	222

任务 7 导出客户信息功能实现 223

	7.1	任务描述	223
		7.1.1 客户信息导入/导出	223
		7.1.2 实施思路	224
	7.2	I/O 流的定义及分类	225
		7.2.1 什么是流和 I/O 流	225
		7.2.2 流的分类	226
		7.2.3 File 类	228
		7.2.4 Scanner 类	233
	7.3	I/O 流类相关操作	234
		7.3.1 字节流	234
		7.3.2 字符流	239

- 7.3.3 数据流 241
- 7.3.4 缓冲流 244
- 7.3.5 随机流 247
- 7.4 NIO 250
  - 7.4.1 NIO 与 IO 250
  - 7.4.2 NIO 的组成部分 250
  - 7.4.3 Buffers 251
  - 7.4.4 Channels 253
- 7.5 任务实施 254
  - 7.5.1 客户信息导入/导出实现 254
  - 7.5.2 客户信息查询实现 256
- 7.6 任务总结 256
- 7.7 任务评价 257
- 7.8 习题 257
- 7.9 综合实训 259

任务 8 银行管理系统项目实现 260

- 8.1 系统分析与设计 260
  - 8.1.1 需求分析 260
  - 8.1.2 数据库设计 261
- 8.2 创建数据库 262
  - 8.2.1 安装和配置 MySQL 数据库 262
  - 8.2.2 编写数据库 DDL 脚本并插入数据 262
- 8.3 初始化项目 264
  - 8.3.1 配置项目构建路径 264
  - 8.3.2 添加资源图片 264
  - 8.3.3 添加包 265
- 8.4 编写数据持久层代码 265
  - 8.4.1 编写实体类 265
  - 8.4.2 编写 Dao 类 271
  - 8.4.3 数据库帮助类 278
- 8.5 编写表示层代码 282
  - 8.5.1 编写用户登录窗口 282
  - 8.5.2 编写登录后的窗口 283
  - 8.5.3 普通用户功能 284
  - 8.5.4 管理员功能 287
- 8.6 系统实现与测试 290
  - 8.6.1 测试目的 290

8.6.2 测试...290
8.6.3 测试结果..291
8.7 任务总结..291
8.8 任务评价..292
8.9 习题..292
8.10 综合实训..293

参考文献..295

任务 1

Java 项目开发环境搭建

Java 是一门优秀的编程语言,是目前软件开发领域的主流编程语言之一。"工欲善其事,必先利其器",想要学好 Java 语言,必须熟练运用工具。

学习目标:

- 下载和安装 JDK 1.8 和 Eclipse 集成开发环境。
- 搭建 JDK 1.8+Eclipse 的 Java 开发与运行环境。
- 在 Eclipse 环境下开发第一个 Java 程序。
- 理解各项配置的意义,锻炼实操能力。

1.1 任务描述

Java 项目开发环境的搭建包括 JDK(Java Develop Kit,Java 开发工具包)的下载、安装、配置以及 Eclipse 集成软件的下载、安装。

本任务要求学生动手实现 Java 编程语言开发环境 JDK 的配置和 Eclipse 软件的安装,并在 Eclipse 环境下创建 Java 项目,编写 Test1 程序输出银行管理系统中客户张三的账户信息:编号、姓名、卡号、密码、开户日期、年龄、账户余额。运行结果如图 1-1 所示。

```
================银行管理系统================
您的个人信息如下:
编号:1001
姓名:张三
卡号:20230001
密码:123456
开户日期:2020-01-01
年龄:18
账户余额:1597.0
==========================================
```

图 1-1 客户信息输出

1.2 Java 概述

Java 语言的诞生可以追溯到 1995 年，到现在已有 20 多年，Java 语言仍是非常热门的编程语言之一。作为一款功能强大、用途广泛且具有广泛应用场景的编程语言，Java 语言在桌面应用程序、移动应用程序、Web 应用程序和企业级应用程序等开发领域具有重要作用。当前时期不同机构 Java 语言的排名情况如表 1-1 所示。但无论使用哪种排名方法，Java 语言在编程语言中都具有较高的地位和受欢迎程度。

表 1-1 Java 编程语言排名情况

排 名 机 构	排 名 指 标	Java 语言排名
TIOBE 编程语言排行榜	搜索趋势、受欢迎程度、市场占有率等	前 3 名（2023 年 5 月）
PYPL 受欢迎程度排名	受欢迎程度、使用率、关注度等	前 4 名（2023 年 5 月）
Stack Overflow 调查	开发者满意度、使用意愿、需求等	前 4 名（2021 年调查）
Programming Community Index（PCI）排名	综合性的编程指数，包括各种指标和数据	前 5 名（根据具体指数）

注：排名可能随着时间的推移和不同的评估标准而发生变化。

1.2.1 Java 语言的发展历史

1991 年，Sun 公司内有一个被称为 Green 的项目，在 James Gosling 的带领下，这个项目的工程师受命设计一种小型的计算机语言，用于机顶盒、家电控制芯片等消费类设备。这种新语言被命名为"Oak"（James Gosling 办公室窗外的橡树名），但后来由于"Oak"这一名称已被占用，所以改名为"Java"。据说这是因为当时人们在想新名称的时候，正在品尝着一种来自印度尼西亚的爪哇小岛盛产的咖啡（这种咖啡也叫作 Java），于是就选用了"Java"，一种咖啡的名称作为新语言的名称，所以 Java 语言的标志就是一杯热气腾腾的咖啡。Java 语言的创始人 James Gosling 也被人们誉为"Java 语言之父"。

表 1-2 是 Java 语言的发展史，包括 Java 语言的发布年份、版本信息和主要特性。随着版本的更新，Java 语言不断引入新的功能和优化，以提高性能、安全性和开发效率。

表 1-2 Java 语言的发展史

发布年份	版 本	主 要 特 性
1996 年	Java 1.0	基本的语言特性和类库，可编写嵌入式系统
1997 年	Java 1.1	引入 Java Beans 和 RMI（远程方法调用）等新特性
1998 年	Java 2 平台（标准版）	包括 J2SE、J2EE 和 J2ME 等多个版本，可用于不同类型的应用开发
2000 年	Java 3.0	引入 Java Print Service 和 Java Font API 等新特性
2002 年	Java 4.0	包括 Java Servlet 和 JavaServer Pages（JSP）等新特性和类库
2004 年	Java 5.0	引入泛型、枚举、自动装箱和拆箱等新语言特性，以及 Java NIO（New I/O）和 Java Compiler API 等新类库和 API

续表

发布年份	版本	主要特性
2006 年	Java 6	改进了性能和安全性,提供了新的 GUI 和图形渲染特性等
2011 年	Java 7	引入新的语言特性,如"try-with-resources"语句和"switch"语句的扩展等,以及新的类库和 API,如 JavaFX 2.0
2014 年	Java 8	引入 lambda 表达式和其他新特性,包括 Stream API、日期和时间 API、新的函数式接口和局部变量类型推断等
2017 年	Java 9	引入模块化系统和其他改进,包括新的垃圾回收器 G1(Garbage First)和 JVM(Java 虚拟机)的优化等
2018 年	Java 10	引入局部变量类型推断、改进的字符串处理、并行流改进、新的日期和时间 API 等
2019 年	Java 11	提供了更好的性能、安全性的改进、新的工具和库、JavaFX 的改进等
2020 年	Java 12	引入新的语言特性、改进的编译器、更好的性能优化、GUI 和图形渲染的改进等
2021 年	Java 13	提供了更好的性能、安全性的改进、新的工具和库、JavaFX 的改进等
2022 年	Java 18	引入多项 API 和库的改进,简化开发流程,增强语言功能
2023 年	Java 21	Java 的最新长期支持版本,在模式匹配方面做了优化;引入新的模式匹配运算符,代码变得更加简洁、易读

1.2.2 Java 语言的特点

Java 语言简单易学,具有丰富的库和框架,下面详细解释 Java 语言的关键特点。

1. 简单

Java 语言的语法与 C 语言和 C++语言很接近,使得大多数程序员很容易学习和使用。另一方面,Java 丢弃了 C++中很少使用的、很难理解的、令人迷惑的那些特性,如指针。此外,Java 语言还提供了自动分配和回收内存空间,使得程序员不必为内存管理而担忧。

2. 面向对象

Java 语言提供类、接口和继承等面向对象的特性,为了简单起见,只支持类之间的单继承,但支持接口之间的多继承,并支持类与接口之间的实现机制(关键字为 implements)。Java 语言全面支持动态绑定,而 C++语言只对虚函数使用动态绑定。总之,Java 语言是一种面向对象的程序设计语言。

3. 分布式

Java 语言支持 Internet 应用的开发,在基本的 Java 应用编程接口中有一个网络应用编程接口(java net),它提供了用于网络应用编程的类库,包括 URL、URLConnection、Socket、ServerSocket 等。Java 语言的 Remote Method Invocation(远程方法激活)机制也是开发分布式应用的重要手段。

4. 健壮

Java 语言的强类型机制、异常处理、垃圾的自动收集等是 Java 程序健壮性的重要保证。此外，Java 语言的安全检查机制使得 Java 更具健壮性。

5. 安全

Java 语言通常被用在网络环境中，为此，Java 语言提供了一个安全机制以防止恶意代码的攻击。除了具有许多安全特性，Java 语言对通过网络下载的类还具有一个安全防范机制（类 ClassLoader），如分配不同的名字空间以防替代本地的同名类、字节代码检查，并提供安全管理机制（类 SecurityManager）让 Java 应用设置安全哨兵。

6. 结构中立

Java 程序（扩展名为.java 的文件）在 Java 平台上被编译为体系结构中立的字节码格式（扩展名为.class 的文件），然后可以在实现这个 Java 平台的任何系统中运行。这种途径适合于异构的网络环境和软件的分发。

7. 可移植

这种可移植性来源于体系结构的中立性，另外，Java 语言还严格规定了各个基本数据类型的长度。Java 系统本身也具有很强的可移植性，Java 编译器是用 Java 实现的，Java 的运行环境是用 ANSIC 实现的。

8. 解释型

如前所述，Java 程序在 Java 平台上被编译为字节码格式，然后可以在实现这个 Java 平台的任何系统中运行。在运行时，Java 平台中的 Java 解释器对这些字节码进行解释执行，执行过程中需要的类在连接阶段被载入运行环境中。

9. 高性能

与那些解释型的高级脚本语言相比，Java 语言的确是高性能的。事实上，Java 语言的运行速度随着 JIT（Just-In-Time）编译器技术的发展越来越接近于 C++语言。

10. 多线程

Java 语言支持多个线程的同时执行，并提供多线程之间的同步机制（关键字为 synchronized）。在 Java 语言中，线程是一种特殊的对象，它必须由 Thread 类或其子（孙）类来创建。

11. 动态

适应于动态变化的环境是 Java 语言的设计目标之一。Java 程序需要的类能够动态地载入运行环境中，也可以通过网络来载入所需要的类。这有利于软件的升级。另外，Java 语言中的类有一个运行时刻的表示，能进行运行时刻的类型检查。

1.2.3 Java 平台

Java 语言不仅是广受欢迎的编程语言,而且还是一个开发平台。Java 平台是一种为 Java 应用程序提供运行环境的软件系统,是一个被广泛使用的高级编程语言平台,它有助于企业降低成本、缩短开发周期、推动创新以及改善应用服务。

Sun 公司根据 Java 语言应用领域的不同,将 Java 语言分成三个平台:Java SE、Java EE 和 Java ME。

1. Java SE

Java SE(Java Platform Standard Edition,Java 平台标准版)是 Java 技术的核心,主要用于桌面应用程序的开发,是全球广受欢迎的现代开发平台,有助于企业降低成本、缩短开发时间、推动创新以及改善应用服务。Java SE 是 Java 语言三个平台中最核心的部分,Java EE 和 Java ME 都是在 Java SE 的基础上发展而来的,本书主要介绍 Java SE 版本中的技术。

Java SE 主要包含 JDK(Java Development ToolKit,Java 开发工具包)、JRE(Java Runtime Environment,Java SE 运行环境)和 Java 核心的类库。其中,JRE 为 Java 程序提供了运行环境,包含了 Java 程序运行所需的 Java 虚拟机(Java Virtual Machine,JVM),JVM 将字节码解释成可执行的机器码。Java 核心类库包含集合、IO、数据库连接以及网络编程等。JDK、JRE 和 JVM 三者之间的关系如图 1-2 所示。

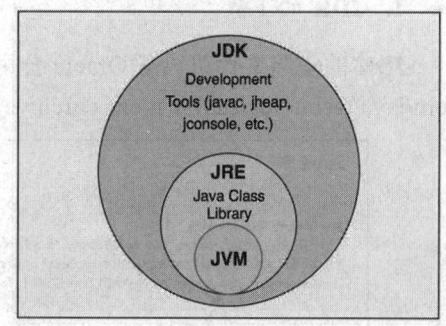

图 1-2 JDK、JRE 和 JVM 关系图

2. Java EE

Java EE(Java Platform Enterprise Edition,Java 平台企业版)主要用于网络程序和企业级应用的开发,其中主要包括 Servlet、JSP、Javabean、JDBC、EJB、Web 等技术。需要强调的是,任何 Java 语言学习者都要从 Java SE 开始学习,Java SE 是 Java 语言的核心,而 Java EE 是在 Java SE 的基础上扩展而来的。Java SE 提供了 Java 语言的执行环境,使开发出的应用程序能够在操作系统上运行。

3. Java ME

Java ME(Java Platform Micro Edition,Java 的微型版本),是为开发电子消费产品和嵌入式设备提供的解决方案。Java ME 主要用于小型数字电子设备上的软件程序的开发,例如,为家用电器增加智能化控制和联网功能,为手机增加新的游戏和通讯录管理功能。此外,JavaME 还提供了 HTTP 等高级 Internet 协议,使移动电话能以 Client/Server 方式直接访问 Internet 的全部信息,提供高效率的无线交流。

综上所述,个人计算机机上的 Java 程序是用 Java SE 开发出来的,服务器端的 Java 程序是用 Java EE 开发出来的,移动设备的 Java 程序是用 Java ME 开发出来的。

1.3 用记事本实现 Java 程序开发

Java 语言开发与运行首先需要下载、安装 JDK 并配置环境变量,JDK 是 Oracle 公司提供的 Java 编程语言开发工具包,1.3.1 节将详细介绍 jdk_8.0 的下载、安装和配置。在正式开始编程之前,我们还需要了解 Java 程序开发的步骤、Java 程序的结构以及 Java 语言编码规范等相关内容,最后通过记事本实现 Java 程序的开发。

1.3.1 JDK 的下载、安装及配置

JDK 是 Oracle 公司针对软件开发人员发布的免费开发工具包,是整个 Java 语言的核心,也是使用最广泛的开发工具包之一。它包含了 Java 语言开发必需的编译工具、运行工具和 Java 程序的运行环境(即 JRE)。

1. JDK 的下载

JDK 的安装文件可以从 Oracle 公司的官方网站上下载,下载地址为:https://www.oracle.com/java/technologies/downloads/archive,图 1-3 为 JDK 版本下载界面。

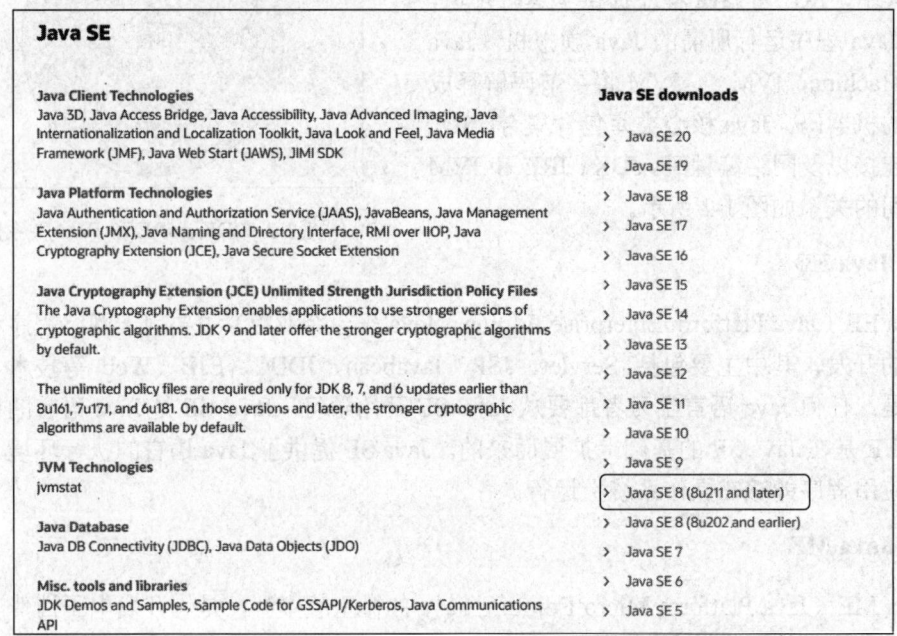

图 1-3 JDK 版本

单击 Java SE 8,将进入如图 1-4 所示的下载界面,该界面提供了不同操作系统下的 JDK 版本,截至目前,JDK 的最新版本是 Java Platform(JDK)20,但考虑到稳定性,本书采用 Java Platform(JDK)8 进行 Java 开发,操作系统应为 64 位,单击 jdk-8u371-windows-x64.exe 开始下载。

任务1　Java 项目开发环境搭建

Linux x64 RPM Package	136.62 MB	jdk-8u371-linux-x64.rpm
Linux x64 Compressed Archive	132.77 MB	jdk-8u371-linux-x64.tar.gz
macOS x64 DMG Installer	205.53 MB	jdk-8u371-macosx-x64.dmg
Solaris SPARC 64-bit (SVR4 package)	118.18 MB	jdk-8u371-solaris-sparcv9.tar.Z
Solaris SPARC 64-bit Compressed Archive	84.13 MB	jdk-8u371-solaris-sparcv9.tar.gz
Solaris x64 (SVR4 package)	119.01 MB	jdk-8u371-solaris-x64.tar.Z
Solaris x64 Compressed Archive	82.07 MB	jdk-8u371-solaris-x64.tar.gz
Windows x86 Installer	136.77 MB	jdk-8u371-windows-i586.exe
Windows x64 Installer	145.50 MB	jdk-8u371-windows-x64.exe

图 1-4　JDK8 下载界面

2．JDK 的安装

（1）下载完成后，双击安装文件 jdk-8u371-windows-x64.exe，进入 JDK 安装界面。

（2）单击"下一步"按钮，进入安装功能选择界面。如图 1-5 所示，将程序安装在 C:\Program Files\Java\jdk1.8.0_131 目录下，也可单击"更改"按钮，修改程序安装目录。

📖 提示：配置环境变量时需要用到此安装目录。

（3）保持默认安装目录不变，单击"下一步"按钮，进入如图 1-6 所示的界面。

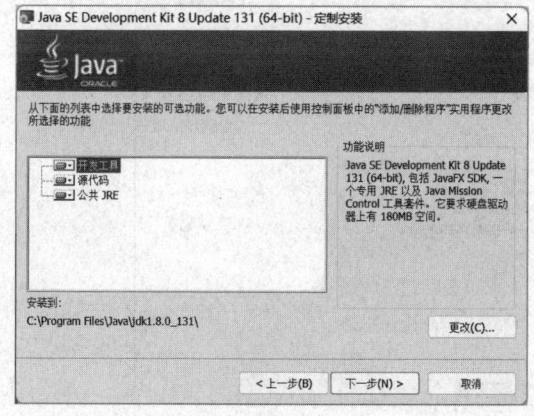
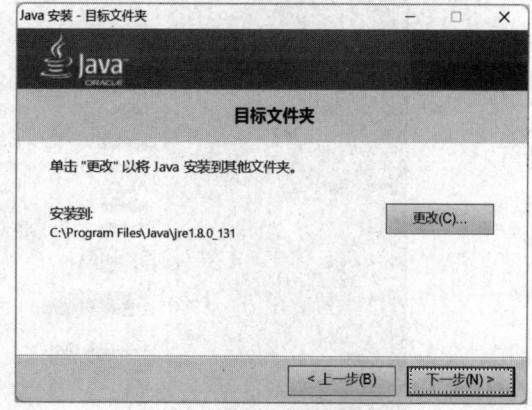

图 1-5　JDK 安装功能选择界面　　　　图 1-6　安装 JRE 界面

（4）单击"下一步"按钮，JRE8 开始安装并显示进度条，如图 1-7 所示。

（5）安装完毕后，出现安装成功界面，如图 1-8 所示。单击"关闭"按钮，完成 JDK 的安装。

至此，JDK 和 JRE 的安装工作已经完成。但现在还不能使用 JDK 中提供的开发工具，还需要设置环境变量，然后才能正常使用 Java。

 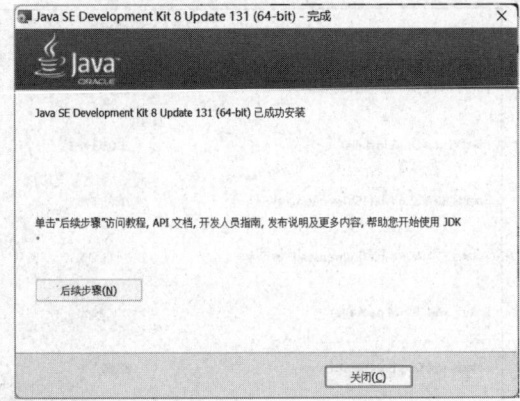

图 1-7　安装进度界面　　　　　　　图 1-8　安装成功界面

3. 设置环境变量

JDK 提供的编译和运行工具都是基于命令行的，所以安装完毕后需要配置 Windows 系统下的两个环境变量，即 Path 和 JAVA_HOME。

（1）在桌面上右击"此电脑"图标，在弹出的快捷菜单中选择"属性"命令。

（2）在 Windows 10 操作系统下，会弹出如图 1-9 所示设置界面，单击"关于"选项右侧的"高级系统设置"超链接。

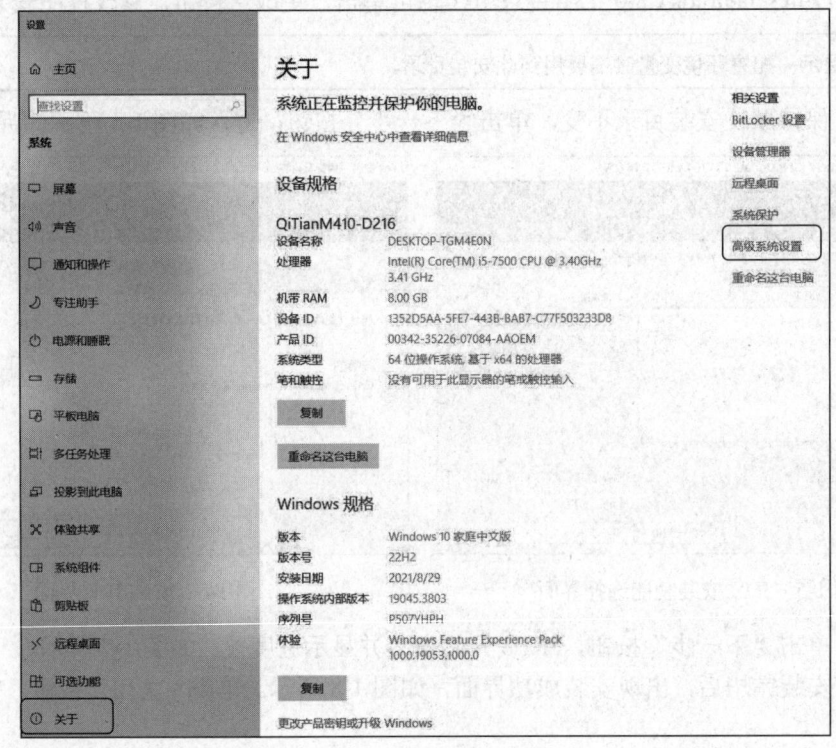

图 1-9　设置界面

（3）在弹出的"系统属性"对话框的"高级"选项卡下单击"环境变量"按钮，如

图 1-10 所示。

（4）在弹出的"环境变量"对话框中设置上面提到的两个环境变量，如果变量已经存在就单击"编辑"按钮，否则单击"新建"按钮，如图 1-11 所示。

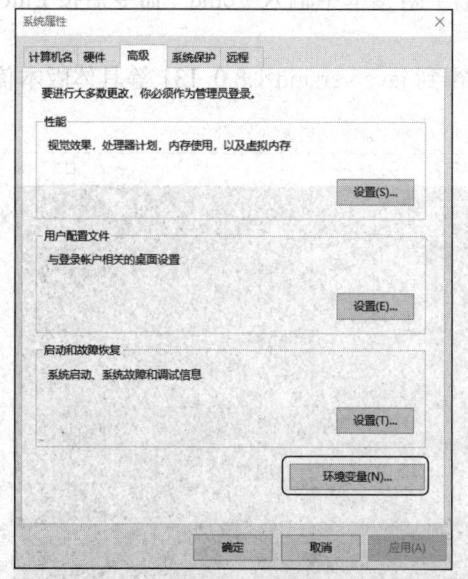

图 1-10　系统属性

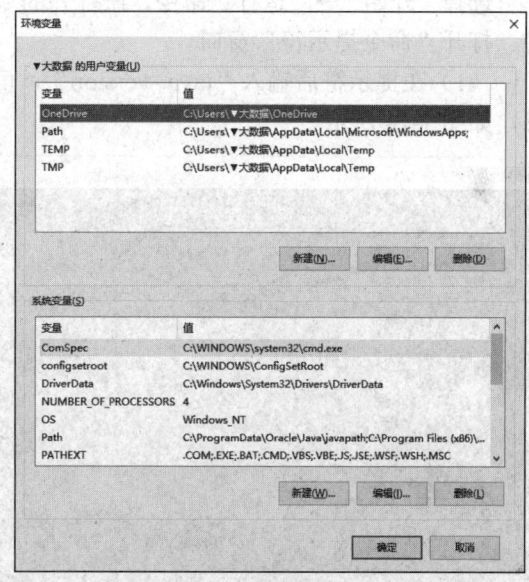

图 1-11　"环境变量"对话框

- 单击"新建"按钮，配置系统变量：变量名输入 JAVA_HOME，变量值为 JDK 安装路径（假设安装在 C:\Program Files\Java\jdk1.8），此路径下包括 lib、bin、jre 等文件夹，如图 1-12 所示。
- 双击系统变量中已存在的 Path 变量进行配置，在如图 1-13 所示的"编辑环境变量"对话框中单击"新建"按钮，并输入"%JAVA_HOME%\bin"。该配置使得系统可以在任何路径下识别 Java 命令。

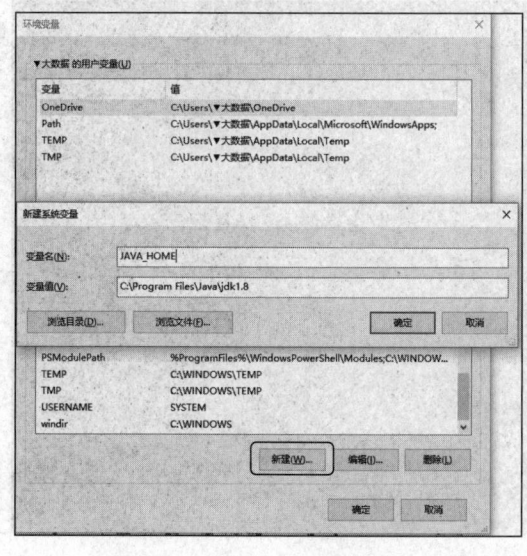

图 1-12　JAVA_HOME 配置

图 1-13　Path 配置

4. 测试 JDK

环境变量配置完成后，还需要测试 JDK 的安装配置是否成功。

选择"开始"→"运行"命令，在打开的"运行"对话框中输入"cmd"命令后按 Enter 键，打开"命令提示符"窗口。

（1）在提示符后输入"java -version"，可以得到 java version 1.8.0_131 等具体版本信息，如图 1-14 所示。

图 1-14 Java 版本信息

（2）输入 java 命令，可以看到此命令的帮助信息，如图 1-15 所示。

图 1-15 java 命令信息

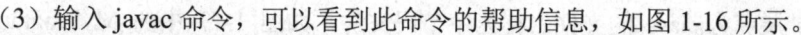

（3）输入 javac 命令，可以看到此命令的帮助信息，如图 1-16 所示。

图 1-16　javac 命令信息

上述命令均显示正确，则说明 JDK 的安装配置是成功的，否则说明 JDK 环境变量配置失败。此时，需要再次打开"编辑环境变量"对话框，检查 Path 和 JAVA_HOME 变量的配置情况，重点检查路径输入是否正确，是否漏掉了分号，是否输入的是英文状态下的符号等。

在实际操作中，若出现 javac 不识别的外部命令，其他两个命令成功时，解决办法为在"环境变量"的用户变量 Path 中，增加%JAVA_HOME%\bin。

1.3.2　Java 程序开发的步骤

1. 编写源程序

通过前面的学习，我们已经了解到 Java 语言是一门高级程序语言，在明确了要计算机做的事情之后，把要下达的指令逐条使用 Java 语言描述出来，这就是编制程序。通常，编写的文件为源程序或者源代码，图 1-17 中的 MyProgram.java 就是一个 Java 源程序。就像 Word 文档使用.doc 作为扩展名一样，Java 源程序文件使用.java 作为扩展名。

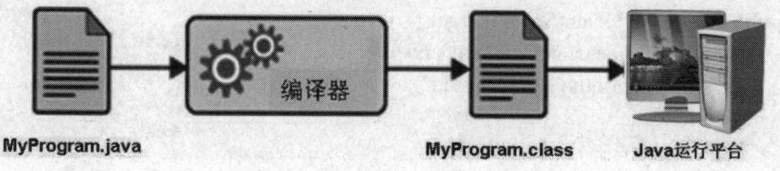

图 1-17　Java 程序开发过程

2. 编译

这里就要用到前面提到的"翻译官"了，也就是通常所说的编译器。经过它的翻译，输出结果就是一个扩展名为.class 的文件，称为字节码文件，如图 1-17 中的 MyProgram.class 文件。

3. 运行

在 Java 平台上运行生成的字节码文件，便可看到运行结果。那么，到底什么是编译器，在哪里能看到程序的运行结果呢？Sun 公司提供的 JDK（Java Development Kit，Java 开发工具包）就能够实现编译和运行的功能。JDK 本身也在不断地修改完善推出新的版本，这里使用 JDK 1.8 来开发 Java 程序，图 1-18 为 JDK 的安装目录 C:\Program Files\Java\jdk1.8.0_131。

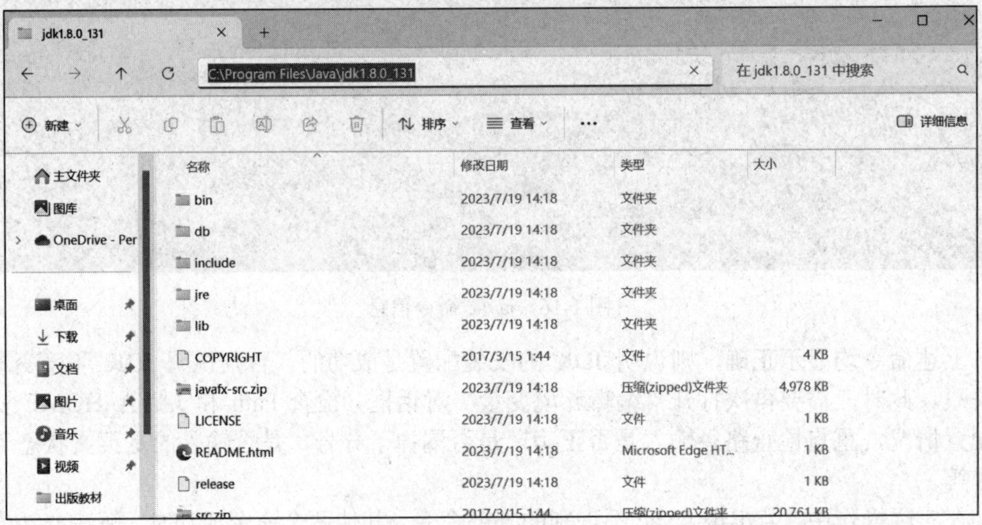

图 1-18　JDK 的安装目录

1.3.3　用记事本实现 Java 程序开发

1. Java 程序的编写

JDK 没有专门的程序编写工具，用户可以选择记事本作为编辑器。打开记事本，输入下列代码：

【例 1-1】

```java
1.  public class HelloWorld {
2.      public static void main(String[] args) {
3.          // TODO Auto-generated method stub
4.          System.out.println("Hello World");
5.      }
6.  }
```

📖 **提示**：Java 程序代码区分大小写和中英文字符。

单击"保存"按钮，将文件保存到 D:\ceshi 目录下，如图 1-19 所示。需要注意的是，此处文件必须命名为 HelloWorld.java，即必须和上述代码中 public class 后的名字保持一致。

任务 1　Java 项目开发环境搭建

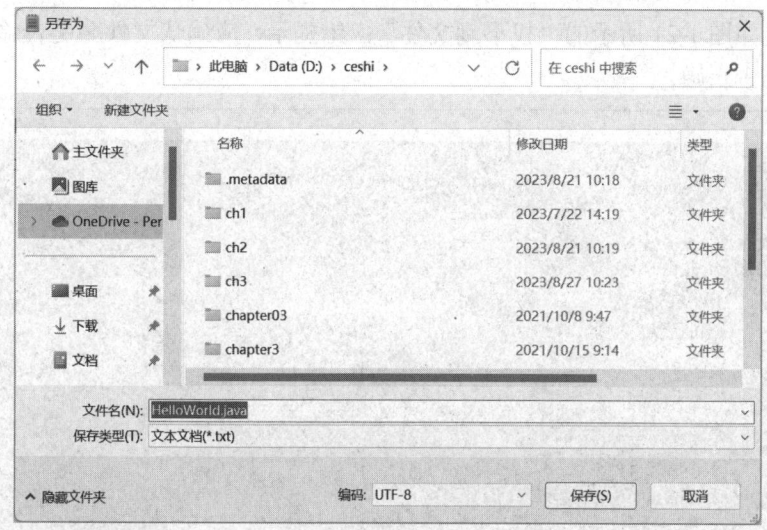

图 1-19　保存 Java 源程序文件

2. DOS 方式下的 Java 程序的编译

编译，就是让一个 Java 源程序转换成 Java 平台可以执行的程序代码，就好像翻译一样。源程序是人们可以读懂的东西，而 Java 平台却不能执行源程序，因此，需要通过编译源代码，生成在 Java 平台上可以执行的程序。

（1）在 Windows 任务栏中选择"开始"→"运行"命令，在弹出的"运行"对话框中输入"cmd"，按 Enter 键，打开"命令提示符"窗口。在>后输入"d:"，进入 D 盘后，输入"cd ceshi"（即 Java 源程序 HelloWorld.java 所在的目录）。

（2）输入编译命令"javac HelloWorld.java"，按 Enter 键，开始编译程序文件。

如果没有错误输出，说明程序编译成功，命令行会回到根目录，如图 1-20 所示。

图 1-20　javac 命令编译成功

13

如果出现如图 1-21 所示的"找不到文件"出错提示,应确认文件名是否输错或者保存的文件路径是否正确。

图 1-21　javac 找不到文件

如果源程序出现"错误"提示,如图 1-22 所示,则需打开源程序,在指定的代码行进行修改,然后重新进行编译。

图 1-22　源程序编译错误的提示

源程序通常出现的问题有以下几种。
- 程序中使用了中文标点符号。
- 括号不匹配,没有成对出现。

- 程序代码中的英文大小写错误。
- 程序代码语法错误。

如果没有错误输出,就说明编译成功了。打开"此电脑",进入 D:\ceshi 目录,即可发现有一个 HelloWorld.class 新文件,这个文件可在 Java 平台执行。

3. DOS 方式下的 Java 程序的运行

Java 语言的运行系统工作起来如同一个虚拟机,当启动一个 Java 程序时,一个虚拟机实例就诞生了。当程序关闭时,一个虚拟机实例就随之消失了。Java 语言的源程序代码被编译后,便产生了字节码文件。该字节代码能够被 Java 语言的运行系统(JVM)有效地解释。每个.java 文件可包含多个类或接口,但是每个.java 文件只能有一个公共的类或接口。编译完成后,每个类生成一个.class 文件,即.java 类文件,它是 Java 程序的二进制表示形式。每一个类文件代表一个类或接口,这样使得无论类文件在哪个平台上生成,都可在任何主机上运行。

在 DOS 下运行 HelloWorld.class 程序,首先需要打开一个"命令提示符"窗口,进入 Java 源程序文件所在的目录 D:\ceshi,然后输入命令"java HelloWorld",按 Enter 键,将输出如图 1-23 所示的运行结果。

图 1-23 Java 程序运行结果

在图 1-23 中,"D:\ceshi>"后的 java 就是要开始执行一个 Java 程序了,紧随其后的 HelloWorld 就是程序的名字,Java 命令会自动寻找 HelloWorld.class 文件,并将其加载到 Java 平台上,然后执行这个文件,下一行中的 Hello World 就是 Java 平台执行程序的输出结果。

到这里为止,已经完成用记事本实现 Java 第一个程序的编写、编译和运行。

> 📖 提示：
> - 编辑源程序：Java 源程序是以".java"为扩展名的文本文件，可以用各种 Java 集成开发环境中的源代码编辑器来编写，也可以用其他文本编辑工具编写。
> - 编译生成字节码文件：高级语言程序从源代码到目标代码的生成过程称为编译。Java 语言的编译程序是 javac.exe。javac 命令将 Java 程序编译成字节码（扩展名为.class）。
> - 运行 Java 程序：Java 应用程序是由独立的解释器程序运行的。在 JDK 软件包中，用来解释执行 Java 应用程序字节码的解释器程序称为 java.exe。
> - 在编译 Java 源文件时必须加上扩展名.java，如 javac HelloWorld.java；而在运行字节码文件时.class 扩展名不能加，如 java HelloWorld。

1.3.4 Java 程序的结构

例 1-1 是一段简单的 Java 代码，作用是向控制台输出"Hello World"信息。下面来分析一下程序的各个组成部分。通常，盖房子要先搭一个框架，然后才能添砖加瓦，Java 程序也有自己的"框架"。

1. 编写程序框架

```
public class HelloWorld{ }
```

其中，HelloWorld 为类的名称，它要和程序文件的名称一模一样，类的相关知识将在任务 4 中深入讲解。类名前面要用 public（公共的）和 class（类）两个词修饰，它们的先后顺序不能改变，中间要用空格分隔。类名后面跟一对大括号，所有属于这个类的代码都放在"{"和"}"中。

2. 编写 main()方法的框架

```
public static void main(String [] args) { }
```

main()方法有什么作用呢？正如房子不管有多大、有多少个房间都要从门进入一样，程序也要从一个固定的位置开始执行，在程序中把它作为"入口"。而 main()方法就是 Java 程序的入口，是所有 Java 应用程序的起始点，没有 main()方法，计算机就不知道该从哪里开始执行程序。

> 📖 提示：一个程序只能有一个 main()方法。

在编写 main()方法时，前面使用 public、static、void 修饰，它们都是必需的，而且顺序不能改变，中间用空格分隔。另外，main()方法后面的小括号和其中的内容"String [] args"是必不可少的。main()方法后面也有一对大括号，把让计算机执行的指令都写在里面。

3. 编写代码

```
System.out.println(" Hello World ");
```

这一行代码的作用是向控制台输出"Hello World"。System.out.println()是 Java 语言自

带的功能,使用它可以向控制台输出信息。print 的含义是"打印",ln 可以看作 line(行)的缩写,println 可以理解为打印一行,要实现向控制台打印的功能前面要加上 System.out.。在程序中,只要把需要输出的内容用英文引号引起来放在 println()中即可。另外,以下语句也可以实现打印输出。

```
System.out. print("Hello World");
```

▶ **问题**:System.out.println()和 System.out.print()有什么区别?

◉ **解答**:它们两个都是 Java 语言提供的用于向控制台打印输出信息的语句。不同的是,println()在打印完引号中的信息后会自动换行,print()在打印完信息后不会自动换行。举例如下。

1. //代码片段 1:
2. System.out.println("我的爱好:");
3. System.out.println("打网球");
4. //代码片段 2:
5. System.out.print("我的爱好:");
6. System.out.print("打网球");

```
我的爱好:
打网球
```
代码片段 1 输出结果

```
我的爱好:打网球
```
代码片段 2 输出结果

📖 **提示**:System.out.println("");和 System.out.print("\n");可以达到同样的效果,引号中的"\n"指将光标移动到下一行的第一格,也就是换行。这里的"\n"被称为转义字符。另外一个比较常用的转义字符是"\t",它的作用是将光标移动到下一个水平制表位的位置(一个制表位等于 8 个空格)。

1.3.5 Java 程序的注释

看书时,在重要或精彩的地方都会做一些标记,或者在书的空白处做一些笔记,目的是在下次看书时有一个提示。通过书上的笔记,就能知道这部分讲了什么内容、上次是怎么理解的。在程序中,也需要这样一种方法,让人们能够在程序中做一些标记来帮助理解代码。想象一下,当奋斗了几个月写出成千上万行代码后,再看几个月前写的代码,有谁能记得当时是怎么理解的呢?此外,当一个人把已经写好的一个程序交给另一个人时,后者是不是要花很多时间才能读懂这段程序的功能?

为了方便程序的阅读,Java 语言允许在程序中注明一些说明性的文字,这就是代码的注释。编译器并不处理这些注释,所以不用担心添加了注释会增加程序的负担。

在 Java 语言中,常用的注释有两种:单行注释和多行注释。

1. 单行注释

如果说明性的文字较少,则可以放在一行中,即可以使用单行注释。单行注释使用"//"

开头,每一行中"//"后面的文字都被认为是注释。单行注释通常用在代码行之间,或者一行代码的后面,用来说明某一块代码的作用。在刚才的代码中添加一个单行注释,用来说明 System.out.println()行的作用,如例 1-2 所示。

【例 1-2】

```
1.  public class HelloWorld {
2.      public static void main(String[] args) {
3.          // 输出控制台信息
4.          System.out.println("Hello World");
5.      }
6.  }
```

2. 多行注释

多行注释以"/*"开头,以"*/"结尾,在"/*"和"*/"之间的内容都被看作注释。当要说明的文字较多,需要占用多行时,可使用多行注释。例如,在一个源文件开始之前,编写注释对整个文件做一些说明,包括文件的名称、功能、作者、创建日期等。

在上述代码的基础上添加两行代码并添加多行注释,如例 1-3 所示。

【例 1-3】

```
1.  /*
2.   *HelloWorld.java
3.   * 2023-5-2
4.   * 第一个 Java 程序
5.   */
6.  public class HelloWorld {
7.      public static void main(String[] args) {
8.          // TODO Auto-generated method stub
9.          System.out.println("Hello World");
10.     }
11. }
```

> 提示:为了美观,程序员一般喜欢在多行注释的每一行都写一个*。它们的作用只是为了美观,对注释本身不会有影响。

1.3.6 Java 编码规范

在日常生活中大家都要学习普通话,目的是让不同地区的人之间更加容易沟通。编码规范就是程序世界中的"普通话"。编码规范对于程序员来说非常重要。为什么这样说呢?这是因为一个软件在开发和使用过程中,80%的时间是花费在维护上的,而且软件的维护工作通常不是由最初的开发人员来完成的。编码规范可以增加代码的可读性,使软件开发和维护更加方便。

在学习中我们特别强调编码规范,这些规范是一名程序员应该遵守的基本规则,是行业内人们都遵守的做法。

现在把刚才的代码做一些修改,去掉 class 前面的 public,再次运行程序,仍然能够得到想要的结果。这说明程序没有错误,那么为什么还要使用 public 呢?这就是一种编码规范。

可见,不遵守规范的代码并不是错误的代码,但是一段好的代码不仅能够实现某项功能,还应该遵守相应的规范。从一开始就注意按照规范编写代码,这是成为一名优秀程序员的基本条件。请对照上面的代码记住以下编码规范:

- 类名必须使用 public 修饰。
- 一行只写一条语句。
- 用{}括起来的部分通常表示程序的某一层次结构,"{"一般放在这一结构开始行的最末,"}"与该结构的第一个字母对齐,并单独占一行。
- 低一层次的语句或注释应该比高一层次的语句或注释缩进若干个空格后再书写,使程序更加清晰,增加程序的可读性。

1.4 Eclipse 下 Java 程序的开发

1.3 节通过记事本实现了 Java 程序的开发,但在软件开发过程中,集成开发环境(Integrated Development Environment,IDE)是一种帮助程序员高效开发软件代码的软件应用程序。它通过将软件编辑、构建、测试和打包等功能结合到一个易于使用的应用程序中,提高了开发人员的工作效率。主流的集成开发环境有 Eclipse、IntelliJ IDEA、NetBeans 等,所以本节会介绍 Eclipse 的下载、安装以及 Eclipse 下 Java 程序的开发。

1.4.1 Eclipse 下载和安装

在开发 Java 程序的过程中,有很多开发工具可供选择。用户可以根据项目的性质和用途,选择适合需要的开发工具。

Eclipse 是著名的跨平台集成开发环境(IDE),它将程序开发中用到的很多功能(如代码编辑、调试等一系列功能)整合在了一起,因此能大大简化程序开发操作,提高程序开发效率,非常适合用做 Java 程序的开发。下面就来介绍如何下载和安装 Eclipse。

1. 下载 Eclipse 集成开发环境

本书所用到的 Eclipse 版本是 Eclipse-java-luna-SR1-win32-x86_642,其下载地址为 https://www.eclipse.org/downloads/packages/release/Luna/SR1。在 Eclipse 选择界面中,选择 Eclipse IDE for Java Developers 进行下载,如图 1-24 所示。

单击 Eclipse IDE for Java Developers 右侧 Windows 操作系统下的 x86_64 超链接,即可进行下载。下载完成后,可得到 Eclipse-java-luna-SR1-win32-x86_642.zip 压缩包。

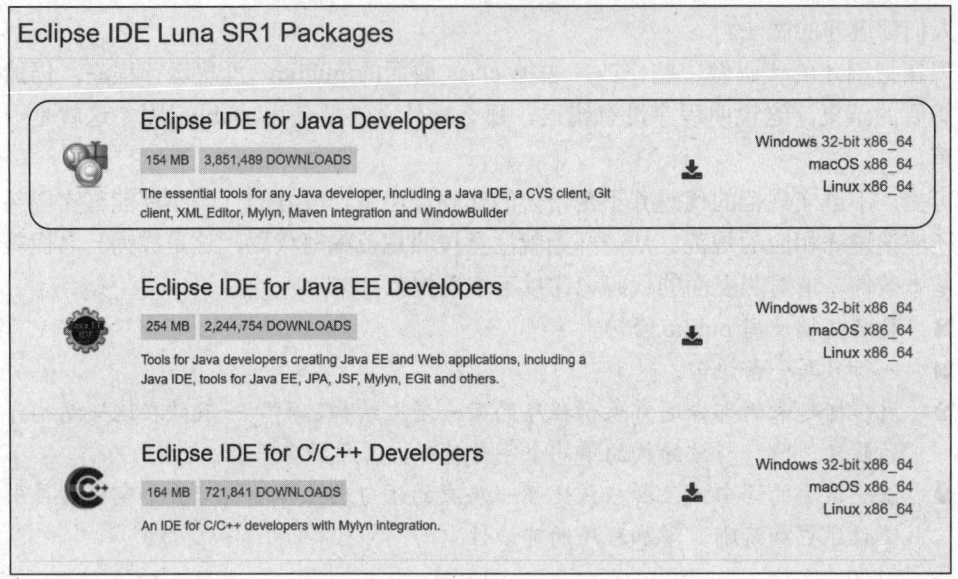

图 1-24 Eclipse 选择界面

2. 安装 Eclipse 集成开发环境

解压 Eclipse 压缩包，然后运行其中的 Eclipse.exe 文件，会出现 Eclipse 安装界面，如图 1-25 所示。等待安装成功后会出现如图 1-26 所示的欢迎界面，将 Welcome 界面关闭即可进入 Eclipse 集成开发环境，如图 1-27 所示。

图 1-25 Eclipse 安装界面

首次安装成功后，会弹出 Workspace Launcher 界面，如图 1-28 所示，该界面中显示的是默认的工作空间，用户建立的项目将全部保存在该空间中，也可以单击 Browse 按钮，改变工作空间位置。如果选中 Use this as the default and do not ask again 复选框，则以后启动 Eclipse 将不再显示该对话框。

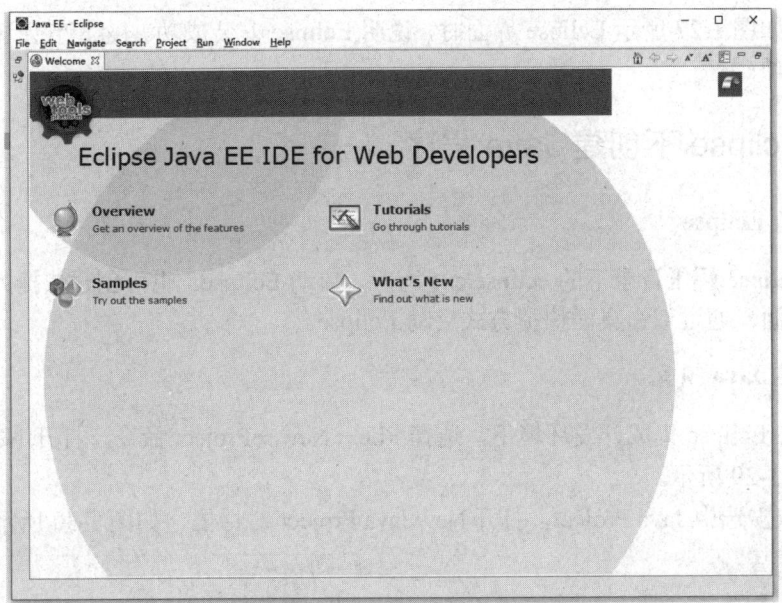

图 1-26　Welcome 界面

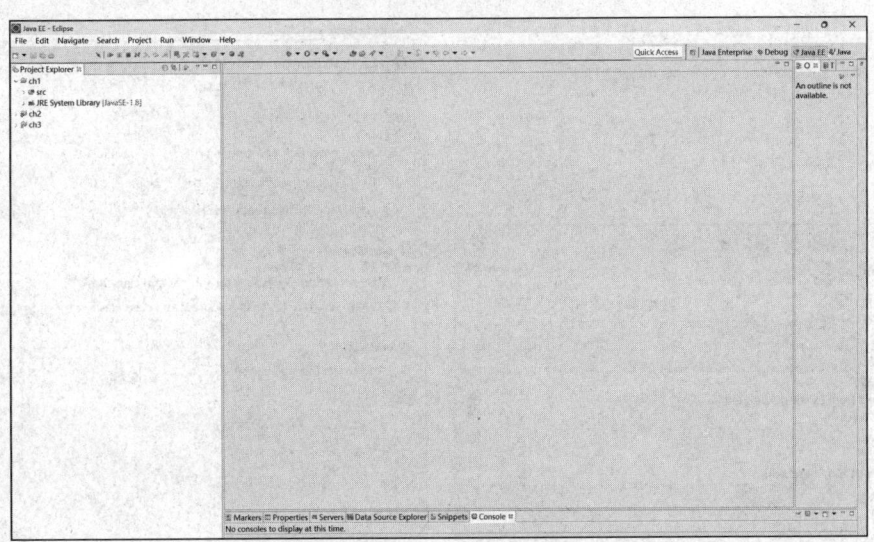

图 1-27　Eclipse 开发界面

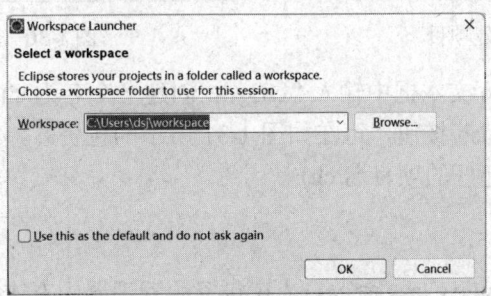

图 1-28　Workspace Launcher 界面

当出现如图 1-27 所示 Eclipse 界面时，说明 Eclipse 安装成功。1.4.3 节会详细介绍该界面的功能选项。

1.4.2 Eclipse 下创建 Java 程序

1. 启动 Eclipse

运行 Eclipse 解压目录下的 eclipse.exe 程序，启动 Eclipse；也可创建快捷方式，将快捷方式放于桌面，通过双击桌面快捷方式启动 Eclipse。

2. 新建 Java 项目

（1）在 Eclipse 集成开发环境下，选择 File→New→Project 命令，打开 New Project 对话框，如图 1-29 所示。

（2）双击选中 Java Project，打开 New Java Project 对话框，如图 1-30 所示。

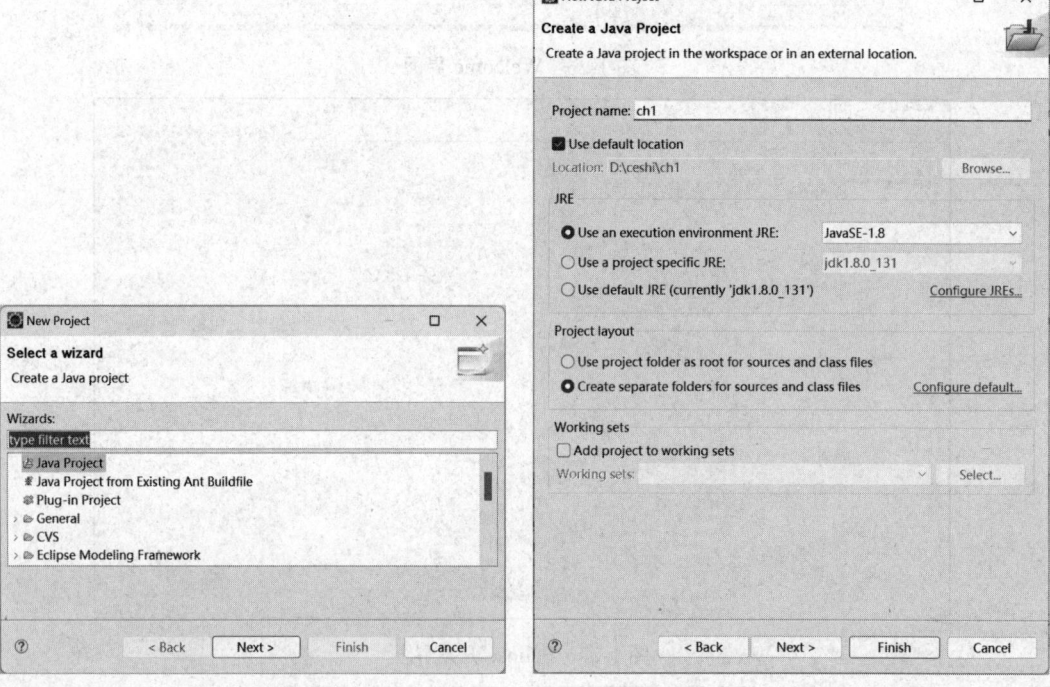

图 1-29　新建项目　　　　　　　图 1-30　新建 Java 项目

（3）在 Project name 文本框中输入"ch1"，创建一个名为 ch1 的项目，保持其他选项的默认值不变，单击 Finish 按钮，可在如图 1-31 所示的包资源管理器视图中看到创建好的项目名 ch1。

图 1-31　包资源管理器视图

3. 新建 Java 类

（1）选择 File→New→Class 命令，或在包资源管理器中右击项目名 ch1，在弹出的快捷菜单中选择 New→Class 命令，打开 New Java Class 对话框，如图 1-32 所示。

任务 1　Java 项目开发环境搭建

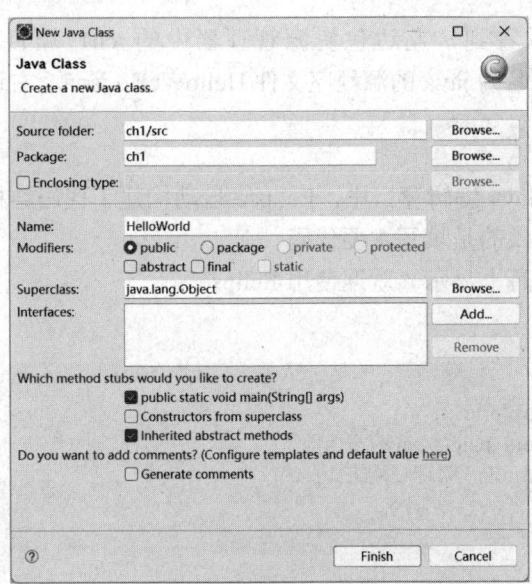

图 1-32　新建 Java 类

（2）在 Name 文本框中输入将要创建的新类名"HelloWorld"。

（3）如果想在创建的 Java 类中自动添加 main()主方法，需选中 public static void main (String[] args)复选框，然后单击 Finish 按钮创建该类，出现如图 1-33 所示的 Java 源程序编辑界面。

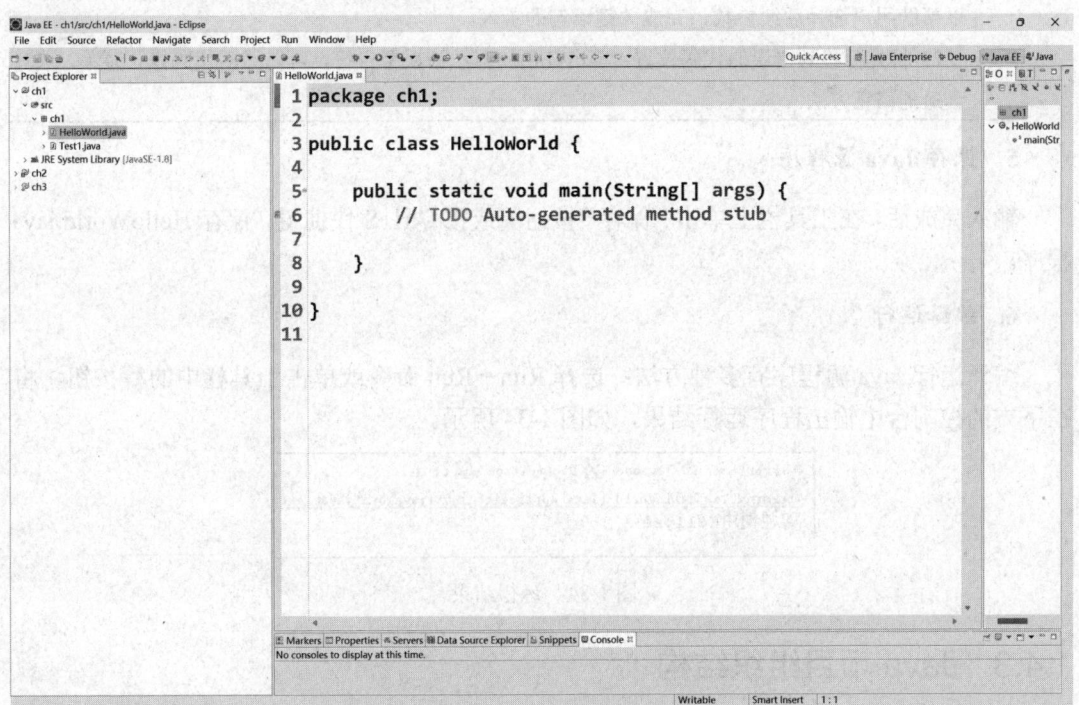

图 1-33　Java 源程序编辑界面

在图 1-33 中可以看到，左边包资源管理器中的 ch1 项目下出现文件名和类名 HelloWorld 相同，扩展名为.java 的源程序文件 HelloWorld.java，右边是编辑窗口。

4. 编辑 Java 源程序

在图 1-33 所示的 Java 编辑窗口中，Eclipse 自动构建了代码结构，并创建了 main()方法，程序开发人员需要做的是填写主要代码。

【任务实现】在屏幕上显示"欢迎使用 Eclipse"。

代码如下：

```
1.    package ch1;
2.    public class HelloWorld {
3.        public static void main(String[] args) {
4.            System.out.println("欢迎使用 Eclipse");
5.        }
6.    }
```

【程序说明】

（1）开发人员只需填写第 4 行代码，其他代码可自动生成。

（2）代码"System.out.println("   ");"的功能是输出字符串到控制台。

> 📖 提示：
>
> （1）Eclipse 的强大之处是代码的辅助功能。当输入"."操作符时，会自动弹出代码辅助菜单，以帮助用户选择后续参数，完成关键语句的录入。
>
> （2）将光标移到错误的代码位置，单击红色的语法错误警告符，可以激活代码修正菜单，选择合适的修正方法。

5. 保存 Java 源程序

输入完成后，在工具栏上单击"保存"按钮或按 Ctrl+S 快捷键，保存 HelloWorld.java 程序。

6. 编译运行

编译运行 Java 源程序有多种方法：选择 Run→Run 命令或单击工具栏中的 按钮，将在下方的控制台中输出程序运行结果，如图 1-34 所示。

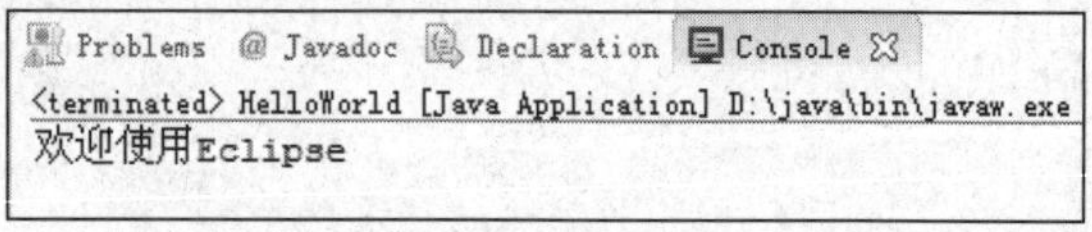

```
Problems  @ Javadoc  Declaration  Console
<terminated> HelloWorld [Java Application] D:\java\bin\javaw.exe
欢迎使用Eclipse
```

图 1-34　运行结果

1.4.3　Java 项目组织结构

运行完 Java 程序后，我们再看看 Eclipse 中 Java 项目的组织结构。

1. 包资源管理器（Package Explorer）

什么是包？我们可以把它理解为文件夹。在我们的计算机中，我们会利用文件夹将文件分类管理，在 Java 语言中使用包来组织 Java 源文件。在 Eclipse 界面的左侧，可以看到包资源管理器视图，如图 1-35 所示。

通过包资源管理器，能够查看 Java 源文件的组织结构。

2. 导航器（Navigator）

在包资源管理器的旁边，还能看到导航器视图，如图 1-36 所示。

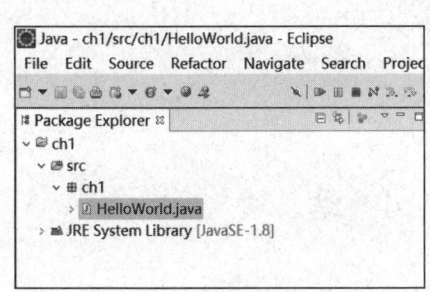

图 1-35　包资源管理器视图

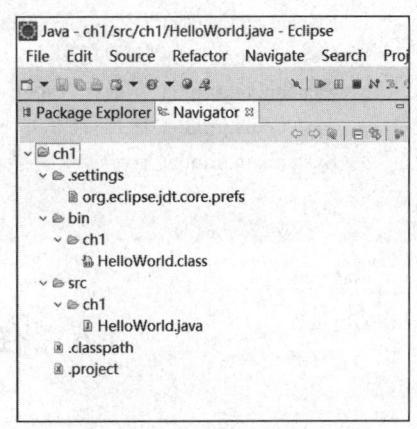

图 1-36　导航器视图

导航器类似于 Windows 中的资源管理器，它将项目中包含的文件及层次关系都展示出来。在导航器中有一个 HelloWorld.class 文件，它就是 JDK 将源文件进行编译后生成的文件。

需要注意的是，在 MyEclipse 的项目中，Java 源文件放在 src 目录下，编译后的扩展名为.class 的文件放在 bin 目录下。

> 提示：如果无法看到包资源管理器和导航器这两个视图，可以选择"Window→Show View→Package Explorer"和"Window→Show View→Navigator"选项，以打开这两个视图。

1.5　任务实施

编写 Test1 程序输出银行管理系统中用户的个人信息：编号、姓名、卡号、密码、开户日期、年龄、账户余额。代码如下：

```
1.  package ch1;
2.  public class Test1 {
3.      public static void main(String[] args) {
4.          String custId = "1001";
5.          String custName = "张三";
```

```
6.      String custCardId = "20230001";
7.      String custPwd = "123456";
8.      String tradeDate = "2020-01-01";
9.      int age = 18;
10.     double balance = 1597;
11.     System.out.println("===============银行管理系统===============");
12.     System.out.println("您的个人信息如下：");
13.     System.out.println("编号："+custId);
14.     System.out.println("姓名："+custName);
15.     System.out.println("卡号："+custCardId);
16.     System.out.println("密码："+custPwd);
17.     System.out.println("开户日期："+tradeDate);
18.     System.out.println("年龄："+age);
19.     System.out.println("账户余额："+balance);
20.     System.out.println("==========================================");
21.     }
22. }
```

1.6 任务小结

本任务中，JDK、Eclipse 软件需从正规官方网站进行下载、安装，以免出现个人信息泄露或计算机中毒等现象，增强学生的网络安全意识。

搭建 Java 项目开发环境，是学习 Java 编程的第一步。本任务首先讲解了系统环境变量 JAVA_HOME 和 Path 的配置，然后通过记事本实现第一个 Java 程序的编写、编译和运行，最后在 Eclipse 集成开发环境中创建 Java 项目，编写和调试 Java 程序。

1.7 任务评价

任务 1　Java 项目开发环境搭建			
考核目标	任务节点	完成情况	备注
知识、技能（70%）	1. JDK 下载安装		
	2. 用记事本实现第一个 Java 程序的开发		
	3. Eclipse 软件的安装		
	4. 在 Eclipse 下实现 Java 程序的开发		
素养（30%）	1. 软件知识产权保护意识		
	2. 动手实操能力		
	3. 对比分析能力		
合计			

1.8 习　　题

选择题

1. 在 JDK 目录中，Java 运行环境的根目录是（　　）。
   A．lib　　　　　　B．demo　　　　　　C．bin　　　　　　D．jre
2. 下列关于 Java 语言特点的叙述中，错误的是（　　）。
   A．Java 是面向过程的编程语言　　　　B．Java 语言支持分布式计算
   C．Java 是跨平台的编程语言　　　　　D．Java 语言支持多线程
3. 下列概念中，不属于面向对象方法的是（　　）。
   A．对象　　　　　　B．继承　　　　　　C．类　　　　　　D．过程调用
4. main()方法是 Java Application 程序执行的入口。关于 main()方法的方法头，以下（　　）项是合法的。
   A．public static void main()
   B．public static void main(String args[])
   C．public static int main(String [] arg)
   D．public void main(String arg[])
5. 编译 Java Application 源程序文件将产生相应的字节码文件，这些字节码文件的扩展名为（　　）。
   A．.java　　　　　B．.class　　　　　C．.html　　　　　D．.exe
6. 下列说法中，不正确的是（　　）。
   A．Java 源程序文件名与应用程序类名可以不相同
   B．Java 程序中，public 类最多只能有一个
   C．Java 程序中，package 语句可以有 0 个或 1 个，并在源文件之首
   D．Java 程序对字母大小写敏感
7. Java 程序语句的结束符是（　　）。
   A．"."　　　　　　B．";"　　　　　　C．":"　　　　　　D．"="
8. 在 Java 程序中，注释的作用是（　　）。
   A．在程序执行时显示其内容　　　　　B．在程序编译时提示
   C．在程序执行时解释　　　　　　　　D．给程序加说明，提高程序的可读性
9. 下列说法中，不正确的是（　　）。
   A．Java 应用程序必须有且只有一个 main()方法。
   B．System.out.println()与 System.out.print()是相同的标准输出方法
   C．Java 源程序文件的扩展名为 java
   D．Java 小应用程序 Applet 没有 main()方法

10. JDK 的 bin 目录下提供的 Java 编译器是（　　）。
    A．javac　　　　　　　　B．javadoc
    C．java　　　　　　　　　D．appletviewer
11. 在 Java 源程序中，正确的声明次序是（　　）。
    A．包声明→导入声明→类和接口声明
    B．导入声明→类和接口声明→包声明
    C．类和接口声明→导入声明→包声明
    D．包声明→类和接口声明→导入声明
12. 下列叙述中，错误的是（　　）。
    A．Java 语言提供了丰富的类库
    B．Java 语言最大限度地利用了网络资源
    C．Java 语言支持多线程
    D．Java 语言不支持 TCP/IP

1.9　综合实训

1．以命令行方式开发一个能输出"我喜欢 Java 程序设计！"和"我会努力学好它！"两行文字信息的应用程序。

2．创建一个名为 HelloEclipse.java 的应用程序，在屏幕上显示一句话"努力学习 Eclipse"，并编译运行该程序。

答案1

课件1

任务 2

银行登录模块实现

任何一门程序设计语言都需要操纵和处理数据，并通过处理数据实现程序的基本功能。数据是有类型的，不同的数据类型有不同的运算形式。本任务通过银行登录模块的实现，讲解 Java 程序设计语言中的变量、数据类型、运算符和表达式。

学习目标：

➡ 了解变量的概念，理解数据类型及其转换方式。
➡ 掌握运算符和表达式的使用方法。
➡ 能够熟练使用条件语句和循环语句解决现实问题。
➡ 具备任务的分析解读能力和程序的查错纠错能力。
➡ 能够做到程序讲解思路敏捷、逻辑清晰、表述准确。

2.1 任务描述

本任务要实现银行登录模块，开发人员要根据需求文档实现以下功能：

（1）输出银行管理系统登录菜单，包括"1. 管理员""2. 普通客户"和"3. 退出系统"。

（2）实现菜单切换，根据提示从键盘上输入 2，并输入正确的工号和密码（默认工号 2023001 和密码 123456），进入客户界面，显示"1. 存款""2. 取款""3. 查询余额""4. 转账"和"5. 返回上级"，如图 2-1 所示。

（3）重新运行程序，根据提示分别测试管理员菜单界面和退出系统功能模块。

（4）如果从键盘输入的客户工号或密码错误，则可以重复输入，直到输入正确，执行相应的操作后退出循环，运行结果如图 2-2 所示。

```
================银行管理系统================
        1.管理员    2.普通客户  3.退出系统
=========================================
请选择你的身份：2
请输入卡号：2023001
请输入密码：123456
================银行系统（客户）================
        1.存款 2.取款 3.查询余额 4.转账 5.返回上级
=========================================
```

图 2-1 银行登录模块

```
================银行管理系统================
        1.管理员    2.普通客户  3.退出系统
=========================================
请选择你的身份：2
请输入卡号：2301
请输入密码：123456
账号或密码错误，请重新输入！
请输入卡号：2023001
请输入密码：123
账号或密码错误，请重新输入！
请输入卡号：2023001
请输入密码：123456
================银行系统（客户）================
        1.存款 2.取款 3.查询余额 4.转账 5.返回上级
=========================================
```

图 2-2 客户信息循环验证运行结果

2.2 Java 语法基础

计算机的内存类似于人的大脑，计算机使用内存来记忆大量运算时要使用数据。内存是一个物理设备，如何用内存来存储一个数据呢？很简单，把内存想象成一间旅馆，要存储的数据就好比要住宿的旅客。试想一下去旅馆住宿的场景：首先，旅馆的服务人员会询问旅客要住什么样的房间，如单人间、双人间、总统套间等；然后，根据旅客选择的房间类型，服务员会为其安排一个合适的房间。

"先开房间，后入住"就描述了数据存入内存的过程。首先，根据数据的类型为它在内存中分配一块空间（即找一个合适的房间），然后数据就可以放进这块空间中（即入住）。那么数据为什么对存储空间有要求呢？试想有 3 个客人，服务员安排了一个单人间，这能入住吗？分配的空间过小会导致数据无法存储。那么，内存在程序中具有什么作用呢？看一看下面的问题，就一目了然了。

▶ 问题：在银行中存储1000元钱，银行一年的利息是 5%，那么一年后存款是多少？

◉ 解答：很简单，首先计算机在内存中开辟一块空间用来存储 1000，然后把存储在内存中的数据1000取出后进行计算,将根据公式:本金×利率+本金(即1000×5%+1000)获得的结果1050重新存入该存储空间中,这就是一年后的存款了。图2-3显示了内存中存储数据的变化。可见,数据被存储在内存中,目的是便于在需要时取出来使用,或者如果这个数据被改变了,内存中存储的值也会随之进行相应的更新,以便下次使用新的数值。那么,内存中存储的这个数据在哪里?我们该怎样获得它呢?

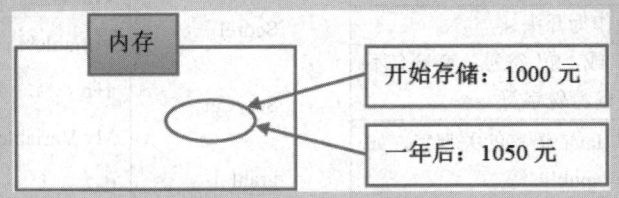

图2-3 数据在内存中的存储

通常,根据内存地址可以找到这块内存空间的位置,也就找到了存储的数据。但是内存地址非常不好记,因此,我们给这块内存空间起一个别名,通过使用别名找到对应空间存储的数据。变量是一个数据存储空间的表示,为了便于理解,我们将变量和旅馆中的房间进行类比,通过变量名可以简单快速地找到它存储的数据。将数据指定给变量,就是将数据存储到以别名为变量名的那个房间;调用变量,就是将那个房间中的数据取出来使用。可见,变量是存储数据的一个基本单元,不同的变量相互独立。变量与房间之间的对应情况如表2-1所示。

表2-1 变量与房间之间的对应

旅馆中的房间	变　　量
房间名称	变量名
房间类型	变量类型
入住的客人	变量的值

根据数据的类型为数据在内存中分配一块空间,不同的数据在存储时所需要的空间各不相同。例如,int型的数值要占4字节,而double型的数值要占8字节,因此,不同类型的数据就需要用不同大小的内存空间来存储。

2.2.1 Java 标识符与关键字

任何一种计算机语言都离不开标识符和关键字,下面将详细介绍Java语言的标识符、关键字(保留字)。

1. 标识符

Java语言中的变量、常量、方法和类都需要有一个名字来标识它的存在和唯一性,这个名字就是标识符。

Java语言中,标识符是以字母、下画线"_"、美元符"$"开始的一个字符序列,后面可以跟字母、下画线、美元符和数字。标识符一般遵循"见名知义"的原则,如用 age

表示年龄，用 name 表示姓名等。在 Java 语言中，标识符的命名规则如表 2-2 所示。

表 2-2 标识符的命名规则

序号	条件	合法变量名	非法变量名	
1	变量由字母、数字、下画线"_"或"$"符组成	_myCar	*myvariablel	//不能以*开头
2	数字不能作为开头	Scorel	9variable	//不能以数字开头
3	除了"_"或"$"符号，变量名不能包含任何特殊字符	SmyCar	Variable%	//不能包含%
			a+b	//不能包括+
4	不能使用 Java 语言的关键字，如 int、class、public 等	grahl_l	My Variable	//不能包括空格
			tl-2	//不能包括连字符

1）合法标识符

例如，$change、user_name、sys_val 等。

2）非法标识符

2how：第一个字符不能为数字。

is_room!：!不能作为标识符的一部分。

class：不能为 Java 关键字。

user name：不能有空格。

Java 语言标识符命名的一些约定如下：

- 类名和接口名的第一个字母大写，如 String、System、Applet、FirstByCMD 等。
- 方法名第一个字母小写，如 main()、print()、println()等。
- 变量名或一个类的对象名等首字母小写。
- 标识符的长度不限，但在实际命名时不宜过长。
- 不可以用 Java 语言的关键字命名，如 int、double、char 等。
- Java 语言中标识符严格区分大小写,如 myname 和 MyName 是两个不同的标识符。

2. 关键字

Java 语言中的关键字（保留字）是指程序代码中的特殊字符，每个关键字都有特殊的意义和用途，例如，package 用于包的声明，class 用于类的声明，不能作为一般的标识符使用。Java 语言中的关键字均用小写字母表示。表 2-3 列出了 Java 语言中的所有关键字。

表 2-3 Java 语言中的关键字

关键字的意义和用途	Java 语言中的关键字
包和引入包声明	package、import
数据类型	int、byte、long、short、boolean、char、double、float、class、interface、void
数据类型特定值	true、false、null
流程控制	break、case、continue、default、do、else、for、if、return、switch、while
异常处理	try、catch、finally、throw、throws
修饰符	abstract、final、native、private、protected、public、synchronized、static、void

续表

关键字的意义和用途	Java 语言中的关键字
类与类之间	extends、implements
实例引用	this、super、new、instanceof
保留字	goto、const

2.2.2 变量与常量

1. 变量

所谓变量，就是在程序的执行过程中其值会发生改变的量。变量名要简短且能清楚地表明变量的作用，可以由一个或多个单词组合而成，通常第一个单词的首字母小写，其后单词的首字母大写。例如：

```
1.  int ageOfStudent;   //学生年龄
2.  int ageOfTeacher;   //老师年龄
```

为了日后更容易维护程序，变量的名称要见名知其义。例如，ageOfStudent 代表学生的年龄，ageOfTeacher 代表老师的年龄。但是在初学时，很多人喜欢使用一些简单的字母作为变量名称，如 a、b、c 等。这些名称虽然正确，但是以后会发现，如果有 100 个变量，在使用时就会分不清某个变量代表什么意思。所以要尽量使用有意义的变量名，且最好使用简短的英文单词。

> 提示：Java 语言的关键字是 Java 语言中定义的、有特别意义的标识符，如 public、int、class、boolean、void、char、double、package、static 等。Java 语言的关键字不能用作变量名、类名、包名等。

2. 常量

常量是不能被程序修改的固定值，在程序运行之前，其值已经确定了。使用保留字 final 修饰常量，常量声明后只能初始化一次。

常量名（用关键字 final 修饰）通常使用大写，单词之间用下画线隔开。例如：

```
1.  final int NUM=100;
2.  final double PI=3.1415;
3.  final int DEFAULT_WIDTH=300;
```

在 Java 程序中存在大量的数据来代表程序的状态，需要根据数据在程序运行中取值是否改变来决定是采用变量还是常量，下面以例 2-1 进行讲解。

【例 2-1】输出变量值。

程序如下。

```
1.  package com.bank;
2.  public class Example2_1 {
```

```
3.    public static void main(String[] args) {
4.        int a=10;
5.        int b=23,c=0;
6.        c=a+b;
7.        System.out.println("c="+c);
8.    }
9. }
```

程序运行结果如下：

c=33

【程序说明】

（1）理解变量的定义与赋值。

（2）第 5 行定义了 b、c 两个变量。在同一行定义两个以上变量时，各变量之间要用","分隔开。

（3）第 6 行将"a+b"的值赋值给变量 c。

（4）第 7 行中的输出语句双引号里面的 c=直接输出，+为连接符，将 33 的结果值与 c=连接起来，输出 c=33。

2.2.3 数据类型

计算机参与运算需要用到数据，这些数据可以由用户输入、从文件获得，甚至从网络中得到。数据不计其数，但是我们可以把见过的数据归类。例如，根据是整数还是小数，是一串字符还是单个字符来分类。

手机品牌："华为""小米""苹果"。

手机价格（元）：3500.99、1120.00、4900.80。

手机电池待机时间（小时）：2、5、3。

这里，手机品牌都是由一串字符组成的，手机价格都是小数，手机电池待机时间都是整数。当然还会经常碰到其他数据，如手机"开"或"关"单个字符。

如何在程序中表示不同类型的数据呢？Java 语言中定义了许多数据类型，生活中的数据都能在这里得到匹配。Java 语言常用的数据类型有整型、浮点型、字符型和布尔型四大类，下面将逐一进行讲解。

1．整型

整型可以是正数、负数。Java 语言整型常量有十进制、八进制和十六进制 3 种形式。

- 十进制整型常量：如 246、-456、4567。
- 八进制整型常量：以 0 开始，如 0123 表示十进制数 83，-021 表示十进制数-17。
- 十六进制整型常量：以 0x 或者 0X 开始，如 0x123 表示十进制数 291，-0X21 表示十进制数-33。

根据整型变量所占内存的大小，可分为字节型 byte、短整型 short、整型 int、长整型 long 4 种，它们具有不同的取值范围，如表 2-4 所示。

表 2-4 整型变量说明

类　　型	占用位数（字节数）	取　值　范　围	默　认　值
byte	8（1）	−128～127	0
short	16（2）	−32768～32767	0
int	32（4）	−214758364～214758363	0
long	64（8）	−9.2×1018～9.2×1018	0

给 4 种整型变量赋值时，要注意变量所能接受的范围，否则会出现错误，默认的整型为 int 类型。

```
int c=8;                    //定义变量 c 为整型，且赋值为 8
```

2．浮点型（float、double）

浮点型包括单精度实型 float 和双精度实型 double，如表 2-5 所示。

表 2-5 浮点型变量说明

类　　型	占用位数（字节数）	取　值　范　围
float	32(4)	−3.40282347E+38～3.40282347E+38
double	64(8)	−1.79769313486231570E+308～1.79769313486231570E+308

在 Java 程序中使用浮点型常量时，可以用小数点和科学记数法两种形式表示。例如：
- 小数点表示为 314.15f、0.0098。
- 科学记数法表示为 3.1415e+2、9.8e-3。

Java 语言默认使用 double 类型，如果将实数赋值给 float 类型的变量，则必须在数字后添加 F 和 f，否则会出现类型不匹配提示："Type mismatch: cannot convert from double to float"。

3．字符型（char）

1）char 类型

char 类型用来存放单个字符，采用 16 位的 Unicode 字符编码，由于计算机只能存储二进制数据，因此必须为各个字符进行编码。所谓字符编码，是指用一串二进制数据来表示特定的字符，Unicode 字符编码既支持英文字符也支持汉字字符。

字符型常量是指由单引号括起来的单个 Unicode 字符集中的字符，如'A'、'a'、'3'等。

使用 char 声明字符常量：

```
char b ='A';                //定义 b 为字符型变量，用字符常量'A'赋值
```

字符型和整型可以相互赋值。例如字符 A 在 Unicode 字符集的编码是 65，因此上面的语句可以改成：

```
char b=65;
```

2）转义字符

转义字符是一种特殊的字符常量，Java 语言中用带"\"的字符开始的字符序列来表示。

表 2-6 列出了 Java 语言中以 "\" 开始的特殊字符,这些字符对标准输出设备上的输出起控制作用。

表 2-6　Java 语言中的转义字符

转 义 字 符	描　　述
\n	换行符
\t	横行跳格制表符
\r	回车符
\\	代表反斜杠字符
\'	代表单引号字符
\"	代表双引号字符

4. 布尔型（boolean）

布尔型又名逻辑类型。布尔型常量只有两个值 true 和 false,分别表示"真"和"假"两种状态。布尔型常被作为判断条件作用在流程控制中。在内部存储上,用一字节表示。

用关键字 boolean 可以声明布尔型变量。例如：

boolean flag=true;　　//定义变量 flag 是 boolean 类型的变量,并赋值为 true

Java 语言中不支持像 C 语言或 C++语言中用非 0 和 0 表示"真"或"假"两种状态。需要注意的是,布尔型常量的组成字母都是小写的。

将上述 4 种数据类型进行汇总和对比,如表 2-7 所示。

表 2-7　数据类型汇总和对比

数 据 类 型	说　　明	举　　例
int	整型	用于存储整数,例如,学生人数、某公司的员工编号、一年的天数、一天的小时数
double	双精度浮点型	用于存储带有小数的数字,例如,商品的价格、世界银行给其他国家（地区）的贷款金额、员工工资
char	字符型	用于存储单个字符,例如,性别"男"或"女",成绩"优"或"良"
boolean	布尔型	用于存储"真"和"假"两种状态,结果只有 true 和 false

5. 字符串（String）

在 Java 语言中除了上述 4 类基本数据类型,String 字符串也被广泛应用在 Java 语言编程中。它是由字符组成的一串字符序列,例如,员工姓名、产品型号、产品的介绍信息等,需用双引号括起来,语法格式如下：

String name= "张三"

Java 语言提供了 String 类来创建和操作字符串,3.3 节将详细介绍 String 类。表 2-8 为 String 类的常用方法和功能。

表 2-8 String 类的常用方法和功能

序号	方法	功能
1	length()	返回字符串的长度
2	charAt(int index)	返回指定索引位置上的字符。该方法接收一个整数参数作为索引，返回该索引位置上的字符
3	substring(int beginIndex, int endIndex)	返回从指定开始索引位置到指定结束索引位置之间的子字符串
4	replace(char oldChar, char newChar)	将字符串中的所有旧字符替换为新字符
5	toLowerCase()	将字符串中的所有字符转换为小写字母
6	toUpperCase()	将字符串中的所有字符转换为大写字母
7	trim()	去掉字符串前后的空格
8	indexOf(int ch)	返回字符在字符串中第一次出现的位置
9	lastIndexOf(int ch)	返回字符在字符串中最后一次出现的位置
10	equals()	比较两个字符串是否相等
11	startsWith()	检查字符串是否以指定的前缀开头
12	endsWith()	检查字符串是否以指定的后缀结尾
13	Split()	拆分为子字符串

2.2.4 变量的声明和输出

Java 程序在使用任何变量之前首先应该在该变量和内存单元之间建立联系，这个过程称为定义变量或变量声明。

1. 变量的声明

定义变量包括定义变量的数据类型和变量名两部分。语法格式如下：

```
<数据类型> <变量名>;
<数据类型> <变量名 1>,<变量名 2>,…,<变量名 n>;
<数据类型> <变量名> = <数据值>;
int c = 8 ;              //定义变量 c 为整型，且赋值为 8
float d = 45.78f ;       //定义变量 d 为单精度实型，且赋值为 45.78f
```

说明：

（1）变量名的命名规则需要符合标识符命名的规则。

（2）变量必须先声明再使用。

（3）一条语句中进行多个变量的声明时，不同变量之间用逗号分隔。例如，int a=3,b=5。

（4）在 Java 语言中，一条完整的语句结尾需要用分号";"。

（5）变量的赋值和初始化可同时进行，例如，int a =10。

【例 2-2】变量的定义和使用。

代码如下：

```
1.  package com.bank;
2.  public class Example2_2 {
```

```
3.     public static void main(String[] args) {
4.         //TODO Auto-generated method stub
5.         int a =10;
6.         double c=23.65;
7.         float d=34.65f;
8.         char b='d';
9.         System.out.println("a="+a);
10.        System.out.println("b="+b);
11.        System.out.println("c="+c+" d="+d);
12.     }
13. }
```

程序运行结果如下：

```
a=10
b=d
c=23.65 d=34.65
```

【程序说明】

(1) 本任务所有的例题都保存在项目 ch2 中。

步骤 1　新建 Java 项目 ch2。

在 Eclipse 集成开发环境中，选择 File→New→Java Project 命令，打开 New Java Project 对话框，在 Project name 文本框中输入"ch2"，创建一个名为 ch2 的项目。其他选项保持默认设置不变。

步骤 2　新建 com.bank 包。

选中 ch2 项目下的 src，右击，在弹出的快捷菜单中选择 New→package 命令，Name 选项填写 com.bank。

步骤 3　新建 Java 类 Example2_2。

选择 File→New→Class 命令，打开 New Java Class 对话框，在 Name 文本框中输入将要创建的新类名 Check，并选中 public static void main(String[] args)复选框，在创建的 Java 类中自动添加 main()主方法。

(2) 第 1 行 "package com.bank" 声明类所在的包。包相当于文件夹，使用包分类管理不同的类。

(3) 第 2 行代码声明了一个 public 类。类名首字母大写，一个 Java 程序由多个类组成。只能定义一个 public 类，而且该类名一定是文件名，否则编译会出错。

(4) 第 3 行代码中的 main()是程序入口方法。main()方法从 "{" 开始到配对的 "}" 结束，中间是方法体。main()方法必须声明为 public static void。public、static 和 void 分别是 main()方法的权限修饰符、静态修饰符和返回值类型声明。String[] args 是一个字符串类型的数组，是 main()方法的参数。

(5) 第 4 行为注释代码。在程序中添加注释能够提高程序的可读性。Java 语言提供了单行注释、多行注释和文档注释 3 种类型的注释。

➥ 单行注释：注释内容为从 "//" 开始到本行结束的内容。

➥ 多行注释：注释内容为 "/*" 和 "*/" 之间的所有内容。

➤ 文档注释：Java 语言所特有的注释，以 "/**" 开头，以 "*/" 结束。提供文档注释的核心思想是当程序员完成程序编制后，可以通过命令生成对应的 API 文档。该文档以文件的形式出现，内容从文档注释中提取生成，且与 Java 语言帮助文档的风格和形式完全一致。

（6）第 5 行定义整型变量 a，10 是整型常量，"=" 是赋值运算符，用来给变量赋值。赋值的基本形式为 "<数据类型><变量名>=<数据值>;" 或 "<变量名>=<表达式>;"，作用是将 "=" 右边的值赋给左边的变量。表达式可以是常量表达式或者变量表达式，后面加上分号即构成一个完整的赋值语句。

（7）第 6 行定义双精度变量 c，23.65 是浮点型常量（数学上的小数），Java 语言默认使用 double 类型，在程序中默认带小数点的十进制数都为双精度常量。

（8）第 7 行定义单精度变量 d，34.65 在末尾加上 f 或 F 作为后缀，特别说明为单精度常量，否则会出现类型不匹配提示 "Type mismatch: cannot convert from double to float"，如图 2-4 所示。

图 2-4　类型不匹配提示

（9）第 8 行定义字符型变量 b，用字符常量 'd' 赋值。

2. 变量的输出

例 2-2 程序的第 9～11 行用 System 类中的 println()方法输出字符串提示信息和变量 a 的值。

System 是 java.lang.*包中的一个类名，out 是 System 类的一个静态成员变量，println()方法则是 out 所引用的对象的方法，向控制台以字符串形式输出对象。可以打印基本类型的数据以及字符串等，"+" 在字符串中代表将字符串相互连接。例如 System.out.println(Object)，如果 Object 是基本数据类型（如 char、int、long 等），则输出它们的字符串形式。

例如：

a=3;
System.*out*.println("a="+a);

输出结果如下：

a=3

即双引号的内容原样输出，变量 a 输出它的值。

2.3　运算符和表达式

Java 语言提供了丰富的运算符，如果按操作数的数目分，可以分为一元运算符、二元运算符和三元运算符。由运算符和变量或常量组成的式子称为表达式，如2+3、a*b 等。表达式是组成 Java 程序的基本单位。

2.3.1 赋值运算符与赋值表达式

赋值运算符是 Java 语言中最基本的运算符，即数学上的等于符号 "="。
Java 语言中的赋值分为基本赋值和复合赋值两种，如表2-9 所示。

表 2-9 赋值运算符

赋值运算符	实 际 操 作	例 子	结 果
=	赋值	a=4; b=2;	a 的值为 4，b 的值为 2
+=	加等于	a=4; b=2; a+=b;	a 的值为 6，b 的值为 2
-=	减等于	a=4; b=2; a-=b;	a 的值为 2，b 的值为 2
*=	乘等于	a=4; b=2; a*=b;	a 的值为 8，b 的值为 2
/=	除等于	a=4; b=2; a/=b;	a 的值为 2，b 的值为 2
%=	（求余）模等于	a=4; b=2; a%=b;	a 的值为 0，b 的值为 2

【例 2-3】理解赋值运算符。

学生王浩的 Java 成绩是 80 分，学生张萌的 Java 成绩与王浩的相同，输出张萌的成绩。
代码如下：

```
1.  package com.bank;
2.  public class Example2_3 {
3.      public static void main(String[ ] args) {
4.          int wangScore = 80;      //王浩成绩
5.          int zhangScore;          //张萌成绩
6.          zhangScore=wangScore;
7.          System.out.println("张萌的成绩是：" +zhangScore);
8.      }
9.  }
```

【程序说明】
第 2 行代码声明了一个 public 类，Example 2_3 为类名。
第 3 行代码中的 main() 是程序入口方法。
第 4 行代码定义了一个 int 的数据类型，变量名为 wangScore，赋值 80。
第 5 行代码定义了一个 int 的数据类型，变量名为 zhangScore。
第 6 行代码用 "=" 赋值符号将 wangScore 的值赋值给 zhangScore
第 7 行代码为输出语句

【例 2-4】理解复合赋值运算符。

代码如下：

```
1.  package com.bank;
```

```
2.    public class Example2_4 {
3.        public static void main(String args[]){
4.            int a=9,b=7;                        //a 赋值为 9，b 赋值为 7
5.            a+=b;                               //相当于 a=a+b，a 被赋值为 16
6.            System.out.println("a="+a);         //输出 16
7.            b*=(a-9);                           //相当于 b=b*(a-9)，b 被赋值为 49
8.            System.out.println("b="+b);         //输出 49
9.            b%=(a-5);                           //相当于 b=b%(a-5)，b 被赋值为 5
10.           System.out.println("b="+b);         //输出 5
11.       }
12.   }
```

程序运行结果如下：

```
a=16
b=49
b=5
```

复合赋值运算符经常用在累加、累乘的循环问题中，例如"a+=2; Sum*=i;"。

由例 2-4 可知，"="可以将某个数值赋给变量，或是将某个表达式的值赋给变量。表达式就是符号（如加号、减号）与操作数（如 b、3 等）的组合。

> **提示**：最后一个语句将变量 b 的值取出后进行计算，然后将计算结果存储到变量 a 中。如果写成"(b+3)*(b-1)=a"，则会出错。切记"="的功能是将等号右边表达式的结果赋给等号左边的变量。

2.3.2 算术运算符与算术表达式

算术运算符用在数学表达式中，可以实现基本的数值运算，其用法和功能与数学中类似。Java 语言提供的算术运算符如表 2-10 所示。

表 2-10 算术运算符

算术运算符	实际操作	例子
+	加法运算	a+b
−	减法运算	a−b
*	乘法运算	a*b
/	除法运算	a/b
%	求余（取模）运算	a%b

【例 2-5】已知长方形的长和宽，求其周长和面积。

代码如下：

```
1.    package com.bank;
2.    public class Example2_5 {
3.        public static void main(String[] args) {
4.            double a =12.5;
```

```
5.        double b=4;
6.        double perimeter = (a + b) * 2;
7.        double area = a * b;
8.        System.out.println("长方形的周长是：" + perimeter +"米");
9.        System.out.println("长方形的面积是：" + area +"平方米");
10.    }
11. }
```

程序运行结果如下：

```
长方形的周长是：33.0 米
长方形的面积是：50.0 平方米
```

【程序说明】

（1）第 1 行代码创建了一个包，名为 com.bank；第 2 行声明了一个 public 类，Example2_5 为类名；第 3 行中的 main()是程序入口方法。

（2）程序第 4、5 行分别定义了双精度变量 a、b，用以表示长方形的长和宽。

（3）程序第 6 行的"(a+b)*2"是算术表达式，用于计算长方形的周长。

> 提示：Java 语言是强类型的语言，所以赋值时要求类型必须匹配。如果左边变量的类型精度高于右边表达式类型精度，则右边表达式的类型会自动转换为左边变量的类型；如果左边变量的类型精度低于右边表达式的类型精度，则会出现精度丢失，编译时会提示错误。例如：

```
double a=12.5;      //类型匹配，直接赋值
double b=4;         //类型不匹配，系统先将 4 转换成 4.0，然后再进行赋值
float c=3.16;       //类型不匹配，无法自动转换，编译时提示错误
```

【例 2-6】理解算术表达式的应用。

代码如下：

```
1. package com.bank;
2. public class Example2_6 {
3.    public static void main(String[] args) {
4.        int a = 10/3;
5.        int b = 10%3;
6.        System.out.println("a=" + a);
7.        System.out.println("b=" + b);
8.    }
9. }
```

程序运行结果如下：

```
a=3
b=1
```

【程序说明】

（1）第 4 行的"10/3"表示做除法运算。需要注意的是，当除法的两边都是整数时，

运算的结果为商的整数部分。例如,"10/3"的结果为 3,与真实的结果相差较远。"10/3.0"才能实现真正意义上的除法。

(2) 在算术运算符中,Java 语言对"+"进行了扩展,它不仅可以对数值型数据进行加法运算,还可以进行字符串之间、数字与字符串之间的连接。例如:

System.out.println("A="+24+6);   //第一个"+"为连接符;第二个"+"为加法运算,输出 A=30

【例 2-7】给出一个 4 位数,逆序输出这个数。

代码如下:

```
1.      package com.bank;
2.      public class Example2_7 {
3.          public static void main(String[] args) {
4.              int num=5426,xnum;              //声明变量 num 存放一个 4 位数,xnum 存放新数
5.              int gw=num%10;                  //求余,获得个位数字 6
6.              int sw=num/10%10;               //分解,获得十位数字 2
7.              int bw=num/100%10;              //分解,获得百位数 4
8.              int qw=num/1000;                //分解,获得千位数 5
9.              int xnum=gw*1000+sw*100+bw*10+qw*1; //
10.             System.out.println("逆序后的数:" + xnum);
11.         }
12.     }
```

运行程序后,出现如图 2-5 所示错误提示,是因为重复定义了 xnum 变量。

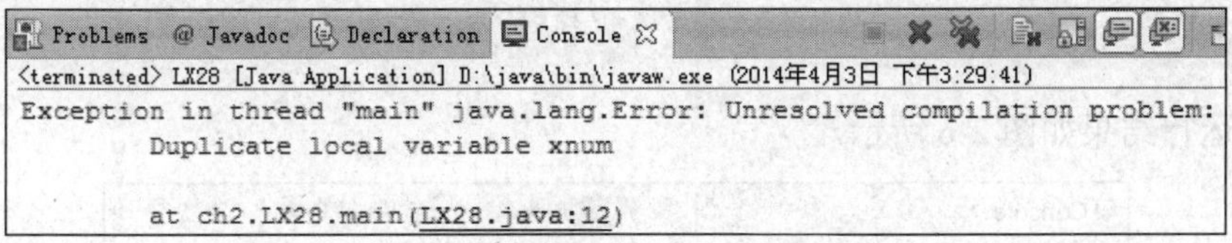

图 2-5 重复定义 xnum 变量的错误提示

修改例 2-7 中的代码,去掉第 9 行的 int 或第 4 行中的 xnum 后,再次运行程序,结果如下:

逆序后的数:6245

> 提示:算术运算符的使用基本上和平时进行的加减乘除运算一样,也遵守"先乘除后加减,必要时加上括号表示运算的先后顺序"的原则。特别注意的是,在使用"/"运算符进行运算时,一定要分清哪部分是被除数,必要时应加上括号。

【例 2-8】从控制台输入学生王浩的 3 门课程(计算机基础、Java、MySQL)的成绩,编写程序实现:Java 课程和 MySQL 课程的分数之差和 3 门课程的平均分。

分析:先声明变量来存储数据,数据来源于用户从控制台中输入的信息;然后进行计算并输出结果。

代码如下:

```java
1.  package com.bank;
2.  import java.util.Scanner;
3.  public class Example2_8 {
4.      public static void main(String[] args) {
5.          Scanner input = new Scanner(System.in);
6.          System.out.print("计算机基础的成绩是：");
7.          int com = input.nextInt();                    //计算机基础的分数
8.          System.out.print("Java 的成绩是：");
9.          int java = input.nextInt();                   //Java 的分数
10.         System.out.print("MySQL 的成绩是：");
11.         int mySql = input.nextInt();                  //MySQL 的分数
12.         int diffen;                                   //分数差
13.         double avg;                                   //平均分
14.         System.out.println("----------------------");
15.         System.out.println("计算机基础\tJava\tMySQL");
16.         System.out.println(com + "\t" + java + "\t" + mySql);
17.         System.out.println("----------------------");
18.         diffen = java - mySql;                        //计算 Java 课程和 MySQL 课程的成绩差
19.         System.out.println("Java 和 MySQL 的成绩差："+diffen);
20.         System.out.println(com + "\t" + java + "\t" + mySql);
21.         System.out.println("----------------------");
22.         avg = (java + mySql +com)/3;                  //计算 3 门课程的平均分
23.         System.out.println("3 门课程的平均分是:" + avg);
24.
25.     }
26.
27. }
```

程序运行结果如图 2-6 所示。

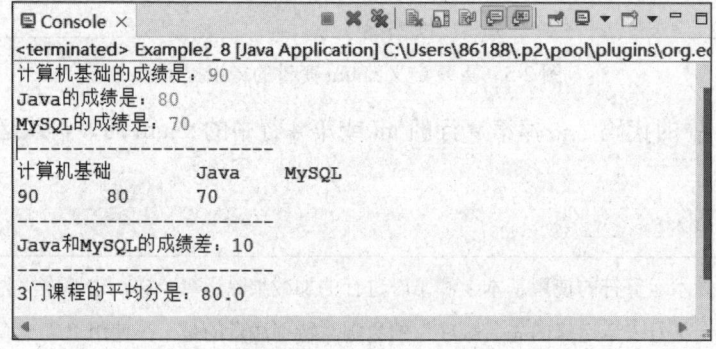

图 2-6　程序运行结果

【程序说明】

（1）从控制台输入数据，然后把它存储在已经定义好的变量中，而不是直接在程序中给变量进行赋值，这种交互是通过两行简单的代码实现的。

```
Scanner input = new Scanner (System.in);
int stb = input.nextInt();
```

这两行代码的作用就是通过键盘的输入得到 stb 的成绩。这是 Java 语言所提供的从控制台获取键盘输入的功能,就像 System.out.println("")可以向控制台输出信息一样。这里,获取的是一个整型变量,因此调用 nextInt()方法。如果获取的是字符串,则需要调用 next()方法。

(2)要使用从控制台输入数据这个功能,必须在 Java 源代码的第一行写上如下语句。

import java.util.Scanner; 或者 import java.util.*;

2.3.3 关系运算符与关系表达式

关系运算符用来比较两个值的关系,关系运算符的运算结果是 boolean 型。当运算符对应的关系成立时,运算结果是 true,否则是 false。例如,10<9 的结果是 false,5>1 的结果是 true。

Java 语言提供的关系运算符如表 2-11 所示。关系运算符经常和逻辑运算符一起使用,作为程序流程控制语句的判断条件。

表 2-11 关系运算符

关系运算符	实 际 操 作	例 子	举 例 说 明
>	大于	x>y	5>3 比较的结果为真
<	小于	x<y	5<3 比较的结果为假
>=	大于或等于	x >=y	5>=3 的结果为真
<=	小于或等于	x <= y	5<=3 的结果为假
==	等于	x==y	5==3 的结果为假
!=	不等于	x != y	5!=3 的结果为真

关系运算符的优先级相同,按照从左到右的顺序结合。

关系运算符是用来做比较运算的,而比较的结果是一个 boolean 类型的值,要么是真(true),要么是假(false)。

【例 2-9】理解关系表达式和逻辑表达式的应用。

代码如下:

```
1.   package com.bank;
2.   public class Example2_9 {
3.      public static void main(String[] args) {
4.         int a=3,b=5,c=9;
5.         boolean d = a<=b;
6.         boolean e = a==b&&a!=c||b<c;
7.         System.out.println("d=" + d);
8.         System.out.println("e=" + e);
9.      }
10.  }
```

程序运行结果如下:

d=true
e=true

【程序说明】

（1）第 5 行将逻辑表达式 a<=b 的结果赋值给布尔型变量 d。

（2）第 6 行将逻辑表达式 a==b&&a!=c||b<c 的值赋值布尔型变量 e。

（3）第 6 行的 "==" 不能写成 "=" （ "=" 为赋值运算符）。任何数据类型都可以通过 "==" "!=" 运算符比较两个数是否相等。

【例 2-10】 从控制台输入张三同学的成绩，并与李四的成绩（80 分）进行比较，然后输出 "张三的成绩比李四的成绩高吗" 这句话的判断结果。

代码如下：

```
1.    package com.bank;
2.    import java.util.Scanner;
3.    public class Example2_10 {
4.        public static void main(String[] args) {
5.            int liSi=80;                                    //学生李四的成绩
6.            boolean isBig;                                  //声明一个 boolean 类型的变量
7.            Scanner input=new Scanner(System.in);           //Java 语言输入的一种方法
8.            System.out.print("输入学生张三的成绩:");          //提示要输入学生张三的成绩
9.            int zhangSan= input.nextInt();                  //输入张三的成绩
10.           isBig=zhangSan>liSi;                            //将比较结果保存在 boolean 变量中
11.           System.out.println("张三的成绩比李四的成绩高吗? "+isBig); //输出比较结果
12.       }
13.   }
```

分析例 2-10，需要实现的功能可以分为两部分：第一部分是实现从键盘获取数据，第二部分是通过比较运算，将结果输出。程序运行结果如图 2-7 所示。

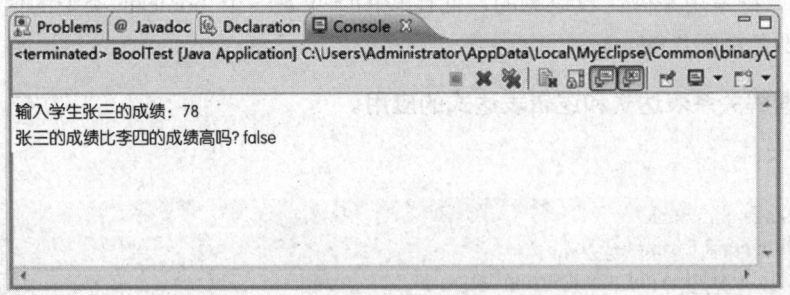

图 2-7 程序运行结果

📖 提示： "=" 和 "==" 的区别。

➤ "=" 是赋值运算符，即把右边的值赋给 "=" 左边的变量，如 int num=20，表示将 20 赋值给整型变量 num。

➤ "==" 是比较运算符，即 "==" 左边的值与 "==" 右边的值比较，看它们是否相等，如果相等则为 true，否则为 false，如 3==4 的结果为 false。

2.3.4 逻辑运算符与逻辑表达式

如果小明的 Java 成绩大于 97 分,而且体育成绩大于 85 分,则老师会奖励他;或者如果小明的 Java 成绩等于 100 分,体育成绩大于 75 分,老师也会奖励他。

这个问题需要判断的条件比较多,因此需要将多个条件连接起来,Java 语言中可以使用逻辑运算符连接多个条件。逻辑运算符用于将简单条件合并实现逻辑与、逻辑或、逻辑非。逻辑运算符的操作数必须是 boolean 型数据,逻辑运算符可以用来连接关系表达式,Java 语言提供的逻辑运算符如表 2-12 所示,表中按照逻辑运算符的优先级给出了用法和意义。

表 2-12 逻辑运算符

逻辑运算符	实 际 操 作	例 子
&&	逻辑与,两边同时为 true 时,结果才为 true	x<0&& x>=-2
||	逻辑或,两边中一个为 true 时,结果就为 true	x>0 || y>0
!	逻辑非	! x

【例 2-11】现在考虑一下怎么连接问题中的条件,首先抽取问题中的条件。小明的 Java 成绩>97 分并且体育成绩>85 分或者 Java 成绩==100 分并且体育成绩>75 分。提取出了条件,是否可以这样编写条件呢?

第一种写法:score1 > 97 && score2 > 85 || score1 = = 100 && score2> 75

第二种写法:(score1> 97 && score2 > 85) || (score1 == 100 && score2>75)

其中,score1 表示小明的 Java 成绩,score2 表示小明的体育成绩。显然,第二种写法更清晰地描述了上述问题的条件。当运算符比较多,无法确定运算符执行的顺序时,可以使用小括号进行控制。

代码如下:

```
1.  package com.bank;
2.  public class Example2_11 {
3.      public static void main(String[] args) {
4.          int score1 = 100;                              //小明的 Java 成绩
5.          int score2 = 78;                               //小明的体育成绩
6.          if ((score1>97 && score2>85) || (score1==100 && score2>75)) {
7.              System.out.println("老师说:不错,奖励一只手表! ");
8.          }
9.      }
10. }
```

📖 提示:

(1)参与逻辑运算的都是关系表达式或者布尔型的数据。

(2)对于"&&"逻辑运算符,当左边的布尔表达式的值为 false 时,整个表达式的值肯定为 false,此时会忽略右边的布尔表达式。

2.3.5 自增运算符与自减运算符

Java 有两个非常特殊且有用的运算符：自加运算符"++"和自减运算符"--"。它们不像其他算术运算符一样，运算时需要两个操作数，如"5+3"，"++"和"--"运算符只需要一个操作数，自增运算符和自减运算符是单目运算符，可以放在操作数之前，也可以放在操作数之后。操作数必须是一个整型或浮点型变量，作用是使变量的值加 1 或减 1。

例如：

```
1.  int num1 = 3;
2.  int num2 = 2;
3.  num1++;
4.  num2--;
```

这里，"num1++"等价于"num1=num1+1"，"num2--"等价于"num2= num2-1"。因此，经过运算，num1 的结果是 4，num2 的结果是 1。

【例 2-12】Java 语言中自增与自减运算符的用法。

代码如下：

```
1.  package com.bank;
2.  public class Example2_12 {
3.     public static void main(String[] args) {
4.        int a=9;
5.        a++;                              //先赋值，然后变量再增加（a 会增加 1 变为 10）
6.        System.out.println("a="+ a);      //输出 10
7.        int b=a++;                        //先把 a 的值 10 赋给 b，a 再增加 1 变为 11
8.        int c= ++a;                       //先把 a 的值 11 增加 1 变为 12，再把 12 赋给 c
9.        System.out.println("a="+ a+"b=" +b+"c=" +c);
10.    }
11. }
```

程序运行结果如下：

```
a=10
a=12   b=10   c=12
```

【程序说明】

（1）++a（--a）表示先使 a 的值加 1（减 1），再运算。

（2）a++（a--）表示先运算，再使 a 的值加 1（减 1）。

（3）如果修改第 7、8 行的代码为"int b=a--; int c=--a;"，则程序运行结果会变为"a=8 b=10   c=8"。

2.3.6 运算符优先级

当运算趋于复杂时，可能在一个运算中出现多个运算符，那么运算时就按照优先级级别的高低进行，级别高的运算符先运算，级别低的运算符后运算。例如先乘除后加减，先计算算术表达式，再计算关系表达式，然后是逻辑表达式。具体运算符的优先级如表 2-13 所示。

表 2-13 运算符优先级

优 先 级	运 算 符	结 合 性
1	( ) [ ] .	从左向右
2	！ +（正） -（负） ++ --	从右向左
3	* / %	从左向右
4	+（加） -（减）	从左向右
5	<< >> >>>	从左向右
6	< <= > >=	从左向右
7	== !=	从左向右
8	&&	从左向右
9	||	从左向右
10	?:	从右向左
11	= += -= *= /= %=	从右向左

2.3.7 数据类型转换

实际生活中可能会遇到下面的问题：某班某课程第一次考试平均分是 81.29，第二次考试平均分比第一次增加了 2 分，第二次的平均分是多少？遇到这样的情况，必须将一个 int 数据类型的变量与一个 double 数据类型的变量相加。那么，不同的数据类型能进行运算吗？运算的结果又是什么数据类型呢？ 如何进行数据类型转换？

1．自动数据类型转换

要解决不同类型之间的数据计算问题，就必须进行数据类型转换。Example2_13 用来解决刚才的问题。

代码如下：

```
1.  package com.bank;
2.  public class Example2_13 {
3.      public static void main(String[] args) {
4.          double firstAvg=81.29;                          //第一次考试的平均分
5.          double secondAvg;                               //第二次考试的平均分
6.          int rise=2;                                     //增长的分数
7.          secondAvg=firstAvg+rise;                        //自动类型转换
8.          System.out.println("第二次考试的平均分是："+ secondAvg);   //显示第二次考试的平均分
9.      }
10. }
```

程序运行结果如图 2-8 所示。

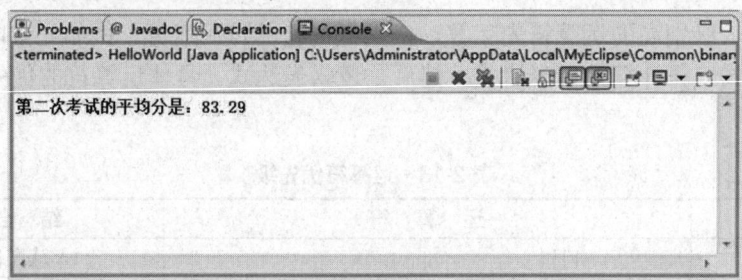

图 2-8　程序运行结果

【程序说明】

从代码中可以看出，double 型变量 firstAvg 和 int 型变量 rise 相加后，计算的结果赋给一个 double 型变量 secondAvg，这时就发生了自动类型转换。

规则 1：如果一个操作数为 **double** 类型，则整个表达式可提升为 **double** 类型。

首先，Java 语言具有应用于一个表达式的提升规则，表达式（firstAvg+rise）中操作数 firstAvg 是 double 类型，则整个表达式的结果为 double 类型。这时，int 类型变量 rise 隐式地自动转换成 double 类型，然后它和 double 类型变量 firstAvg 相加，最后结果为 double 类型并赋给变量 secondAvg。那么为什么 int 类型变量可以自动转换成 double 类型变量？

这也是因为 Java 语言的一些规则造成的。将一种类型的变量赋给另一种类型的变量时，就会发生自动类型转换。

例如：

```
int score = 80;
double newScore = score;
```

这里，int 类型变量 score 隐式地自动转换为 double 类型变量。但是，这种转换并不是永远无条件发生的。

规则 2：满足自动类型转换的条件。

两种类型要兼容：数值类型（整型和浮点型）互相兼容。

目标类型大于源类型：double 类型可以存放 int 类型数据，因为为 double 类型变量分配的空间宽度足够存储 int 类型变量。因此，也把 int 类型变量转换成 double 类型变量称为"放大转换"。

2. 强制数据类型转换

事实上，自动类型转换并非所有情况下都有效。如果不满足上述条件，当必须将 double 类型变量的值赋给一个 int 类型变量时，该如何进行转换呢？这时系统就不会完成自动类型转换了。

【例 2-14】去年 Ale 笔记本所占的市场份额是 20%，今年增长的市场份额是 9.8%，求今年所占的份额。

原有市场份额加上增长的市场份额便是现在所占的市场份额。因此，可以声明一个 int 类型变量 before 来存储去年的市场份额，一个 double 类型变量 rise 来存储增长的部分。但是如果直接将这两个变量的值相加，然后将计算结果直接赋给一个 int 类型变量 now 会提示出现问题吗？尝试后会发现 MyEclipse 会提示"类型不匹配"的错误信息。

代码如下：

```
1.   package com.bank;
2.   public class Example2_14 {
3.       public static void main(String[] args) {
4.           int before = 20;                    //笔记本市场份额
5.           double rise = 9.8;                  //增长的份额
6.           //计算新的市场份额（double 型变量强制转换成 int 型变量）
7.           int now = before + (int)rise;       //现在的份额
8.           System.out.println("新的市场份额是："+ now+ "%");
9.       }
10.  }
```

运行结果如下：

新的市场份额是：29%

根据类型提升规则，表达式（before+rise）的值应该是 double 类型，但是最后的结果却要转换成 int 类型，赋给 int 类型变量 now。由于不能进行放大转换，所以必须进行显式地强制类型转换。语法格式如下：

(数据类型)表达式

在变量前加上括号，括号中的类型就是要强制转换成的类型。例如：

double d = 34.5634;
int b = (int)d;

运行后 b 的值如下：

34

从示例中可以看出，由于强制类型转换往往是从宽度大的类型转换成宽度小的类型，使数值损失了精度（如 2.3 变成了 2，34.5634 变成了 34），所以可以形象地称这种转换为"缩小转换"。

> 提示：数据类型转换的形式分为自动数据类型转换和强制数据类型转换两种。

Java 语言是强类型语言，所以赋值时要求类型必须匹配。如果左边变量的类型精度高于右边表达式类型精度，则右边表达式的类型会自动转换为左边变量的类型；如果左边变量的类型精度低于右边表达式的类型精度，则会出现精度丢失，编译时会提示错误。例如：

double a=12.5;   //类型匹配，直接赋值
double b=4;   //类型不匹配，系统先将 4 转换成 4.0，然后再进行赋值
float c=3.16;   //类型不匹配，无法自动转换，编译时提示错误

2.4 条件语句

任务 2 需要判断客户从键盘输入的工号、密码是否与程序设定的工号、密码相同,并根据"相同"和"不同"两种结果执行不同的操作:若结果为 true,则进入客户操作界面;若结果为 flase,则继续进行输入和判断。

要实现这种分支选择,就需要用到 Java 语言中的条件语句。在该语句中,条件满足时执行一种操作,条件不满足时执行另一种操作。这需要 Java 语言提供的两种常见的选择语句结构 if 语句和 switch 语句。

选择语句的执行流程如图 2-9 所示。

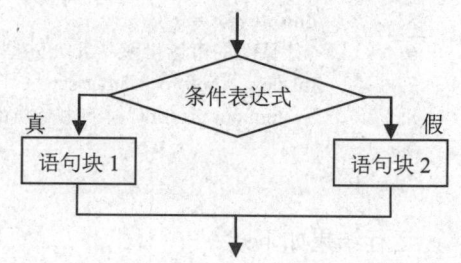

图 2-9 选择语句的执行流程

2.4.1 语句与语句块

1. 语句

Java 语句是 Java 标识符的集合,由关键字、常量、变量和表达式构成。Java 语句分为说明性语句和操作性语句。

Java 说明性语句用来说明包和类的引入、类的声明、变量的声明。例如:

```
import java.sql.*;            //包引入语句
int a,b,c;                    //变量定义语句
```

在表达式后面加上";"(英文状态下的分号),就形成了一个表达式语句。经常使用的表达式语句有赋值语句和方法调用语句。表达式语句是最简单的语句,它们被顺序执行,完成相应的操作。例如:

```
a=i+j;
System.out.println("a="+a);
```

2. 语句块

语句块是包含在一对大括号"{}"中的任意语句序列。与其他语句用分号作结束符不同,语句块右括号"}"后面不需要分号。尽管语句块含有任意多个语句,但从语法上讲,一个语句块被看作一个语句。语句块一般用作 if 语句的内嵌语句及 while 语句、do…while 语句、for 语句的循环体,还有方法体、类体等。

例如,下面是一个语句块:

```
{
    s+=i;
    i++;
}
```

语句块当作一个语句来看待，在语句块中允许定义变量，其作用域仅限于该语句块，关于变量的作用域在后面再做进一步介绍。

2.4.2 分支（if 条件）语句

if 语句是最基本的选择结构，通过不同的选择条件来进行控制，使得程序可以跳过一些语句不执行，而转去执行特定的语句。选择条件通常是关系表达式或布尔值。switch 语句则用于对多个整型值进行匹配，从而实现选择控制。

常用的 if 语句有 if、if…else、if…else if…这 3 种形式。

1．if 语句

if 语句是最简单的一种选择语句，只能判断一种条件，在条件满足时执行所包含的语句或语句块，格式如下：

```
if(条件){
    语句块
}
```

【例 2-15】输入两个数，输出两个数中的较大者。

代码如下：

```
1.  package com.bank;
2.  import java.util.Scanner;
3.  public class Example2_15 {
4.      public static void main(String[] args) {
5.          int a,b,max;                                //定义变量 max 存放较大值
6.          Scanner scanner = new Scanner(System.in);
7.          System.out.println("请输入第一个数：");
8.          a = scanner.nextInt();                      //定义保存键盘输入数据的变量
9.          System.out.println("请输入第二个数：");
10.         b= scanner.nextInt();
11.         max=a;                                      //假定第一个数较大
12.         if(b>max){
13.             max=b;
14.         }
15.         System.out.println("max="+max);
16.     }
17. }
```

程序运行结果如下：

```
请输入第一个数：
12
请输入第二个数：
56
max=56
```

【程序说明】

（1）从键盘输入任意两个数 a、b，假定第一个数 a 较大，将其保存到 max 中，再将 b 和 max 进行比较，如果 b 大于 max，就把 b 赋给 max，从而保证 max 中保存的是较大数。

（2）用这种算法思想，比较输出 3 个数的最大（小）值。

（3）第 12 行中的"if(b>max)"条件指的是关系或逻辑表达式。

2．if…else

if…else 语句通常用于判断两种情况，即条件满足时执行所包含的语句或语句块，条件不满足时执行另外的语句或语句块，语法格式如下：

```
if(条件){
    语句块 1
}
else{
    语句块 2
}
```

【例 2-16】判断学生成绩是否为 60 分以上（含 60 分），并显示相关提示信息。

代码如下：

```
1.  package com.bank;
2.  import java.util.Scanner;
3.  public class Example2_16 {
4.      public static void main(String[] args) {
5.          int score=65;
6.          if(score >=60)                    //判断条件是否为真。如为真，执行下面这条语句
7.              System.out.println("及格啦！");
8.          else                              //若条件为假，执行下面这条语句
9.              System.out.println("不及格，努力呀！");
10.     }
11. }
```

程序运行结果如下：

及格啦！

任何一门计算机语言都具有 3 种基本的流程控制语句，即顺序语句、分支语句和循环语句。本节之前的例子都是顺序结构，本例则是常见的选择语句。如果需要从键盘输入任意分数，该怎么来实现？

在程序的开头加入语句"import java.util.Scanner;"，并将"score=65;"修改成以下 3 条语句：

```
Scanner sc = new Scanner(System.in);
System.out.println("请输入一个分数");
int score=sc.nextInt();
```

【例2-17】输入两个数,输出这两个数中的较大者。

代码如下:

```
1.  package com.bank;
2.  import java.util.Scanner;
3.  public class Example2_17 {
4.      public static void main(String[] args) {
5.          int a,b,max;                                    //定义变量max,用于存放较大值
6.          Scanner scanner = new Scanner(System.in);
7.          System.out.println("请输入第一个数: ");
8.          a=scanner.nextInt();                            //定义保存键盘输入数据的变量
9.          System.out.println("请输入第二个数: ");
10.         b=scanner.nextInt();
11.         max=a;                                          //假定第一个数较大
12.         if(a>b){
13.             System.out.println("max="+a);
14.         }
15.         else{
16.             System.out.println("max="+max);
17.         }
18.     }
19. }
```

程序运行结果如下:

```
请输入第一个数:
23
请输入第二个数:
5
max=23
```

【例2-18】编写Java程序,以判断某一年是否为闰年。

分析:闰年的规律是四年一闰,百年不闰,四百年再闰。也就是说,能被4整除的年份通常是闰年,但如果该年份同时能被100整除,则不是闰年;如果该年份能被400整除,则是闰年。因此,闰年包括两种情况:(1)直接能被400整除的年份;(2)能被4整除但不能被100整除的年份。

代码如下:

```
1.  package com.bank;
2.  import java.util.Scanner;
3.  public class Example2_18 {
4.      public static void main(String[] args) {
5.          Scanner scanner = new Scanner(System.in);
6.          System.out.println("请输入年份: ");
7.          int year = scanner.nextInt();                   //获取键盘输入的数据,赋值给变量year
8.          if ((year%4==0 && year%100!=0) || (year%400==0))
9.              System.out.println(year+"年是闰年");
10.         else
```

```
11.            System.out.println(year+"年不是闰年");
12.        }
13.    }
```

程序运行结果如下:

```
请输入年份:
2100
2100 年不是闰年
```

3. if…else if…

if…else if…语句被称为 if 语句的嵌套。当出现两个以上的条件判断时才使用它,其语法格式如下:

```
if(条件 1){
    语句块 1
}
else if(条件 2){
    语句块 2
}
…                                //可以有 0 个或多个 else if 语句
else {                           //最后的 else 语句可以省略
    语句块 n
}
```

【例 2-19】实现符号函数 sgn(x)。

代码如下:

```
1.  package com.bank;
2.  public class Example2_19 {
3.      public static void main(String[] args) {
4.          int x=5,y;
5.          if(x>0)
6.              y=1;
7.          else if(x==0)              //注意 "==" 的用法是判断是否相等
8.              y=0;
9.          else
10.             y=-1;
11.         System.out.println("y="+y);
12.     }
13. }
```

【程序说明】

(1) 验证程序时,应由易到难,先输入 x 是固定值的情况,进行验证。

(2) 将第 4 行改为如下代码,从键盘输入不同的 x 值,进行闰年验证测试。

```
Scanner scanner = new Scanner(System.in);
int x = scanner.nextInt();
```

在第 1 行后增加如下代码:

import java.util.Scanner;

（3）程序依次判断条件是否成立。如果条件 x>0 为真，执行 y=1；如果 x==0 成立，执行 y=0，否则执行 else 后的语句 y=-1。

2.4.3 switch 多分支选择语句

switch 属于典型的多重选择判断语句，在功能上可以实现两个以上条件的判断。从多个条件中选择一个去执行。和 if 语句不同的是，switch 语句后面的控制表达式的数据类型只能是整型和字符型。switch 语句格式如下：

```
switch (表达式) {
    case 常量 1:
        语句块 1; break;
    case 常量 2:
        语句块 2;break;
    …
    default:
        语句块 n;
}
```

执行时是先对表达式求值，然后依次匹配常量 1、常量 2 等值，遇到匹配的值即执行对应的语句块。break 表示执行完成后跳出 switch 语句。如果所有 case 后的常量值都与表达式的值不相匹配，则执行 default 后的语句块。switch 语句中的 default 与 if 语句中的 else 类似，看似没有条件，其实是有条件的，条件就是表达式的值不能与前面任何一个 case 后的常量相匹配。

【例 2-20】给出一个学生的成绩，判断成绩的等级。如果成绩在 90～100 分，则输出"优秀"；成绩在 80～89 分，则输出"良好"；成绩在 70～79 分，则输出"中"；成绩在 60～69 分，则输出"及格"；其他的成绩输出"不及格"。

代码如下：

```
1.   package com.bank;
2.   public class Example2_20 {
3.       public static void main(String[] args) {
4.           int score = 60;
5.           switch (score/10){    //转换成整型
6.           case 10:
7.           case 9:
8.               System.out.println("优秀");break;
9.           case 8:
10.              System.out.println("良好");break;
11.          case 7:
12.              System.out.println("中");break;
13.          case 6:
14.              System.out.println("及格");break;
15.          default:
```

```
16.            System.out.println("不及格");
17.         }
18.     }
19. }
20.
```

程序运行结果如下：

良好

【程序说明】

（1）switch 语句只能做等式比较，而 if…else if…语句能做各种关系的比较。

（2）case 后面的常量必须是整数或字符型，而且不能有相同的值。

（3）通常在每个 case 中都应使用 break 语句提供一个出口，使流程跳出 switch 语句。否则，在条件满足时，该 case 后面的所有语句都会被执行。

（4）switch 语句中各 case 语句块的开始点和结束点非常清晰，因此完全可以省略 case 后语句块的大括号。

到此为止，同学们已初步掌握条件语句的使用场景和语法代码。现在，请编写代码实现课后综合实训猜数游戏的（1）～（4）功能模块，其中随机数可以通过 Math.random() 生成数值是[0.0, 1.0)的 double 型数值。因此，通过 int num=(int)(Math.random()*10+1)代码可以生成一个 1～10 的随机整数。

2.5 循 环 语 句

任务 2 需要接收用户自键盘输入的工号和密码，并和程序给定的值进行比较，直至输入正确的工号和密码，才能进入客户操作界面，这就需要用循环来解决问题。下面就来认识一下什么是循环体和循环语句。

循环语句是指在满足某个条件的情况下，可反复执行的语句块。这个必须满足的条件就称为循环条件，这段被重复执行的语句块就称为循环体。

例如，求 1+2+3+…+100 的累加和时，运算涉及 100 个数，需要循环进行 100 次相加，所以，循环过程中判断是否已加够 100 次非常关键。其循环过程大致如下：

（1）为循环变量赋初值。

（2）求解条件表达式 i<=100，判断是否加够 100 次，若没有加够，则执行循环体语句块，完成一次累加，然后执行第（3）步，若加够 100 次，则跳出循环体。

（3）改变循环条件，通常修改循环变量的值，然后执行第（2）步。

循环语句的执行流程如图 2-10 所示。

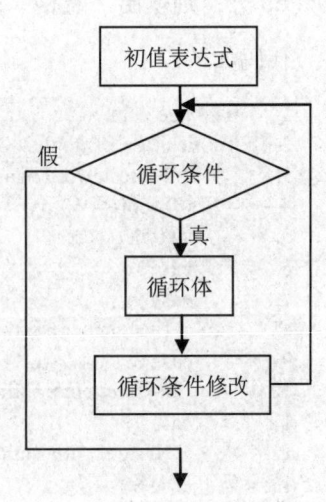

图 2-10　循环语句的执行流程

Java 语言中，共有 3 种循环语句，分别是 while 语句、do…while 语句、for 语句。下面分别进行介绍。

2.5.1 while 语句

while 语句是 Java 语言中最基本的循环语句，它实现当型循环。其基本格式如下：

```
while(循环条件) {
    循环体（包含改变循环条件语句）
}
```

while 循环每次执行循环体之前，先判断循环条件。当循环条件为 true 时，才执行循环体部分。

【例 2-21】分析程序理解 while 语句的运行结果。

代码如下：

```
1.  package com.bank;
2.  public class Example2_21 {
3.      public static void main(String[] args) {
4.          int i=1;
5.          while(i<=3){                        //判断循环条件是否成立
6.              System.out.println("i="+i);
7.              i++;
8.          }
9.      }
10. }
```

程序运行结果如下：

```
i=1
i=2
i=3
```

【例 2-22】求 1+2+3+…+100 的累加和。

分析：设一个累加变量 sum 放置结果，在累加前需要给 sum 设置初始值，以后不断在 sum 中加入递增的数，一直加到 100 为止。

代码如下：

```
1.  package com.bank;
2.  public class Example2_22 {
3.      public static void main(String[] args) {
4.          int  i=1,sum=0;                    //累加和变量赋初值为 0
5.          while(i<=100){                     //判断循环条件是否成立
6.              sum+=i;                        //累加
7.              i++;                           //修改循环变量
8.          }
```

```
9.        System.out.println("sum="+sum);
10.    }
11. }
```

程序运行结果如下：

```
sum=5050
```

在使用 while 语句时，应注意以下几点：

（1）如果循环体包含多条语句，这些语句就构成一个语句块，必须将其放在大括号内；如果循环体只有一条语句，可以不用大括号。例如：

```
int i=10;
while(i<20)
    System.out.println(i++);              //循环体只有一条语句，不需要大括号
while(i>0){
    System.out.println(i);                //循环体有多条语句，需要大括号
    i--;
}
```

（2）while 语句在循环一开始就计算循环条件表达式，若表达式的值为 false，则循环体一次也不执行。下面的循环体就不会执行：

```
int i=10;
while(i<6)
    System.out.println(i++);
```

（3）循环体内要有修改循环条件的语句，在合适时把循环条件改为假，从而结束循环，避免形成死循环。

（4）while 语句的循环体可以为空，这是因为一个空语句（仅有一个分号组成的语句）在语法上是合法的。例如：

```
int i=10;
while(++i< 20);
System.out.println(i);
```

2.5.2 do…while 语句

do…while 循环语句是直到型循环语句，即先执行循环体，再判断循环条件。在任何条件下 do…while 循环至少执行一次循环体，然后判断循环条件，如果循环条件为真，则执行下一次循环，否则终止循环。

```
do{
    循环体（包含改变循环条件的语句）
}while (循环条件);
```

【例 2-23】求前 100 个自然数的和（用 do…while 语句实现）。

代码如下：

```java
1.  package com.bank;
2.  public class Expamle2_23 {
3.      public static void main(String[] args) {
4.          int  i=1,sum=0;              //累加和变量赋初值为0
5.          do{                          //先无条件执行一次
6.              sum+=i;                  //累加
7.              i++;                     //修改循环变量
8.          } while(i<=100);             //判断循环条件是否成立
9.          System.out.println("sum="+sum);
10.     }
11. }
```

程序运行结果如下：

sum=5050

【例2-24】求前10个自然数的积。

分析：本题是要求1×2×3×…×10的结果，要设一个累乘变量fact放置结果，在累乘前需要给fact设置初始值，以后不断在fact中加入递增的乘数，一直乘到10为止。

代码如下：

```java
1.  package com.bank;
2.  public class Example2_24 {
3.      public static void main(String[] args) {
4.          int i=1;
5.          long fact=1;                 //变量定义为长整型
6.          do{
7.              fact*=i;
8.              i++;
9.          }while(i<=10);
10.         System.out.println("10!="+fact);
11.     }
12. }
```

程序运行结果如下：

10!=3628800

【程序说明】

运行程序时，可以先计算小一点的数的阶乘，如5！（循环结束条件为"while(i<=5)"），并和口算出来的结果进行比较，以验证程序的正确性。

2.5.3 for 语句

for 语句是一种计数型循环语句，for 循环语句是更加简洁的循环语句，大部分情况下，for 循环可以代替 while 循环、do…while 循环。for 循环的基本语法格式如下：

```
for (初始化语句; 循环条件; 改变循环条件语句){
    循环体
}
```

程序执行 for 循环时,先执行循环的初始化语句,初始化语句只在循环开始前执行一次。每次执行循环体之前,先计算循环条件的值,如果循环条件为 true,则执行循环体部分,循环体执行结束后执行改变循环条件的语句,再次判断循环条件。直到循环条件为 false,将不再执行循环体。

【例 2-25】用 for 语句求前 100 个自然数的和。

代码如下:

```
1.  package com.bank;
2.  public class Example2_25 {
3.     public static void main(String[] args) {
4.        int i,sum=0;
5.        for(i=1;i<=100;i++)
6.           sum+=i;
7.        System.out.println("sum="+sum);
8.     }
9.  }
```

需要注意的是,for 循环的循环条件语句并没有与循环体放在一起,因此即使在执行循环体时遇到 continue 语句结束本次循环,改变循环条件的语句一样会得到执行。

与前面循环类似的是,如果循环体只有一行语句,循环体的大括号可以省略。

for 循环小括号中只有两个分号是必需的,初始化语句、循环条件、改变循环条件的语句都是可以省略的,如果省略了循环条件,则这个循环条件默认是 true,将会产生一个死循环。例如下面的程序:

```
for (; ; ){
    System.out.println("=============");
}
```

运行上面的程序,将看到程序一直输出"============="字符串,这表明上面程序是一个死循环。

【例 2-26】计算 1!+2!+…+10!的和。

代码如下:

```
1.  package com.bank;
2.  public class Example2_26 {
3.     public static void main(String[] args) {
4.        int i;
5.        long sum=0;
6.        long fact =1;
7.        for(i=1;i<=10;i++){
```

```
8.          fact*=i;
9.          sum+=fact;
10.     }
11.     System.out.println("sum="+sum);
12.   }
13. }
```

程序运行结果如下：

sum=4037913

2.5.4 循环嵌套

循环嵌套是在一个循环语句的循环体内包含另外一个完整的循环语句。外层的循环称为外循环，内层的循环称为内循环。Java 语言支持循环嵌套，既可以是 for 循环嵌套 while 循环，也可以是 while 循环嵌套 do…while 循环，即各种类型的循环都可以作为外层循环，也可以作为内层循环。

【例 2-27】分析程序结果。

代码如下：

```
1.  package com.bank;
2.  public class Example2_27 {
3.     public static void main(String[] args) {
4.       for(int i=1;i<=2;i++) {           //外循环
5.         for(int j=1;j<=3;j++)           //内循环
6.           System.out.println (i+" "+j);
7.       }
8.     }
9.  }
```

程序运行结果如下：

1 1
1 2
1 3
2 1
2 2
2 3

【程序说明】

（1）循环嵌套执行时，先判断外循环的循环条件，如果条件成立，则开始执行外层循环的循环体，如果内层循环的条件也成立则需要反复执行自己的循环体。当内层循环执行结束，且外层循环的循环体也执行结束时，则再次计算外层循环的循环条件，决定是否再次开始执行外层循环的循环体。用一句话归纳为：外循环的循环变量每取一个值，内循环就要从初值到终值完整地执行一遍。

（2）假设外层循环的循环次数为 n 次，内层循环的循环次数为 m 次，那么内层循环的循环体实际上需要执行 $n×m$ 次。

【例 2-28】输出 3～100 的所有素数。

代码如下：

```
1.    package com.bank;
2.    public class Example2_28 {
3.       public static void main(String[] args) {
4.          int k=0;
5.          int i;
6.          for(int num=3;num<=100;num++) {        //外循环
7.             for( i=2;i<num;i++)                 //内循环包括 for 语句和 if 语句
8.                if(num%i==0) break;
9.             if(i==num) {
10.               System.out.print (num+" ");
11.               k++;
12.               if(k%10==0)                     //控制一行输出 10 个数
13.                  System.out.println (" ");
14.            }
15.         }
16.      }
17.   }
```

程序运行结果如下：

```
3 5 7 11 13 17 19 23 29 31
37 41 43 47 53 59 61 67 71 73
79 83 89 97
```

【程序说明】

（1）理解循环嵌套的执行过程。

（2）内循环变量的声明"int i;"所处的位置，不能是"for(int i=2;i<num;i++)"，否则会出错。

（3）控制一行输出指定个数的方法。

【知识拓展】用循环嵌套打印各种图形，如图 2-11 所示。

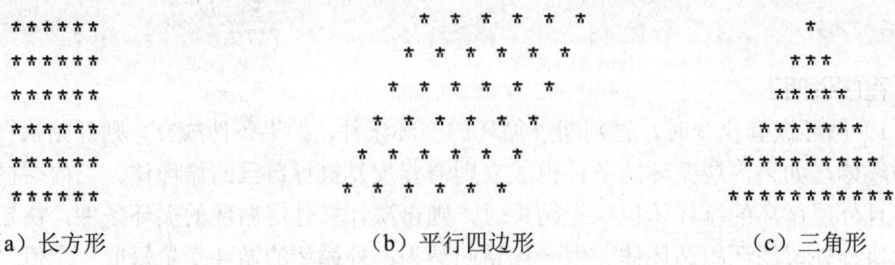

（a）长方形　　　　　　（b）平行四边形　　　　　　（c）三角形

图 2-11　几何图形

【例2-29】打印如图2-11（a）所示的长方形。

代码如下：

```
1.  package com.bank;
2.  public class Example2_29 {
3.     public static void main(String[] args) {
4.        for(int i=1;i<=6;i++) {           //外循环控制打印行数
5.           for(int j=1;j<=6;j++)          //内循环控制一行打印的个数
6.              System.out.print ("* ");
7.           System.out.println ();         //内循环，打印空行，以实现换行
8.        }
9.     }
10. }
```

【例2-30】打印如图2-11（b）所示的平行四边形。

代码如下：

```
1.  package com.bank;
2.  public class Example2_30 {
3.     public static void main(String[] args) {for(int i=1;i<=6;i++) {    //外循环
4.        for(int j=1;j<=7-i;j++)            //内循环，打印空格，以实现定位
5.           System.out.print (" ");
6.        for(int j=1;j<=6;j++)              //内循环，打印一行的图形个数
7.           System.out.print ("* ");
8.        System.out.println ();             //内循环，打印空行，实现换行
9.        }
10.    }
11. }
```

【程序说明】

"for(int j=1;j<=7-i;j++)"中，7-i可以改为大于外循环行数6的正整数，如20-i。

【例2-31】打印如图2-11（c）所示的三角形。

代码如下：

```
1.  package com.bank;
2.  public class Example2_31 {
3.     public static void main(String[] args) {
4.        for(int i=1;i<=6;i++) {           //外循环
5.           for(int j=1;j<=7-i;j++)        //内循环，打印空格，以实现定位
6.              System.out.print (" ");
7.           for(int j=1;j<=2*i-1;j++)      //内循环，打印一行的图形个数
8.              System.out.print ("*");
9.           System.out.println ();         //内循环，打印空行，实现换行
10.       }
11.    }
12. }
```

【程序思考】倒三角形该怎样打印？

2.5.5 循环的跳转

猜数游戏中当游戏者猜对了或者不想继续玩游戏了，可以用跳转语句结束游戏。跳转语句的作用是控制程序执行其他部分。Java 语言支持用 break、continue、return 实现跳转。

1. break 语句

在某些时候需要强行终止循环，可以使用 break 语句来完成这个功能，break 用于完全结束一个循环，跳出循环体。不管是哪种循环，一旦在循环体中遇到 break 语句，系统将完全结束该循环，开始执行循环之后的代码。一般 break 语句与 if 语句一起使用。

【例 2-32】分析程序结果。

代码如下：

```
1.    package com.bank;
2.    public class Example2_32 {
3.        public static void main(String[] args) {
4.            for(int i=1;i<=10;i++){
5.                if(i==4) break;
6.                System.out.println(i);
7.            }
8.        }
9.    }
10.
```

程序运行结果如下：

```
1
2
3
```

break 语句不仅可以结束其所在的循环，还可以直接结束其外层循环。此时需要在 break 后紧跟一个标签，这个标签用于标识一个外层循环。经常用在双重循环中。

Java 语言中的标签就是一个紧跟着英文冒号"："的标识符。与其他语言不同的是，Java 语言中的标签只有放在循环语句之前才有作用，例如下面的程序。

【例 2-33】测试使用 outer 标签的 break 语句。

代码如下：

```
1.    package com.bank;
2.    public class Example2_33 {
3.        public static void main(String[] args) {
4.            outer:                          //外层循环，outer 作为标识符
5.                for (int i = 0; i < 5; i++){
```

```
6.         for (int j = 0; j < 3; j++ ){            //内层循环
7.             System.out.println("i 的值为:" + i + " j 的值为:" + j);
8.             if (j == 1)
9.                 break outer;                     //跳出 outer 标签所标识的循环
10.            }
11.        }
12.    }
13. }
```

程序运行结果如下:

i 的值为：0　j 的值为：0
i 的值为：0　j 的值为：1

当程序从外层循环进入内层循环后，j 等于 1 时，程序遇到 "break outer;" 语句，这行代码将会导致程序结束 outer 标签指定的循环，不是结束 break 所在的循环，而是结束 break 循环的外层循环，所以得出上面的运行结果。

需要指出的是，break 后的标签必须是一个有效的标签，即这个标签必须在 break 语句所在的循环之前定义，或者在其所在循环的外层循环之前定义。

【例 2-34】输入一个自然数，判断该数是否为素数。

分析：首先素数的条件是一个数除了 1 和它本身，不能被其他数整除，判断一个自然数是否是素数，程序需要用从 2 到这个数减 1 的每一个数去除这个数，若都除不尽，则这个数是素数。

代码如下：

```
1.  package com.bank;
2.  import java.util.Scanner;
3.  public class Example2_34 {
4.     public static void main(String[] args) {
5.        Scanner sc = new Scanner(System.in);
6.        System.out.println("请输入一个自然数");
7.        int num=sc.nextInt();
8.        int i;
9.        for( i=2;i<num;i++)                //定义循环变量。for 循环控制循环次数
10.           if(num%i==0) break;             //如果某次能除尽就退出循环
11.       if(i==num)                          //如果循环变量的值和数相等证明这个数是素数
12.          System.out.println(num+"是素数");
13.       else
14.          System.out.println(num+"不是素数");
15.    }
16. }
```

程序运行结果如下：

请输入一个自然数
17
17 是素数

2. continue 语句

continue 语句的功能和 break 语句有点类似，区别是 continue 语句只是终止本次循环，接着开始下一次循环，而 break 语句则是完全终止循环。可以理解为 continue 语句的作用是略过当前循环中剩下的语句，重新开始新的循环。

【例 2-35】 输出 100 以内 7 的倍数。

代码如下：

```
1.  package com.bank;
2.  public class Examole2_35 {
3.      public static void main(String[] args) {
4.          for(int i=1;i<=100;i++){
5.              if(i%7!=0) continue;              //不是 7 的倍数不输出，继续下一次循环
6.              System.out.print (i+" ");
7.          }
8.      }
9.  }
```

程序运行结果如下：

7 14 21 28 35 42 49 56 63 70 77 84 91 98

【程序说明】

（1）不用 continue 语句，输出 100 以内 7 的倍数，对比程序。

（2）"System.out.print (i+" ");"表示输出时，一行上输出多个数据。

【例 2-36】 输入学生 Java 考试成绩，统计分数大于 70 分的学生比例。

代码如下：

```
1.  package com.bank;
2.  import java.util.Scanner;
3.  public class Example2_36 {
4.      public static void main(String[] args) {
5.          Scanner sc = new Scanner(System.in);
6.          System.out.println("请输入学生人数");
7.          int num=sc.nextInt();                 //变量 num 存放学生人数
8.          int score=0;                          //变量 score 存放学生成绩
9.          int count=0;                          //变量 count 统计符合条件的学生人数
10.         for(int i=1;i<=num;i++){
11.             System.out.print ("请输入第"+i+"个学生成绩");
12.             score= sc.nextInt();
13.             if(score<70) continue;            //70 分以下的不统计，继续下次循环
14.             count++;                          //统计 70 分以上的学生人数
15.         }
16.         System.out.println ("全班大于等于 70 分的学生比例为"+((float)count/ num)*100+"%");
17.     }
18. }
```

程序运行结果如图 2-12 所示。

【程序说明】

强制转换"(float)count/num"可实现真正意义上的除法。

与 break 类似,continue 也可以紧跟一个标签,用于直接结束标签所标识循环的当次循环,重新开始下一次循环。

```
请输入学生人数
2
请输入第1个学生成绩67
请输入第2个学生成绩89
全班大于等于70分的学生比例为50.0%
```

图 2-12　程序运行结果

【例 2-37】 阅读程序,分析程序运行结果。

代码如下:

```
1.    package com.bank;
2.    public class Example2_37 {
3.        public static void main(String[] args) {
4.            outer:                              //外层循环
5.            for (int i=0; i <5;i++){
6.                for (int j=0; j <3; j++){       //内层循环
7.                    System.out.println("i 的值为:" + i + " j 的值为:" + j);
8.                    if (j == 1){
9.                        continue outer;         //跳出 outer 标签所指定的循环
10.                   }
11.               }
12.           }
13.       }
14.   }
```

运行上面程序可以看到,循环变量的值将无法超过 1,因为每当 j 等于 1 时,continue outer 语句就结束了外层循环的当次循环,直接开始下一次循环,内层循环没有机会执行完成。

与 break 类似,continue 后的标签也必须是一个有效标签,即这个标签通常应该放在 continue 所在循环的外层循环之前定义。

学习完循环语句,同学们就可以进一步完善和实现本任务课后章节综合实训,在已编写好的 GuessNumber 类中,添加循环语句,实现全部功能。

2.6　任 务 实 施

本任务的大致设计思路如下。

(1)在 Eclipse 环境中创建项目 ch2,然后分别创建一个包和一个类,包名为 com.bank,类名为 Test2。

(2)创建扫描仪,定义变量,存储用户输入的选择。

(3)用条件语句判断用户输入的选择,并给出相应的功能界面,实现菜单切换。

(4)借用循环重复执行步骤(2)~步骤(3)。

代码如下:

```java
1.  package com.bank;
2.  import java.util.Scanner;
3.  public class Test2 {
4.      public static void main(String[] args) {
5.          String custCardId;                          //卡号或工号
6.          String custPwd;                             //用户登录密码
7.          int num;                                    //用户类型，1 为管理员，2 为普通客户
8.          Scanner sc = new Scanner(System.in);
9.          System.out.println("================银行管理系统================");
10.         System.out.println("\t1.管理员\t2.普通客户\t3.退出系统");
11.         System.out.println("========================================");
12.         System.out.print("请选择你的身份：");
13.         num = sc.nextInt();
14.         boolean flag = true;
15.         switch (num) {
16.             case 1:
17.                 while(flag){
18.                     System.out.print("请输入工号：");
19.                     custCardId = sc.next();
20.                     System.out.print("请输入密码：");
21.                     custPwd = sc.next();
22.                     if(custCardId.equals("admin")&&custPwd.equals("123456")){
23.                         System.out.println("==============银行系统（管理员）==============");
24.                         System.out.println("\t1.查询客户信息 2.导出客户信息 3.返回上级");
25.                         System.out.println("========================================");
26.                         flag = false;
27.                     }else{
28.                         System.out.println("账号或密码错误，请重新输入！");
29.                     }
30.                 }
31.                 break;
32.             case 2:
33.                 while(flag){
34.                     System.out.print("请输入卡号：");
35.                     custCardId = sc.next();
36.                     System.out.print("请输入密码：");
37.                     custPwd = sc.next();
38.                     if(custCardId.equals("2023001")&&custPwd.equals("123456")){
39.                         System.out.println("==============银行系统（客户）==============");
40.                         System.out.println("\t1.存款 2.取款 3.查询余额 4.转账 5.返回上级");
41.                         System.out.println("========================================");
42.                         flag = false;
43.                     }else{
44.                         System.out.println("账号或密码错误，请重新输入！");
45.                     }
46.                 }
47.                 break;
48.             case 3:
49.                 System.out.println("退出系统");
```

```
50.              System.exit(0);
51.          default:
52.              System.out.println("对不起，输入错误请重新输入:");
53.              num = sc.nextInt();
54.              break;
55.          }
56.      }
57.  }
58.
```

2.7 任务小结

本任务实现过程中运用到变量、数据类型、运算符、表达式、条件语句和循环结构等 Java 语言基础语法代码，该语法基础是 Java 语言编程的起点，它定义了一套规则和结构，能够帮助开发者编写清晰、可维护和有效的代码，实现各种复杂的业务逻辑。

任务实施过程中，学习者要根据错误提示修改代码，培养学生编程的查错纠错和分析能力。通过该任务的学习，学习者已具备了 Java 语言编程的基本语法基础，为后续进一步学习 Java 语言的高级特性和框架打下良好基础。

2.8 任务评价

任务 2　银行登录模块实现

考核目标	任务节点	完成情况	备注
知识、技能（70%）	1. 输出登录菜单		
	2. 实现菜单切换		
	3. 循环		
	成绩合计		
素养（30%）	团队协作		
	个人能力、专业认知		
	成绩合计		
合计			

2.9 习题

一、填空题

1. Java 语言中，实型常量 3.14159 默认为_____类型的数据。
2. Java 语言的跳转语句中_____（包含/不包含）goto 语句。

3. else 子句不能单独作为语句使用，它必须和 if 子句配合使用，else 子句与 if 子句的配对原则是：else 子句总是与离它_____的 if 子句配对使用。

4. 运算符"?:"属于_____运算符。

5. switch 语句不能用于的数据类型是_____。

6. 在对一个复杂表达式进行运算时，要按运算符的优先顺序从高到低进行，同级的运算符则按照____的方向____。

7. 已知 int age=13，请在下列代码中填空，以使打印的结果为"PG13"。
System.out.println("PG"_____);

8. 阅读下列代码：

```java
public class LX215 {
    public static void main(String[] args) {
        int x=2;
        switch (x){
            case 1:
                System.out.println("1");break;
            case 2:
                System.out.println("2");
            case 3:
                System.out.println("3");break;
        }
    }
}
```

程序运行结果为_____。

9. 阅读下列代码：

```java
public class koo {
    public static void main(String args[]) {
        int x=1,sum=0;
        while(x<=10) {
            sum+=x;
            x++;
        }
        System.out.println("sum="+sum);
    }
}
```

程序运行结果为_____。

二、选择题

1. 下列属于合法的 Java 标识符是（   ）。
   A. "ABC"   B. &5678   C. _cat   D. 5books

2. ++运算符的操作数个数是（   ）。
   A. 1个   B. 2个   C. 3个   D. 4个

3. 下列运算符中，优先级最高的是（   ）。
   A．>>   B．*   C．&&   D．+=
4. 下列选项中，错误的赋值语句是（   ）。
   A．float f =11.1f;   B．double d=5.3E12;   C．char c='\r';   D．byte bb =433;
5. 下列代码执行后，c 与 result 的值是（   ）。

```
boolean a = false;
boolean b = true;
boolean c= (a&&b)&&(!b);
int result=c= =false?1:2;
```

   A．false 和 1   B．true 和 2   C．true 和 1   D．false 和 2
6. 下列代码的运行结果是（   ）。

```
Public class Testl {
    Public static void main ( String args[] ) {
        float t=9.0f;
        int q=5;
        System.out.println ( ( (t++)*(--q)) ;
    }
}
```

   A．40   B．40.0   C．36   D．36.0
7. 下列代码中，while 语句的执行次数是（   ）次。

```
int x=3;
while (x<9)
    x+=2;
x++ ;
```

   A．3   B．4   C．6   D．9
8. 下列代码的运行结果是（   ）。

```
int i=3, j;
Outer:while(i>0)
{   j = 3 ;
    inner: while (j>0)
    {   if(j<2)  break   outer;
        System.out.println (j +"and" + i);
        j--;
    }
    i--;
}
```

   A．3and3   B．3and2   C．3and1   D．3and0

三、判断题

1. 在表达式中，乘法和除法的运算优先级别最高。（   ）

2. 若 $x = 5$，则表达式 $(x + 5)/3$ 的值是 3。（　　）
3. 常量就是程序中常常变化的数据。（　　）

四、编程题

1. 从键盘上录入三门课程成绩，并求出平均成绩。
2. 给出一个三位整数，按相反的顺序输出该数，如输入 258，输出 852。
3. 判断输入的字符是否为字母。
4. 判断一个数是否是偶数。
5. 根据键盘输入的 x 值，求以下分段函数的值。

$$y = \begin{cases} x^2 & (x > 5) \\ 2x & (0 < x < 5) \\ -x & (x < 0) \end{cases}$$

6. 输出某年某月有几天。
7. 计算 100 以内所有偶数的和。
8. 输入 3 个数，并按从小到大的顺序输出。

2.10　综合实训

编写一个有趣的猜数游戏，具体规则如下：计算机随机产生一个在固定范围之内的随机数，让游戏者来猜这个数。当从键盘接收到游戏者输入的数后，程序给出"大了"或"小了"的提示信息，游戏者根据提示不断从键盘输入新的数，直到猜中为止。另外，程序还提供了重新开始游戏和退出游戏的功能，可供游戏者反复进行游戏。

本任务的大致设计思路如下：

（1）在 Eplicse 环境中创建 Java 程序，添加猜数类 GuessNumber。
（2）随机生成一个待猜数字。
（3）定义变量，存储用户输入的数。
（4）用条件语句判断用户输入的数与系统随机生成的数的大小关系，并给出提示。
（5）借用循环，重复执行步骤（4），直到用户猜对数或用户停止猜数为止。
（6）是否继续玩游戏，继续的话循环，不继续退出。

答案 2

课件 2

任务 3

客户信息管理模块实现

数组是计算机程序语言中非常重要的一种集合类型，能够存储具有相同数据类型的一组元素，具有一致性、有序性和不可变性，包含一维数组和多维数组。

学习目标：

➡ 掌握数组的基本概念和语法。
➡ 学会创建和初始化数组、访问和操作数组。
➡ 理解数组的边界和越界概念。
➡ 了解数组在 Java 语言编程中的应用，如排序、查找、统计等。
➡ 掌握数组在客户信息管理模块中的优化和高效使用方法。

3.1 任务描述

随着银行管理系统的不断升级，本任务要通过数组实现银行客户信息的存储与管理，优化客户登录验证、存款、取款、查询和转账功能。其中，客户信息包含客户的卡号、用户名、密码、交易日期和账户余额，具体需求如下：

（1）创建 5 个数组分别存储客户信息，如图 3-1 所示，给 5 个数组分别初始化 3 组数据。

数组名 序号	卡号 custCardIds	用户名 custNames	密码 custPwds	交易日期 tradeDates	账户余额 balances
01	2023001	张三	123456	2023-01-01	2000
02	2023002	李四	888888	2023-01-01	1000
03	2023003	王五	666666	2023-01-01	1000

图 3-1 客户信息数组名及初始化值

（2）通过对卡号数组、密码数组中数据的读取优化客户登录验证功能，实现用户输入的卡号、密码与数组初始化值的校验。

（3）在客户存款、取款、查询和转账功能中，实现客户账户余额变动，图3-2为存款功能运行结果图。

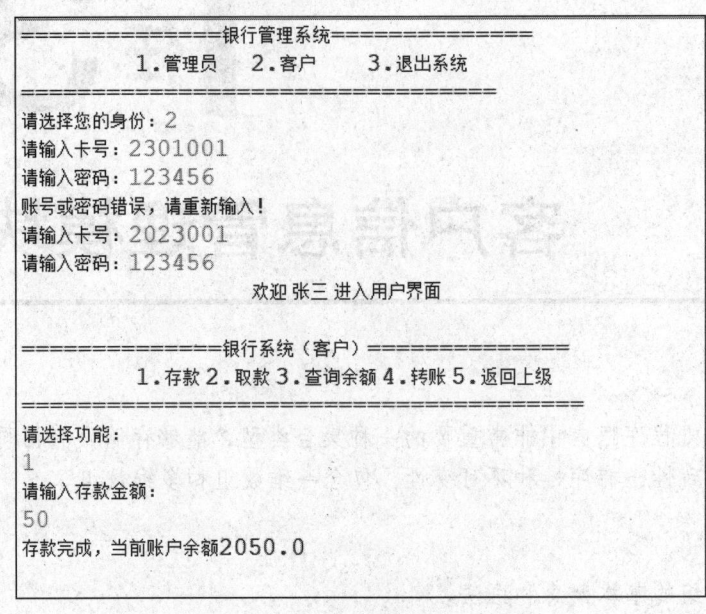

图3-2 存款功能运行结果图

3.2 数　　组

客户信息中的卡号、用户名、密码和账户余额分别是一组具有相同数据类型的数据。那么，如何保存并使用它们，这就需要用本节讲的数组来解决。数组是编程语言中最常见的一种数据结构，Java语言中的数组是相对简单的引用（对象）数据类型，可以用数组来存储多个相同数据类型的数据，因此，在一个数组中，数组元素的类型是唯一的，即一个数组中只能存储一种数据类型的数据。

数组中的每个具体的数值也称作数组元素。在实际引用数组中的值时，可以使用数组名称和下标来唯一指定。

3.2.1 数组概述

1. 为什么需要数组

【例3-1】Java考试结束后，老师给小明分配了一项任务，让他计算全班学生（30人）的平均分。

小明想了一下，要计算平均分不难，首先要定义变量。可是班里有30名学生，就要定义 30 个变量。因此,他写出了下面的代码。

```
1.   int score1 = 90;
2.   int score2 = 93;
3.   int score3 = 89;
4.   …
5.   int score28 = 77;
6.   int score29 = 97;
7.   int score30 = 69;
8.   average = ( score1+score2+score3+…+score30) / 30
```

【程序说明】

上面的代码缺陷很明显,首先是定义的变量的个数太多,如果存储 10000 名学生的成绩,难道真要定义 10000 个变量吗?这显然不可能,另外也不利于数据处理。例如,求所有成绩之和或最高分、输出所有成绩,就需要把所有的变量名都写出来,这显然不是一种好的方法。Java 语言针对此类问题提出了有效的存储方式——数组。

2. Java 语言中的数组

在 Java 语言中,数组就是一个变量,用于将相同类型的数据存储在内存中。数组中的每一个数据元素都属于同一数据类型。例如,全班 30 名学生的成绩都是整型,就可以存储在一个整型数组里面。

声明一个变量就是在内存空间分配一块合适的空间,然后将数据存储在这个空间中。同样,数组的声明就是在内存空间中划出一串连续的空间,如图 3-3 所示。

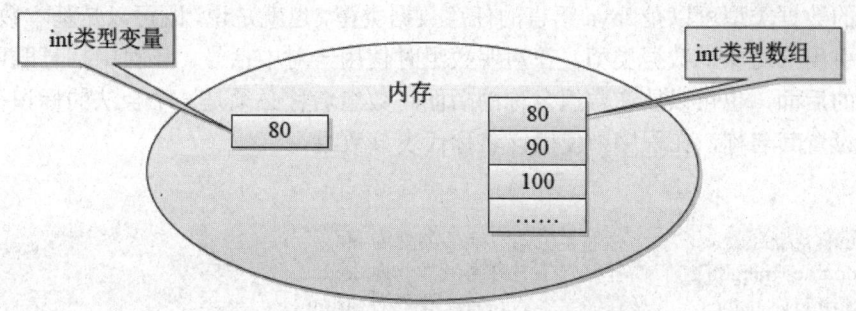

图 3-3　内存中 int 类型变量和 int 类型数组

结合图 3-4 对数组的基本要素分析如下:

(1)标识符。和变量一样,数组的名称为标识符,用于区分不同的数组,如 scores。

(2)数组下标。在数组中,数组的元素是按顺序排列编号的,该编号就即为数组下标,它表明了元素在数组中的位置,第一个元素的下标规定为 0,依次为 0、1、2、3、4 等。

(3)数组元素。数组中存放的数据称为数组元素,如 70、100、90、80 等。由于元素是按顺序存储的,每个元素固定对应一个下标,因此可以通过下标快速地访问到每个元素。例如,scores[0]指数组中的第一个元素 70,scores[1]指数组中的第二个元素 100。

(4)元素类型。存储在数组中的数组元素应该是同一数据类型,如可以把学生的成绩 70、100、90 和 80 存储在数组中,而每一名学生的成绩都是整型,因此称它的元素类型是整型。

(5) 数组的长度。指数组可容纳元素的最大数量。定义一个数组的同时也定义了它的大小，如果数组已满但是还继续向数组中存储数据的话，程序就会出错，称为数组越界。例如，图 3-4 中数组下标最大为 3，如果数组的下标超过此大小，程序就会因错误而终止。

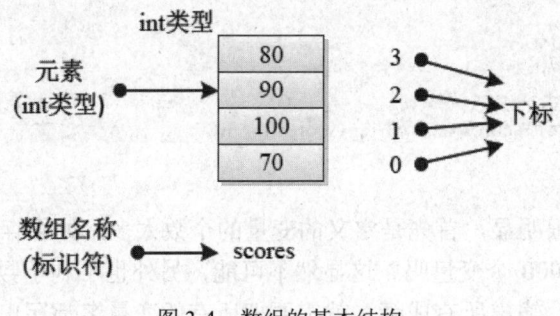

图 3-4　数组的基本结构

3.2.2　一维数组

1. 数组的声明

和变量类似，数组在使用前也必须声明，数组有两种声明语法格式，如下所示：

数据类型　数组名称[]
数据类型[]　数组名称

这里的数据类型可以是 Java 语言的任意数据类型，也就是说，既可以是基本数据类型，也可以是引用（对象）数据类型。在声明数组时使用一对中括号，该对中括号既可以放在数据类型的后面，也可以放在数组名称的后面。数组名称必须是一个合法的标识符，可以根据需要设置其名称，在程序中使用该名称代表该数组。

例如：

```
1    int[] scores;           //存储学生的成绩，类型为 int
2    double  height[];       //存储学生的身高，类型为 double
3    String[]   names;       //存储学生的姓名，类型为 String
```

这两种声明的语法格式在实际使用时完全等价，可以根据习惯使用，对这两种语法格式而言，通常推荐使用第二种格式。

2. 数组的初始化

数组声明时并不为数组元素分配内存，声明后不能直接使用，必须对其初始化后才可以使用。所谓初始化，就是为数组的数组元素分配内存空间，并为每个数组元素赋初始值。数组的初始化有两种方式，即静态初始化和动态初始化。

1) 静态初始化

静态初始化也称数组的整体赋值，是一次为数组中所有元素依次进行赋值的语法，通过静态初始化可以指定数组中每个元素的值，同时也指定了数组的长度。

语法格式如下：

数据类型[] 数组名称= {值 1,值 2,…,值 n};

静态初始化必须和数组的声明位于同一行，换句话说，只能在声明数组的同时进行静态初始化。数组中的所有元素书写在一对大括号的内部，系统按照值的书写顺序依次为数组运算进行赋值。

例如：

int[] m = {1,2,3,4};
char c[] = { 'a','f','d'};

上例的数组 m 中 m[0]=1，m[1]=2，m[2]=3，m[3]=4。m 数组的总长度等于静态初始化时数值的个数 4。

在实际书写时需要注意，值的类型必须和数组声明时的类型匹配，或者可以自动进行转换。

在实际程序中，静态初始化一般书写一组已知的无规律数值，这样书写起来比较简单，格式比较统一。

【例 3-2】为指定数组元素赋值并输出数组元素的值。

代码如下：

```
1.   package com.bank;
2.   public class Example3_2 {
3.       public static void main(String[] args) {
4.           int[] a=new int[5];         //声明一维数组
5.           for(int i=0;i<5;i++)        //一维数组默认下标从 0 开始，最大下标是 4
6.               a[i]=3*(i+1);
7.           for(int i=0;i<5;i++)
8.               System.out.print(a[i]+" ");
9.       }
10.  }
```

程序运行结果如下：

3 6 9 12 15

📖 提示：在编写程序时，数组和循环往往结合在一起使用，可以大大简化代码，提高程序效率。通常，使用 for 循环遍历数组或者给数组元素赋值。

2）动态初始化

动态初始化也就是只为数组指定长度，并且在内存中申请空间。动态初始化可以不必和数组的声明放在一起，可以重新初始化一个数组。

动态初始化的语法格式如下：

数据类型[] 数组名称= new 数据类型[长度];

例如：

```
int[] m = new int[10];
char[] c;
n = new char[3];
int scores [] = new int [30]; //存储 30 个学生成绩，一旦声明了数组的大小就不能再修改
```

动态初始化使用 new 关键字进行初始化，new 关键字后续的数据类型要求和数组声明时的数据类型一样，中括号内部是需要初始化的数组长度，该长度值可以是整数，也可以是整型常量，如果是整型常量则不能为 long 型。在实际使用时，也可以先声明再进行数组的动态初始化。

动态初始化指定了数组的长度，在内存中申请了对应长度的空间，而每个元素的值取数组数据类型对应的默认值。

默认值的规定如下：boolean 类型的默认值是 false，其他 7 种基本数据类型的默认值是 0，复合数据类型的默认值是 null。动态初始化只专注于为数组申请对应长度的空间，具体存储的元素值可以根据需要依次进行指定。

> 提示：如果定义的数组是基本数据类型的数组，即 int、double、char 和 boolean 类型，在 Java 程序中定义数组之后，若没有指定初始值，则依数据类型的不同，程序会给数组元素赋一个默认值，如表 3-1 所示。

表 3-1 数据类型对应的默认值

数 据 类 型	默 认 值
int	0
double	0.0
char	'\u0000'
boolean	false

3. 数组的使用

数组最常用的就是访问数组元素，包括对数组元素进行赋值和访问数组元素的值，访问数组元素都是通过在数组引用变量后紧跟一个方括号"[ ]"，方括号里是数组元素的索引值，这样就可以访问数组元素了。访问到数组元素后，就可以把一个数组元素当成一个普通变量使用，包括为该变量赋值和取出该变量的值，这个变量的类型就是定义数组时使用的类型。

值得指出的是，Java 语言的数组索引是从 0 开始的，也就是说，第一个数组元素的索引值为 0，最后一个数组元素的索引为数组长度减 1。

数组中除了具有相同类型的元素外，还特别包含成员变量 length，用于表示数组元素的个数，可以通过数组的名称访问该变量获得数组的长度。

【例 3-3】现在使用数组解决计算 30 位学生平均分的问题。为了简单起见，先计算 5 位学生的平均分。

代码如下：

```
1.  package com.bank;
2.  import java.util.Scanner;
3.  public class Example3_3 {
4.      public static void main(String[] args) {
5.          int[] scores = new int[5];              //成绩数组
6.          int sum = 0;                            //成绩总和
7.          Scanner input = new Scanner(System.in);
8.          System.out.println("请输入 5 位学生的成绩：");
9.          for(int i = 0; i < scores.length; i++){
10.             scores[i] = input.nextInt();
11.             sum = sum + scores[i];              //成绩累加
12.         }
13.         //计算并输出平均分
14.         System.out.println("学生的平均分是：" + (double)sum/scores.length);
15.     }
16. }
```

在循环中，循环变量 i 从 0 开始递增直到数组的最大长度 scores.length。因此，每次循环 i 加 1，实现数组的每个元素的累加。程序运行结果如图 3-5 所示。

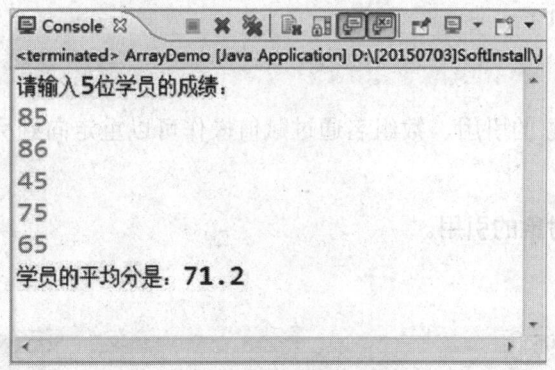

图 3-5　运行结果

> 提示：数组一经创建，其长度（数组中包含元素的数目）是不可改变的，如果越界访问（即数组下标超过 0 至数组长度-1 的范围），程序会报错。因此，当我们需要使用数组长度时，一般用数组名.length。例 3-1 代码中，循环变量 i 小于数组长度，我们写成 i < scores.length; 而不是写成 i < 5;。

【例 3-4】 歌手大赛计分程序。歌手大赛中共有 10 位评委，歌手得分的计算方法是：去掉一个最高分，去掉一个最低分，剩余 8 位评委的平均分就是该选手的最终得分。已知每位评委的评分，求该选手的得分。

分析：该题实际上涉及求数组的最大值、最小值，以及求数组中所有元素的和，也是数组方便统计的用途体现。实现思路：求出数组元素的最大值、最小值以及和，然后用和减去最大值和最小值，最后除以 8 得到平均分。

代码如下：

```
1.  package com.bank;
2.  public class Example3_4 {
3.      public static void main(String[] args) {
4.          int[] score={90,78,82,96,67,86,78,92,79,85};    //评委打分
5.          int sum= 0;                                       //存储和
6.          int max=score[0];                                 //存储最大值
7.          int min= score[0];                                //存储最小值
8.          for(int i=0;i < score.length;i++)                 //求和
9.              sum += score[i];
10.         for(int i=1;i <score.length;i++)                  //获得最大值
11.             if(max < score[i])
12.                 max = score[i];
13.         for(int i = 1;i < score.length;i++)               //获得最小值
14.             if(min > score[i])
15.                 min = score[i];
16.         double avg = (sum - max - min)/8.0;               //计算平均分
17.         System.out.println(avg);
18.     }
19. }
```

程序运行结果如下：

```
83.75
```

数组名是数组对象的引用，数组名通过赋值操作可以重定向到另一个数组，下面看一个例子。

【例 3-5】理解数组对象的引用。

代码如下：

```
1.  package com.bank;
2.  public class Example3_5 {
3.      public static void main(String[] args) {
4.          int i;
5.          int f[]=new int[10];
6.          f[0]=f[1]=1;
7.          for(i=2;i<10;i++)
8.              f[i]=f[i-1]+f[i-2];
9.          System.out.print("Fibonacci 数列的前 10 项:");
10.         for(i=1;i<=10;i++)
11.             System.out.print(f[i-1]+" ");
12.     }
13. }
```

程序运行结果如下：

```
1  1  2  3  5  8  13  21  34  35
```

【例 3-6】按从小到大的顺序对学生 Java 成绩排序。

分析：本例需要用双重循环来实现。第一趟，a[0]依次和 a[1]～a[9]比较，如果大了，

那么交换数组元素的值；第二趟，a[1]依次和 a[2]~a[9]比较，如果大了，那么交换数组元素的值；第三趟，a[2]依次和 a[3]~a[9]比较，如果大了，那么交换数组元素的值；依次类推，直至全部数都比较排序完毕。

```
1.   package com.bank;
2.   public class Example3_6 {
3.      public static void main(String[] args) {
4.         int [] score = {90,78,82,96,67,86,78,92,79,85};
5.         System.out.println("排序前");
6.         for(int i=0;i<score.length;i++){
7.            score[i]=1+(int)((Math.random()*90)+10);
8.            System.out.print(" "+score[i]);
9.         }
10.        for(int i=0;i<score.length-1;i++)
11.           for(int j=i+1;j<score.length;j++)
12.              if(score[i]>score[j]){
13.                 int t=score[i];
14.                 score[i]=score[j];
15.                 score[j]=t;
16.              }
17.        System.out.println("");
18.        System.out.println("排序后");
19.        for(int i=0;i<score.length;i++)
20.           System.out.print(score[i]+" ");
21.     }
22.  }
```

【程序说明】

（1）如果访问数组元素时指定的索引小于 0，或者大于等于数组的长度，如程序中 for(int j=i+1;j<score.length;j++)输入成 for(int j=i+1;j<=score.length;j++)；那么会导致数组的下标越界。编译程序时不会出现任何错误，在运行时会出现如图 3-6 所示的异常提示：java.lang.ArrayIndexOutOfBoundsException。

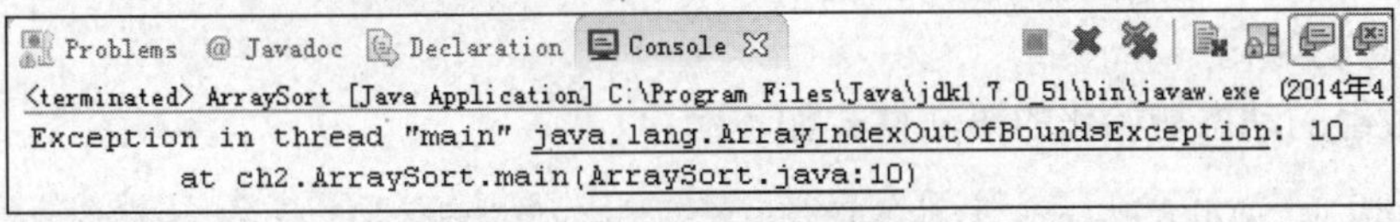

图 3-6　数组的下标越界

在这个异常提示信息后有一个整数 10，这个整数就是程序员试图访问的数组索引。

（2）随机产生 10 个两位数并按从小到大排序。

score[i]=1+(int)(Math.random()*90)+10;

3.2.3　二维数组

多维数组指二维以及二维以上的数组。本节以二维数组为例讨论多维数组。

通常情况下，一般用二维数组的第一维代表行，第二维代表列，这种逻辑结构和现实中的结构一致。

关于对多维数组的理解，即理解"数组的数组"这个概念，因为数组本身就是一种复合数据类型，所以数组也可以作为数组元素存在。这样二维数组就可以理解成内部每个元素都是一维数组类型的一个一维数组。

1. 二维数组的定义和使用

和一维数组类似，二维数组在使用前也必须声明，二维数组有以下两种声明语法格式：

数据类型[ ][ ] 数组名称；
数据类型 数组名称[ ][ ]；

以上两种语法在声明二维数组时的功能是等价的。例如：

int[ ][ ] map;
char c[ ][ ];

数组声明以后在内存中没有分配具体的存储空间，也没有设定数组的长度。

2. 二维数组的初始化

二维数组的初始化也可以分为静态初始化（整体赋值）和动态初始化两种。

1）静态初始化

二维数组的静态初始化的语法格式如下：

int[ ][ ] m = {{1,2,3},{2,3,4}};

在二维数组静态初始化时，也必须和数组的声明写在一起。数值书写时，使用两个大括号嵌套实现，在最里层的大括号内部书写数字的值。数值和数值之间使用逗号分隔，内部的大括号之间也使用逗号分隔。

由该语法可以看出，内部的大括号其实就是一个一维数组的静态初始化，二维数组只是把多个一维数组的静态初始化组合起来。

2）动态初始化

二维数组的动态初始化的语法格式如下：

数据类型[ ][ ] 数组名称= new 数据类型[第一维的长度][第二维的长度];
数据类型[ ][ ] 数组名称;
数组名称= new 数据类型[第一维的长度][第二维的长度];

例如：

byte[ ][ ] b = new byte[2][3];
int m[ ][ ];
m = new int[4][4];

和一维数组一样，动态初始化可以和数组的声明分开，动态初始化只指定数组的长度，数组中每个元素的初始化是数组声明时数据类型的默认值。例如，上面初始化了长度为2×3

的数组 b 和 4×4 的数组 m，都使用了这种方法，如果需要初始化第二维长度不一样的二维数组，那么可以使用如下格式：

```
int n[][];
n = new int[2][];                    //只初始化第一维的长度
//分别初始化后续的元素
n[0] = new int[4];
n[1] = new int[3];
```

这里的语法就体现了"数组的数组"的概念，在初始化第一维的长度时，其实就是把数组 n 看成了一个一维数组，初始化其长度为 2，则数组 n 中包含的两个元素分别是 n[0] 和 n[1]，而这两个元素分别是一个一维数组。后面使用一维数组动态初始化的语法分别初始化 n[0] 和 n[1]。

3. 二维数组的使用

对于二维数组来说，因为其有两个下标，所以引用数组元素值的格式如下：

数组名称[第一维下标][第二维下标]

引用二维数组 m 中的元素时，使用 m[0][0] 引用数组中第一维下标是 0，第二维下标也是 0 的元素。这里第一维下标的区间是 0 到第一维的长度减 1，第二维下标的区间是 0 到第二维的长度减 1。

对于多维数组来说，也可以获得数组的长度。但是使用"数组名.length"获得的是数组第一维的长度。如果需要获得二维数组中总的元素个数，可以使用如下代码：

```
int[][] m = {{1,2,3,1},{1,3},{3,4,2}};
int sum = 0;
for(int i = 0;i < m.length;i++)      //循环第一维下标
    sum += m[i].length;              //第二维的长度相加
```

在该代码中，m.length 代表 m 数组第一维的长度，内部的 m[i] 指每个一维数组元素，m[i].length 是 m[i] 数组的长度，把这些长度相加就是数组 m 中总的元素个数。

【例 3-7】 实现 10 行杨辉三角元素的存储以及输出。

说明：杨辉三角是数学上的一个数字序列，其排列如下：

```
1
1 1
1 2 1
1 3 3 1
1 4 6 4 1
```

该数字序列的规律为，数组中第一列的数字值都是 1，后续每个元素的值等于该行上一行对应元素和上一行对应前一个元素的值之和。例如，第 5 行第 2 列的数字 4 的值等于上一行对应元素 3 和 3 前面元素 1 的和。

杨辉三角第几行就有几个数字，使用行号控制循环次数，内部的数值第一行赋值为 1，其他的数值依据规则计算。假设需要计算的数组元素下标为(row,col)，则上一个元素的下标为(row-1,col)，前一个元素的下标为(row-1,col-1)。代码如下：

```java
1.    package com.bank;
2.    public class Example3_7 {
3.        public static void main(String[] args) {
4.            int[][] arr = new int[10][10];                    //定义二维数组
5.            for(int row = 0;row < arr.length;row++){          //循环赋值
6.                for(int col = 0;col <= row;col++){
7.                    if(col == 0){                              //第一列
8.                        arr[row][col] = 1;
9.                    }
10.                   else{
11.                       arr[row][col]= arr[row-1][col]+ arr[row-1][col-1];
12.                   }
13.               }
14.           }
15.           for(int row = 0;row < arr.length;row++){          //输出数组的值
16.               for(int col = 0;col <= row;col++){
17.                   System.out.print(arr[row][col]);
18.                   System.out.print(' ');
19.               }
20.               System.out.println();
21.           }
22.       }
23.   }
```

3.2.4 常见错误

数组是编程中常用的存储数据的结构，但在使用的过程中会出现一些错误，在这里进行归纳，希望能够引起大家的重视。

【例3-8】数组下标错误

代码如下：

```java
1.    package com.bank;
2.    public class Example3_8 {
3.        public static void main(String[] args) {
4.            int [] scores = new int []{90, 85, 65, 89,87};
5.            System.out.println("第3位同学的成绩应修改为92");
6.            scores[3] = 92;      //数组下标
7.            System.out.println("修改后，5位同学的成绩分别是：");
8.            for(int i = 0; i < scores.length; i++){
9.                System.out.print(scores[i] + " ");
10.           }
11.       }
12.   }
```

程序运行结果如图 3-7 所示。

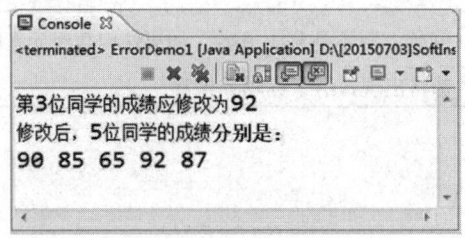

图 3-7　程序运行结果

【程序说明】

由运行结果可以看到，第 3 位同学的成绩仍然是 65，而第 4 位同学的成绩变成了 92。分析原因是第 3 位同学的成绩在数组中的下标是 2，而不是 3。

排错方法：将赋值语句改为 scores[2]=92。再运行程序，就可以将第 3 位同学的成绩修改为 92 分。

【例 3-9】数组访问越界

代码如下：

```
1.    package com.bank;
2.    public class Example3_9 {
3.        public static void main(String[] args) {
4.            int [] scores = new int[2];
5.            scores [0] = 90;
6.            scores [1] = 90;
7.            scores [2] = 90;
8.            System.out.println(scores[2]);
9.        }
10.   }
```

程序运行结果如图 3-8 所示。

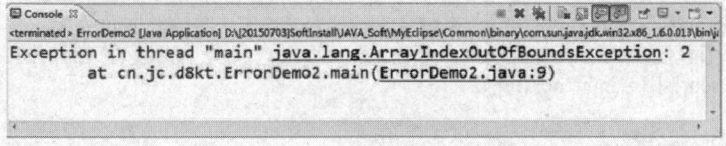

图 3-8　运行报错结果

【程序说明】

控制台打印出了"java.lang.ArrayIndexOutofBoundsException"，意思是数组下标超过范围，即数组越界，这是异常类型（关于异常将在后续课程中学习，这里可以简单理解为程序能捕获的错误）。"ErrorDem02.java:9"指出了出错位置，这里是程序的第 9 行，即 scores[2]=90;。

因为数组下标范围是 0～数组长度−1，所以上面的数组下标范围是 0～1，而程序中的下标出现了 2，超出了该范围，造成数组访问越界，所以编译器报错。

排错方法：增加数组长度或删除超出数组下标范围的语句。

> 提示：数组下标从 0 开始，而不是从 1 开始。如果访问数组元素时指定的下标小于 0，或者大于等于数组的长度，都将出现数组下标越界异常。

3.2.5 数组的应用

1. 数组排序

数组排序是实际开发中比较常用的操作，如果需要对存放在数组中的 5 位学生的考试成绩从低到高排序，应如何实现呢？其实在 Java 语言中这个问题很容易解决。先看下面的语法。

```
Arrays.sort(数组名);
```

> 提示：Arrays 是 Java 语言中提供的一个类，而 sort() 是该类的一个方法。关于"类"和"方法"的含义将在后续课程中详细讲解。这里我们只需要知道，按照上面的语法，即将数组名放在 sort() 方法的括号中，就可以完成对该数组的排序。因此，这个方法执行后，数组中的元素就会按照升序进行排列。

【例 3-10】 对 5 位学生的成绩从低到高排序。

代码如下：

```
1.  package com.bank;
2.  import java.util.Arrays;
3.  import java.util.Scanner;
4.  public class Example3_10 {
5.     public static void main(String[] args) {
6.        int[] scores = new int[5]; //成绩数组
7.        Scanner input = new Scanner(System.in);
8.        System.out.println("请输入 5 位学生的成绩：");
9.        //循环录入学生成绩
10.       for(int i = 0; i < scores.length; i++){
11.          scores[i] = input.nextInt();
12.       }
13.       Arrays.sort(scores); //对数组进行升序排序
14.       System.out.print("学生成绩按升序排列：");
15.       //利用循环输出学生成绩
16.       for(int i = 0; i < scores.length; i++){
17.          System.out.print(scores[i] + " ");
18.       }
19.    }
20. }
```

程序运行结果如图 3-9 所示。

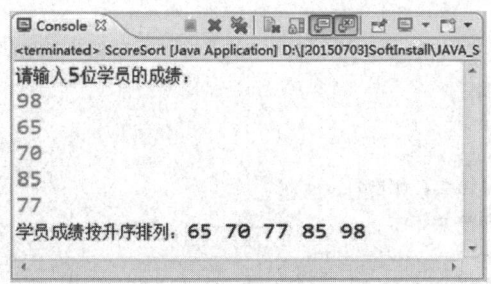

图 3-9 例 3-10 程序运行结果

【程序说明】

为了对成绩数组 scores 排序，只需要把数组名 scores 放在 sort()方法的括号中，该方法执行后，利用循环输出数组中的成绩，可以看到数组中的成绩已经按升序排列。

2. 求数组元素最大值

在解决这个问题之前，我们先来看"比武打擂"的场景，如图 3-10 所示。首先假定第一个上擂台的是擂主，然后下一个竞争选手与他比武。如果他胜利了，他仍然是擂主，继续跟后面的竞争对手比武。如果他失败了，则他的竞争对手便在擂台上。作为目前的擂主，并会继续与后面的选手比武。依此类推，最后胜利的那个人便是本次比武的冠军。那么，类似于比武，求最高分就是找出数组元素中的擂主。

图 3-10 比武打擂

【例 3-11】从键盘上输入 5 位学生的 Java 考试成绩，求考试成绩的最高分。

根据上面描述，关键代码如下：

```
1.    max = scores [0];
2.    if(scores [1] > max)
3.        max = scores [1];
4.    if(scores [2] > max)
5.        max = scores [2];
6.    if(scores [3] > max)
7.        max = scores [3];
```

最终变量 max 中存储的就是本次考试的最高分。这样写代码似乎太烦琐了，能不能进行简化呢？观察可知：这是一个循环的过程，max 变量依次与数组中的元素进行比较。如果 max 小于与之比较的元素，则执行置换操作。如果 max 大于与之比较的元素，则不执行操作。因此，采用循环的方式来写代码会大大简化代码量，提高程序效率。

代码如下:

```
1.  package com.bank;
2.  import java.util.Scanner;
3.  public class Example3_11 {
4.      public static void main(String[] args) {
5.          int[] scores = new int[5];
6.          int max = 0; //记录最大值
7.          //. . . . . . 循环录入5位学生成绩
8.          //计算最大值
9.          max = scores[0];
10.         for(int i = 1; i < scores.length; i++){
11.             if(scores[i] > max){
12.                 max = scores[i];
13.             }
14.         }
15.         System.out.println("考试成绩最高分为: " + max);
16.     }
17. }
```

程序运行结果如图 3-11 所示。

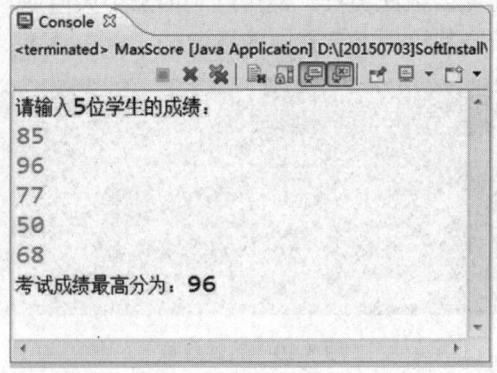

图 3-11 程序运行结果

经过比较,可以得出本次考试的最高成绩是 96 分。

【例 3-12】求 Fibonacci 数列的前 10 项。

分析:Fibonacci 数列的定义为:$F_1=F_2=1$,$F_n=F_{n-1}+F_{n-2}$($n>=3$)。而冒泡法排序是对相邻的两个元素进行比较,并把小的元素交换到前面。

代码如下:

```
1.  package com.bank;
2.  public class Example3_12 {
3.      public static void main(String[] args) {
4.          int i;
5.          int f[]=new int[10];
6.          f[0]=f[1]=1;
```

```
7.        for(i=2;i<10;i++)
8.            f[i]=f[i-1]+f[i-2];
9.        System.out.print("Fibonacci 数列的前 10 项:");
10.       for(i=1;i<=10;i++)
11.           System.out.print(f[i-1]+" ");
12.    }
13. }
```

程序运行结果如下：

Fibonacci 数列的前 10 项： 1 1 2 3 5 8 13 21 34 55

3.3 字　符　串

3.3.1 字符串常量的创建

字符串数据类型是由 String 类所建立的对象，其内容是由一对双引号括起来的字符序列。因此，在创建 String 类的对象时，通常需要向 String 类的构造函数传递参数来指定所创建的字符串内容。String 类的构造方法如表 3-2 所示。

表 3-2　String 类的构造方法

方　　法	使 用 说 明
public String()	创建一个空的字符串常量
public String(String str)	利用已经存在的字符串创建一个 String 对象
public String(StringBuffer Buf)	利用已经存在的 StringBuffer 对象为新建的 String 对象初始化
public String(char str[ ])	利用已经存在的字符数组的内容初始化新建的 String 对象

3.3.2 字符串的操作

1．字符串与其他数据类型的转换

在 java.lang 包中的其他基本类型的派生类，提供了将字符串常量转换为字符型、短整型、整数、双精度小数等其他数据类型进行转换的方法。valueOf()是 String 类的静态方法，利用 String.valueOf()可以将各种数据类型的 value 转换成字符串类型的数据。String 类型与其他类型的转换方法如表 3-3 所示。

表 3-3　String 类型与其他类型的转换方法

方　　法	使 用 说 明
String.valueOf(value)	将各种数据类型的 value 转换为字符串
Byte.parseByte(String str)	将字符串 str 转换为字节
Short.parseShort(String str)	将字符串 str 转换为短整型
Integer.parseInt(String str)	将字符串 str 转换为整数
Double.parseDouble(String str)	将字符串 str 转换为双精度小数

2. 字符串中的查找与处理方法

String 类中提供了求字符串长度、返回字符的位置、搜索字符串的子串等操作。在整数型返回值中，若没有找到对应的字符串，则返回-1。String 类中的查找和处理方法如表 3-4 所示。

表 3-4 String 类中的查找和处理方法

方　　法	使 用 说 明
public int length()	返回字符串的长度
public char charAt(int index)	返回字符串中第 index 个字符
public int indexOf(String str)	返回字符串中第一次出现 str 的位置
public int indexOf(String str,int index)	返回字符串从 index 开始第一次出现 str 的位置
String substring(int index)	返回从开始位置到字符串结束的子串
String substring(int start,int end)	返回从开始位置 start 到结束位置 end 之间的子串

【例 3-13】String 类的常用方法示例。

代码如下：

```
1.    package com.bank;
2.    public class Example3_13 {
3.        public static void main(String[] args) {
4.            String str=new String("Hello,java!");
5.            int n=str.length();
6.            int i;
7.            for(i=0;i<n;i++)
8.               System.out.println(str.charAt(i));
9.            System.out.println(str.substring(3));
10.       }
11.   }
```

【程序说明】

在该程序中创建了一个 String 对象 str，给 str 赋值的是由 11 个 char 类型组成的字符数组。下标 index 值是从 0 开始的。

3. 字符串的比较与连接

Java 字符串的比较是依据两个字符串中的第 1 个字符的 ASCII 码值的大小来进行的，ASCII 码大的即是最大的字符串。String 类中字符串的比较与连接方法如表 3-5 所示。

表 3-5 String 类中字符串的比较与连接方法

方　　法	使 用 说 明
int compareTo(String str)	比较字符串对象的大小
String concat(String str)	返回字符串对象与 str 对象连接后的字符串
String replace(char old,char new)	将字符串中的 old 字符替换成 new 字符
String trim()	返回删除字符串对象前后空格后的字符串

续表

方法	使用说明
public String toLowerCase()	返回字符串对象所有字符转换成小写后的字符串
public String toUpperCase()	返回字符串对象所有字符转换成大写后的字符串

3.4 任务实施

本任务通过数组实现客户信息的存储和管理，具体实施代码如下：

```java
1.  package ch3;
2.  import java.util.Scanner;
3.  public class test3 {
4.      public static void main(String[] args) {
5.          String custCardId="";                    //卡号，用于从键盘上输入
6.          String custName="";                      //用户姓名
7.          String custPwd="";                       //用户登录密码
8.          int thisId = -1;                         //当前账户下标，用于存款/取款/转账/查询功能
9.          int inId=-1;                             //转入账户下标
10.         //数组初始化数据，创建4个数组，分别存储卡号、用户名、密码、账户余额
11.         String[] custCardIds = new String[3];
12.         String[] custNames = new String[3];
13.         String[] custPwds = new String[3];
14.         String[] tradeDates = new String[100];   //交易日期
15.         double[] balances = new double[100];     //账号余额
16.
17.         custCardIds[0]="2023001";
18.         custNames[0]="张三";
19.         custPwds[0]="123456";
20.         tradeDates[0] = "2023-01-01";
21.         balances[0] = 2000;
22.         custCardIds[1]="2023002";
23.         custNames[1]="李四";
24.         custPwds[1]="888888";
25.         tradeDates[1] = "2023-01-01";
26.         balances[1] = 1000;
27.         custCardIds[2]="2023003";
28.         custNames[2]="王五";
29.         custPwds[2]="666666";
30.         tradeDates[2] = "2023-01-01";
31.         balances[2] = 1000;
32.         boolean isExist = false;                 //用户是否存在
33.
34.         Scanner sc = new Scanner(System.in);
35.         System.out.println("===============银行管理系统===============");
36.         System.out.println("\t1.管理员\t2.客户\t3.退出系统");
37.         System.out.println("=========================================");
38.         System.out.print("请选择您的身份：");
```

```java
39.     boolean flag = true;
40.     int num = sc.nextInt();
41.     switch (num) {
42.     case 1:                                    //调用管理员页面
43.         System.out.print("管理员功能正在开发中...");
44.         break;
45.     case 2:
46.         while(flag){
47.             System.out.print("请输入卡号：");
48.             custCardId = sc.next();
49.             System.out.print("请输入密码：");
50.             custPwd = sc.next();
51.             for (int i = 0; i < custCardIds.length; i++) {
52.                 if(custCardIds[i].equals(custCardId)&&custPwds[i].equals(custPwd)){
53.                     isExist = true;              //用户存在
54.                     thisId =i;
55.                     custName=custNames[i];
56.                     break;
57.                 }
58.             }
59.             if(isExist){
60.                 System.out.println("\t\t 欢迎 "+custName+" 进入用户界面\n");
61.                 System.out.println("════════════银行系统（客户）════════════");
62.                 System.out.println("\t1.存款 2.取款 3.查询余额 4.转账 5.返回上级");
63.                 System.out.println("══════════════════════════════════════");
64.                 System.out.println("请选择功能：");
65.                 int num1 = sc.nextInt();
66.                 switch (num1) {
67.                 case 1:
68.                     //存款
69.                     System.out.println("请输入存款金额：");
70.                     double money = sc.nextDouble();
71.                     //存款，将钱存入指定卡号
72.                     balances[thisId] = balances[thisId] + money;
73.                     System.out.println("存款完成，当前账户余额"+balances[thisId]);
74.                     break;
75.                 case 2:
76.                     //取款
77.                     System.out.println("请输入取款金额：");
78.                     money = sc.nextDouble();
79.                     //取款，将钱从指定卡号取出
80.                     //判断取款金额是否大于账户余额
81.                     if(balances[thisId]>money){
82.                         balances[thisId] =balances[thisId] - money;
83.                         System.out.println("取款完成，当前账户余额"+balances[thisId]);
84.                     }else{
85.                         System.out.println("对不起，账户余额不足！当前账户余额"+balances[thisId]);
86.                     }
87.                     break;
88.                 case 3:
```

```java
89.            //查询余额
90.            System.out.println("当前账户余额"+balances[thisId]);
91.            break;
92.        case 4:
93.            //转账
94.            //1.先判断转入的卡号是否存在
95.            System.out.println("请输入转账卡号: ");
96.            String inCardId = sc.next();
97.            boolean flag1 = false;
98.            for (int i = 0; i <custCardIds.length-1; i++) {
99.                if(inCardId.equals(custCardIds[i])){
100.                   flag1 = true;
101.                   inId=i;
102.                   break;
103.               }
104.           }
105.
106.           if(flag1){
107.               System.out.println("请输入转账金额: ");
108.               money = sc.nextDouble();
109.               //判断取款金额是否大于账户余额
110.               if(balances[thisId]>money){
111.                   balances[thisId] =balances[thisId] - money;        //转出卡号扣款
112.                   balances[inId] =balances[inId] + money;            //转入卡号存款
113.                   System.out.println("取款完成,当前账户余额"+balances[thisId]);
114.               }else{
115.                   System.out.println("对不起,账户余额不足!当前账户余额"+balances[thisId]);
116.               }
117.
118.           }else{
119.               System.out.println("对不起,账户不存在,请重新输入: ");
120.               inCardId = sc.next();
121.           }
122.           break;
123.       case 5:
124.           System.out.println("返回上一级,功能待开发");
125.           System.exit(0);
126.           break;
127.       default:
128.           System.out.println("输入有误,请重新输入!");
129.           num1 = sc.nextInt();
130.           break;
131.       }
132.
133.       flag = false;
134.   }else{
135.       System.out.println("账号或密码错误,请重新输入! ");
136.   }
137. }
138.     break;
```

```
139.     case 3:
140.         System.out.println("退出系统");
141.         System.exit(0);
142.     default:
143.         System.out.println("输入有误,请重新输入!");
144.         num = sc.nextInt();
145.         break;
146.     }
147. }
148. }
```

3.5 任务小结

Java 数组是固定大小的、用于存储同类型元素的连续内存块,它们提供了一种紧凑、连续的内存布局,使得对数组元素的访问变得非常高效。

作为最基础的数据结构之一,数组在 Java 语言编程中扮演着重要的角色,尤其是在处理大量数据、执行数学计算或实现某些算法时。本任务重点讲解 Java 数组的基本概念及用法、数组属性、数组操作以及数组使用中常见的错误和解决办法,帮助同学们规范化定义和使用数组。在实际开发中,数组可以与集合框架一起使用,以满足不同的数据存储和处理需求。

3.6 任务评价

任务3 客户信息管理模块实现

考核目标	任务节点	完成情况	备注
知识、技能(70%)	1. 数组的创建		
	2. 循环录入3名客户信息		
	3. 客户信息的存储和显示		
	成绩合计		
素养(30%)	团队协作		
	个人能力、专业认知		
	成绩合计		
合计			

3.7 习题

一、填空题

阅读下列代码:

```
import java.io.*;
public class pp{
    public static void  main(String   args[ ])
    {    int i ,s = 0 ;
         int a[ ]= { 10 , 20 , 30 , 40 , 50 , 60 , 70 , 80 , 90 };
         for( i=0; i<a.length; i++)
              if(a[i]%3==0)    s+=a[i];
         System.out.println("s="+s);
    }
}
```

程序运行结果为_____。

二、选择题

1. 数组各个元素的数据类型是（   ）。
    A．部分相同的   B．相同的   C．不同的   D．任意的
2. 已知"int[ ] a=new int[100];"，下列数组元素中非法的是（   ）。
    A．a[0]   B．a[1]   C．a[99]   D．a[100]

三、判断题

1. 数组的最大下标的值比它的长度小1。（   ）
2. 二维数组中的元素还是一个数组。（   ）

四、编程题

定义一个一维数组，求最大值、最小值、平均值。

3.8 综合实训

实现大乐透彩票抽奖程序，设计思路如下。

（1）定义两个数组，把抽取的1～35范围的机器产生的彩票号码（随机数）保存到数组中，并且每一个号码抽取出来。

（2）判断是否和前面的号码重复。这里要用到循环语句，将刚产生的号码和前面保存在数组中的号码进行比较。重复号码不再保存到数组中。

（3）输出数组中的数据，即最终的中奖彩票号码。

答案3

课件3

任务 4

银行系统客户常用功能模块实现

面向对象是 Java 语言的重要特性，其编程思想使计算机语言中对事物的描述与现实世界中该事物的本来面目变得更为统一。它把复杂的事物抽象为具体的对象，并因此拥有属于自己的状态和行为。Java 语言中所有的元素都要通过类和对象来进行访问。

本任务通过银行系统设计客户类和管理员类，介绍了面向对象编程的基础知识，包括类的定义、类与对象的关系、对象的生成与释放、继承和多态、接口以及一些常用类的使用等。

学习目标：

- 理解 Java 语言面向对象的程序设计思想。
- 掌握类的定义和对象的创建方法。
- 掌握方法的定义及方法的重载。
- 理解封装的概念和 Java 语言中封装的体现。
- 掌握继承的使用方法。
- 掌握多态的应用、向上转型和向下转型等知识。
- 掌握抽象类和抽象方法。
- 掌握接口的用法。

4.1 任务描述

刚从某高等职业学院毕业的小王入职了一家软件开发公司并加入研发项目组，前不久，项目经理告诉小王有客户想开发一款银行业务管理系统，项目周期为 3 个月。银行系统包含两个角色，分别是管理员和客户，本任务要求用面向对象的编程思想实现客户管理功能。管理员功能将到任务 6 再进行完善。

具体需求如下。

（1）客户登录功能与返回上级功能的实现。登录功能，正确输入已注册的卡号和交易密码可进入客户页面，否则提示重新输入。在银行系统客户页面实现返回上级功能，返回银行主页面，如图 4-1 所示。

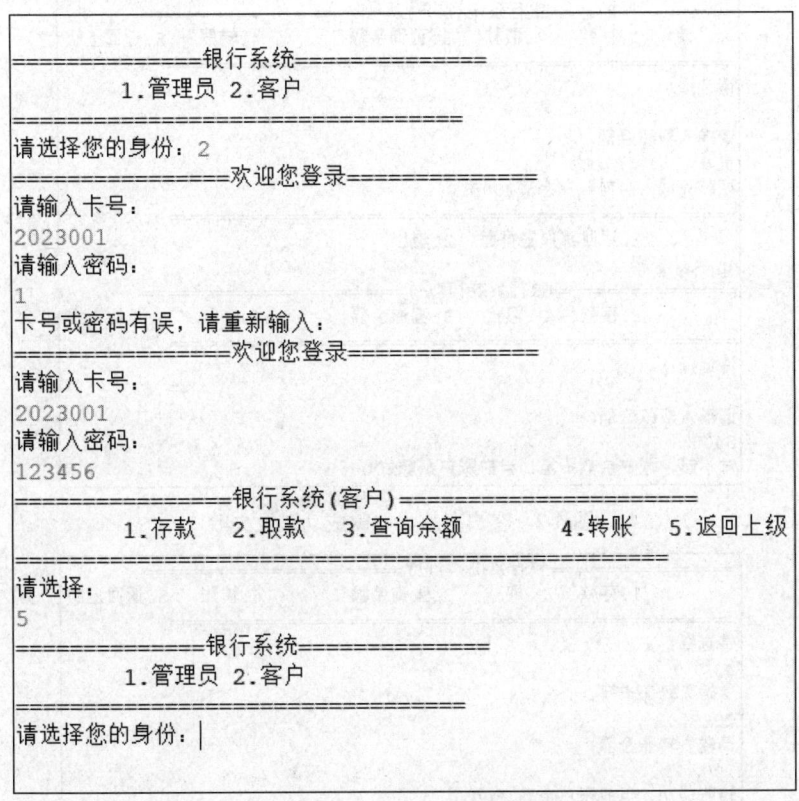

图 4-1 客户登录成功、失败以及返回上一级

（2）客户的存款，取款和转账功能的实现。存款功能，输入存款金额后存入当前账户并显示当前账户余额；取款功能，如果取款金额小于当前账户余额可取出，反之提示账户余额不足；转账功能，首先判断转入账号是否存在，如果不存在，给予提示。若存在，判断转出账号余额是否大于转出金额，若大于则可以转出，否则提示余额不足，如图 4-2～图 4-4 所示。

（3）客户查询余额功能和退出功能的实现。查询余额，查询当前账户余额以及退出。

```
================银行系统(客户)====================
          1.存款   2.取款   3.查询余额      4.转账    5.返回上级
================================================
请选择：
1
请输入存款金额：
500
存款完成，当前账户余额2500.0
================================================
          1.返回客户主页面   2.退出
1
================银行系统(客户)====================
          1.存款   2.取款   3.查询余额      4.转账    5.返回上级
================================================
请选择：
2
请输入取款金额：
500
取款完成，当前账户余额2000.0
================================================
          1.返回客户主页面   2.退出
1
================银行系统(客户)====================
          1.存款   2.取款   3.查询余额      4.转账    5.返回上级
================================================
请选择：
2
请输入取款金额：
5000
对不起，账户余额不足！当前账户余额2000.0
```

图 4-2　客户存款、取款成功以及失败

```
================银行系统(客户)====================
          1.存款   2.取款   3.查询余额      4.转账    5.返回上级
================================================
请选择：
4
请输入转账卡号：
2023002
请输入转账金额：
500
转账成功，当前账户余额1500.0
转入账号：1500.0
================================================
          1.返回客户主页面   2.退出
1
================银行系统(客户)====================
          1.存款   2.取款   3.查询余额      4.转账    5.返回上级
================================================
请选择：
4
请输入转账卡号：
2023004
对不起，账户不存在，请重新输入：
请输入转账卡号：
2023002
请输入转账金额：
5000
对不起，账户余额不足！当前账户余额1500.0
```

图 4-3　客户转账成功以及失败

```
=================银行系统(客户)=======================
          1.存款    2.取款    3.查询余额        4.转账    5.返回上级
==========================================================
请选择：
3
当前账户余额1500.0
==========================================================
          1.返回客户主页面    2.退出
2
谢谢使用！
```

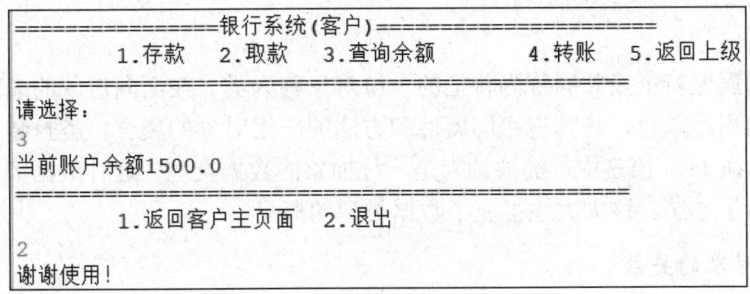

图 4-4　客户查询余额以及退出

4.2　类 和 对 象

4.2.1　类和对象的有关概念

1. 面向对象

Java 语言是一种面向对象的语言。它具有三大特征，分别为封装、继承和多态。要使用 Java 语言进行面向对象的编程首先要建立面向对象的思想。面向对象是一种直观而且程序结构简单的程序设计方法，它比较符合人类认识现实世界的思维方式。其基本思想是把问题看成由若干个对象组成，这些对象之间是独立的，但又可以相互配合、连接和协调，从而共同完成整个程序要实现的任务和功能。

2. 对象

对象是现实世界中客观存在的具体事物。万物皆对象，一辆汽车，一个人，它们都可以是一个对象。用面向对象方法解决问题时，要对现实中的对象进行分析归纳，找出哪些对象与要解决的问题是相关的。

对象主要有两个特征：一是对象的静态特征，二是对象的动态特征。对象的静态特征用来表示对象的外观和属性等。对象的动态特征，称为行为，可以是对对象实施的操作，或对象所具有的功能。例如，一个学生是一个对象，他的属性有姓名、班级、学号、性别等；行为有学习、运动、睡觉、吃饭等。图 4-5 是对一个学生和一个顾客的描述。

学生
学号：2023001
姓名：王五
班级：软件技术 2301
操作：
学习
运动

顾客
姓名：小明
年龄：18
体重：60kg
操作：
购买商品

图 4-5　对象的描述

3. 类

具有共同属性特征及共同行为特征的一组对象称为类。在面向对象的编程语言中,类是一个独立的程序单位,是具有相同属性和方法的一组对象的集合。类封装了一类对象的状态和方法。在 Java 语言中,类被认为是一种抽象的数据类型,这种数据类型不但包括了数据,还包括了方法。这大大地扩充了数据类型的概念。

4. 类和对象的关系

编程语言的目的之一,便是模拟现实客观事物,实现对象程序化。例如本书用到的银行客户关系管理系统、超市小票打印系统。

客观世界的事物在面向对象思维中具体体现如下:

- 属性:事物的描述信息。
- 行为:事物能够做什么。

面向对象的编程语言 Java 的最基本单位是类。客观事物利用类来体现。类封装了一类对象的状态和方法。

- 类:是定义对象的模板,即每个对象都以类为模板,是一组相关的属性和行为的集合。例如,人类、宠物类、学生类等。
- 对象:是该类事物的具体体现,是类的实现即实例,每个人、每位学生都可以是一个对象。

以学生为例,利用面向对象的思想举例如下:

类:学生

对象:每位学生都可以是一个对象,如张三、李四都是一个对象。

总的来说,类和对象的关系是抽象和具体的关系,类是对多个对象进行综合抽象的结果,是对象的模板,一个对象是一个类的实例。

4.2.2 类的定义

类是用来描述现实客观事物,包括事物的属性和行为,属性是事物的描述信息,行为指事物能做什么。Java 语言声明的类由成员变量和成员方法两部分组成,成员变量描述事物的属性,成员方法描述事物的行为。

面向对象的程序设计方法就是把现实世界中的对象抽象为程序设计语言中的对象,达到二者的统一。人们将对象的静态特征抽象为属性,用数据来描述,在 Java 语言中称为变量;将对象的动态特征抽象为行为,用一组代码来表示,完成对数据的操作,在 Java 语言中称为方法。一个对象由一组属性和一组对属性进行操作的方法构成。

类(class)是 Java 语言的最小编程单位,也是设计和实现 Java 程序的基础,那么如何定义一个类、属性和方法呢?语法格式如下:

```
[访问修饰符]  class  类名{
    [访问修饰符]  数据类型  成员变量;   //属性名
    [访问修饰符]  返回值类型  方法名称([参数类型 参数名1,…]){
```

```
            //省略具体代码
        }      //成员方法
}
```

【例 4-1】按照类定义的格式编写学生类 Student，包括学生的学号、姓名、年龄等属性，学生的行为有学习、运动、打招呼等等。

代码如下：

```
1.  public class Student{
2.      //成员变量
3.      String sno;                    //成员变量学号 sno 的定义
4.      String name;                   //成员变量姓名 name 的定义
5.      int age;                       //成员变量年龄 age 的定义
6.      //成员方法
7.      public void study(){
8.          System.out.println("好好学习！");
9.      }
10.     public void sport(){
11.         System.out.println("快乐运动！");
12.     }
13.     public void sayHello(){        //成员方法 sayHello()的定义
14.         System.out.println("你好，我是："+name);
15.     }
16. }
```

【程序说明】

例 4-1 中声明了学生类 Stundent。public 是该类的修饰符，说明该类的访问控制权限是公开的。{ }中的部分是类体。类体包含了成员变量学号 sno、姓名 name、年龄 age，以及 3 个成员方法 study()、sport()、sayHello()。

4.2.3 创建对象

类定义好后，就可以使用这个类了。其实就是使用该类的成员，包括成员变量和成员方法。在使用该类的成员之前，必须先实例化该类的对象。Java 语法中，创建对象的语法格式如下：

类名 对象名=new 类名 ([参数列表]);

其中，new 用来实现对象的实例化，即在内存中为一个对象开辟一个空间。只有创建对象后，对象名才能指向定义对象后实际的内存地址。

对象访问成员变量和成员方法的语法格式如下：

对象名.成员变量名
对象名.成员方法名()

运算符"."称为成员运算符，在对象名和成员名之间起连接作用，指明是哪个对象的哪个成员。

例 4-1 的 Student 类是一个学生事物描述类，所以不建议将 main()方法放在 Student 类中。重新定义一个类 StudentDemo，来测试一下类的使用。

【例 4-2】创建对象 s，并给属性赋值，通过方法调用输出个人信息。

代码如下：

```
1.  public class StudentDemo {
2.      public static void main(String[] args) {
3.          // TODO Auto-generated method stub
4.          Student s = new Student( );                    //创建对象 s;
5.          System. out. println("- - - 直接输出成员变量值- - - ");
6.          //点运算符的使用，给成员变量赋值
7.          s.sno="2023001201";
8.          s.name = "小王";
9.          s.age = 18;
10.         //输出成员变量的值
11.         System. out. println("姓名:"+s.name);            //姓名：小王
12.         System. out. println("年龄:"+s.age);             //年龄：18
13.         //调用成员方法
14.         s.study( );                                    //调用无参无返回值的方法
15.         s.sport( );                                    //调用无参无返回值的方法
16.     }
17. }
```

程序运行结果如图 4-6 所示。

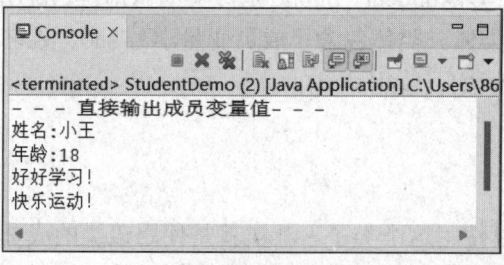

图 4-6　例 4-2 程序运行结果

利用 StudentDemo 类，对 Student 类进行调用，通过实例化对象 s 完成 Student 类中成员属性与成员方法的调用。

【例 4-3】编写一个 Dog 类，Dog 具有名称、品种、年龄、毛色等属性，具有会吃饭、会叫等行为。编写一个测试类，在 main()方法中输出相关信息。

代码如下：

```
1.  public class Dog {
2.      //成员变量
3.      String name;                                      //名称
4.      String type;                                      //品种
```

```
5.      int age;                                    //年龄
6.      String color;                               //毛色
7.   //成员方法
8.      public void eat() {
9.         System.out.println("狗狗吃狗粮");
10.     }
11.     public void spark() {
12.        System.out.println("狗狗汪汪地叫");
13.     }
14.     public void show(){
15.        System.out.println("狗狗名称："+name+"\t 年龄："+age);
16.     }
17.  }
```

创建测试类：

```
1.   public class DogTest {
2.      public static void main(String[] args) {
3.         // TODO Auto-generated method stub
4.         Dog dog1 = new Dog();
5.         dog1.name = "旺财";                    //点运算符定义成员变量
6.         dog1.age = 5;
7.         dog1.color = "黄色";
8.         dog1.type = "金毛";
9.         dog1.eat();                             //成员方法的调用
10.        dog1.spark();
11.        dog1.show();
12.     }
13.  }
```

程序运行结果如图 4-7 所示。

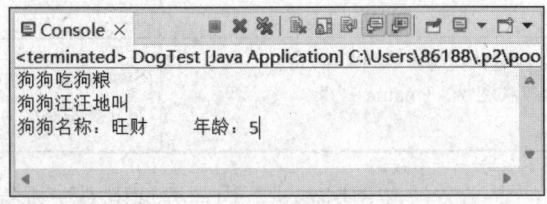

图 4-7 例 4-3 程序运行结果

4.2.4 成员方法的使用

成员方法是类或对象的行为特征的抽象，它描述对象所具有的功能或操作，是具有某种相对独立功能的程序模块。它与过去所说的子程序、函数等概念相当。

在 Java 程序中，成员方法不能独立存在，必须在类中定义，其一般语法格式如下：

```
[访问修饰符] 返回值类型 成员方法名(形式参数列表){
    //方法体
}
```

其中：

- 访问修饰符：方法允许被访问的权限范围，可以是 public、protected、private 甚至可以省略，其中 public 表示该方法可以被其他任何代码调用，其他几种修饰符的使用在后面会详细讲解。
- 返回值类型：方法返回值的类型，如果方法不返回任何值，则返回值类型指定为 void；如果方法具有返回值，则需要指定返回值的类型，并且在方法体中使用 return 语句返回值。
- 成员方法名：必须符合标识符命名规则。一般采用第一个单词首字母小写，其他单词首字母大写的驼峰式。
- 形式参数列表：传递给方法定义时的参数列表，参数可以有多个，多个参数间以逗号隔开，每个参数由参数类型和参数名组成，以空格隔开。
- 方法体放在一对大括号中，实现特定的操作。

根据方法是否带参、是否带返回值，可将方法分为 4 类，如表 4-1 所示。

表 4-1　方法的 4 个类别

方法类型	方法的定义	方法的调用

无参无返回值	`public void show(){`
	　　`System.out.println("欢迎您！");`
	`}`
		对象名.show();

有参无返回值	`public void show(String name) {`
	　　`System.out.println("欢迎您！"+name+"。");`
	`}`
		对象名.show([参数 1],[参数 2]...)

无参有返回值	`public int classSum() {`
	　　`int a = 2;`
	　　`return a;`
	`}`
		System.out.println(对象名.classSum());

有参有返回值	`public String show(String name) {`
	　　`return "欢迎您,"+ name +"!";`
	`}`
		System.out.println(对象名.show([参数 1], [参数 2]...));

方法的使用分两步：定义方法和调用方法。当需要调用方法执行某个操作时，可以先创建类的对象，然后通过对象名.方法名()来调用。

【例 4-4】编写一个汽车类，其中定义一个无参无返回值的方法 numInfo 描述车牌号，定义一个无参带返回值的方法 priceInfo 描述车的价格。

代码如下：

```
1.  public class Car {
2.      String num;
3.      float price;
4.      public void numInfo(){        //定义无参无返回值的方法
5.          System.out.println("车牌号"+ num);
```

```
6.    }
7.    public float priceInfo(){    //定义无参带返回值的方法
8.        price=126750;
9.        return price;             //return 返回值
10.   }
11. }
```

1. 无参无返回值的方法

如果方法不包含参数，且没有返回值，我们称为无参无返回值的方法。

例 4-2 中，s.study()和 s.sport()就是通过创建对象 s，调用该对象的方法输出信息。

【例 4-5】定义测试类 CarTest，调用无参无返回值的方法 numInfo()，输出车牌号。

代码如下：

```
1.  public class CarTest {
2.      public static void main(String[] args) {
3.          // TODO Auto-generated method stub
4.          //创建测试类
5.          Car c=new Car();
6.          C.num = "豫 U87621"
7.          c.price=145860;              //成员变量赋值
8.          System.out.println("价格："+c.price);
9.          c.numInfo();                 //调用无参无返回值的方法，输出车牌号"豫 U87621"
10.     }
11. }
```

程序运行结果如图 4-8 所示。

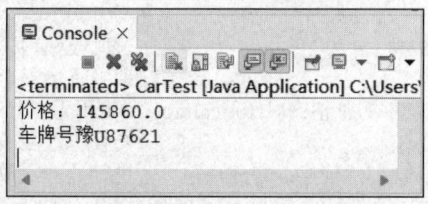

图 4-8 例 4-5 程序运行结果

2. 有参无返回值的方法

有时方法的执行需要依赖于某些条件，换句话说，要想通过方法完成特定的功能，需要为其提供额外的信息才行。例如，现实生活中电饭锅可以实现"煮饭"的功能，但前提是我们必须提供食材，如果我们什么都不提供，那就真的是"巧妇难为无米之炊"了。我们可以通过在方法中加入参数列表接收外部传入的数据信息，参数可以是任意的基本类型数据或引用类型数据。

【例 4-6】修改例 4-4 中的 Car 类，添加一个有参无返回值的 numInfo()方法，带有一个参数 num，实现车牌号信息的输出。

代码如下：

```
1.  public class Car {
2.      String num;
3.      float price;
4.      public void numInfo(){                              //定义无参无返回值的方法
5.          System.out.println("车牌号:"+ num);
6.      }
7.      public void numInfo(String num){                    //定义有参无返回值的方法  num 是局部变量
8.          num="辽 A44944";
9.          System.out.println("车牌号:"+ num);              //输出局部变量的值
10.     }
11.     public float priceInfo(){                           //定义无参有返回值的方法
12.         price=126750;
13.         return price;
14.     }
15. }
```

调用有参无返回值的方法与调用无参无返回值的方法的语法类似，但在调用时必须传入实际的参数值。

对象名.方法名(实参1，实参2, …, 实参n)

【例4-7】上面的 Car 类中有参无返回值方法的调用。

代码如下：

```
1.  public class CarTest {
2.      public static void main(String[] args) {
3.          String num="豫 U87621";
4.          float price;
5.          Car c=new Car();
6.          //c.num="豫 U87621";                            //可比较两种语句的不同
7.          c.numInfo(num);                                 //调用有参无返回值的方法，输出车牌号
8.          System.out.println("车的价格："+c.priceInfo());//调用无参有返回值的方法输出车的价格
9.          //price= c.priceInfo();                         //接收有返回值方法的返回值
10.         //System.out.println("车的价格："+price);        //进行处理，放在输出语句输出
11.     }
12. }
```

程序运行结果如图 4-9 所示。

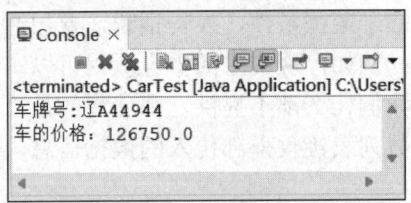

图4-9　例4-7程序运行结果

【程序说明】

很多时候，我们把定义方法时的参数称为形式参数（形参），目的是用来定义方法需

要传入的参数的个数和类型;把调用方法时的参数称为实际参数(实参),是传递给方法真正被处理的值。例 4-7 中的第 7 行调用 numInfo(num)方法时,num 是实参,传给 Car 类中 numInfo(String num)方法的形参 num。

3. 无参有返回值的方法

如果方法不包含参数,但有返回值,我们称为无参有返回值的方法。

例 4-4 中定义的 priceInfo()方法是无参数有返回值的方法,方法功能是为汽车价格 price 赋值,并返回结果。

【例 4-8】修改例 4-5,实现无参有返回值方法的调用。

代码如下:

```
1.    public class CarTest {
2.      public static void main(String[] args) {
3.        float price;                              //定义变量
4.        Car c=new Car();
5.        c.num="豫 U87621";
6.        c.numInfo();                              //调用无参无返回值的方法,输出车牌号
7.        price= c.priceInfo();                     //接收无参有返回值方法的返回值
8.        System.out.println("车的价格:"+price);     //进行处理,通常放在输出语句输出
9.        //上面两句也可放在一句执行
10.       //System.out.println("车的价格:"+c.priceInfo());
11.     }
12.   }
```

程序运行结果如图 4-10 所示。

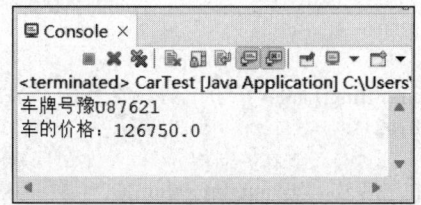

图 4-10 例 4-8 程序运行结果

【程序说明】

(1)在例 4-8 代码的第 7 行,调用有返回值的方法时,由于方法执行后会返回一个结果,因此一般都要接收其返回值。也可以直接将其返回值放在输出语句中输出。可以修改例 4-8 加上第 10 行代码。观察运行结果一样。

(2)方法返回值的类型必须兼容。例如,如果返回值类型为 float,则不能返回 String 类型的值。如例 4-4 中的 priceInfo()方法,写成下面的代码就是有问题的。

```
public   float   priceInfo(){                    //定义无参带返回值的方法
    String   price2= "126750";
    return   price2;//
}
```

4. 有参有返回值的方法

如果方法既包含参数，又有返回值，我们称为有参有返回值的方法。

【例 4-9】修改代码 4-4，定义有参有返回值的 numInfo()方法，带有一个参数 num，方法执行后返回一个 String 类型的结果。

代码如下：

```java
1.  public class Car {
2.      String num;
3.      float price;
4.      public void numInfo(){                          //定义无参无返回值的方法
5.          System.out.println("车牌号:"+ num);
6.      }
7.      /* public void numInfo(String num){             //局部变量
8.          num="辽 A44944";
9.          System.out.println("车牌号:"+ num);          //输出局部变量的值
10.     }*/
11.     public String numInfo(String num){              //定义有参有返回值的方法
12.         num="辽 A44944";
13.         return num ;
14.     }
15.     public float priceInfo(){                       //定义无参有返回值的方法
16.         price=126750;
17.         return price;
18.     }
19. }
```

创建测试类 CarTest

```java
1.  public class CarTest {
2.      public static void main(String[] args) {
3.          String num="豫 U87621";
4.          Car c=new Car();
5.          System.out.println("车牌号："+c.numInfo(num));  //调用有参有返回值的方法输出车牌号
6.      }
7.  }
```

程序运行结果如图 4-11 所示。

图 4-11 例 4-9 程序运行结果

Java 语言程序在调用方法时，参数的传递方式有传值和传地址两种。若方法的参数为基本数据类型，则将实参的值传递给形参；若方法的参数为引用数据类型（对象），则将实参的地址传递给形参。

4.2.5 方法重载

在练习时，当调用 System.out.print()方法时，Eclipse 会给我们弹出多个同名方法，如图 4-12 所示。

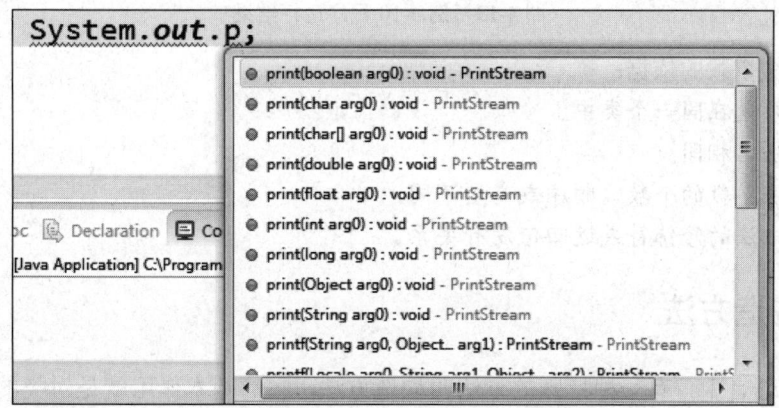

图 4-12　print()同名方法

这些方法有个共同的特点是方法名都为 print，但是参数类型都不一样，这就是方法重载的一种体现。那么到底什么是方法重载？

如果同一个类中包含了两个或两个以上方法名相同、方法参数的个数、顺序或类型不同的方法，则称为方法的重载。比如例 4-9 第 4 行的 numInfo()方法和第 11 行的 numInfo(String num)方法，方法名称相同，但方法的参数有所不同，因此属于方法重载。但注释的第 7 行和第 11 行的方法，只有返回值类型不同，不是方法重载。

这些同名的方法在调用时我们如何区分调用的是哪个重载方法呢？

当调用重载的方法时，Java 语言会根据参数的个数和类型来判断应该调用哪个重载方法，参数完全匹配的方法将被执行。

【例 4-10】在例 4-9 CarTest 测试类中添加重载方法的调用。

代码如下：

创建测试类 CarTest：

```
1.  public class CarTest {
2.      public static void main(String[] args) {
3.          String num="豫 U87621";
4.          Car c=new Car();
5.              c.numInfo();//调用无参无返回值的方法输出车牌号
6.          System.out.println("车牌号："+c.numInfo(num)); //调用有参有返回值的方法输出车牌号
7.      }
8.  }
```

程序运行结果如图 4-13 所示。

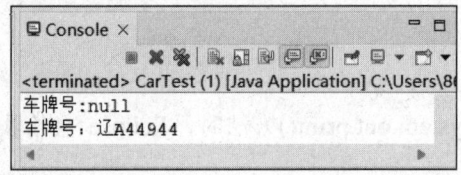

图 4-13　例 4-10 程序运行结果

判断方法重载的依据：
- 必须是在同一个类中。
- 方法名相同。
- 方法参数的个数、顺序或类型不同。
- 与方法的修饰符或返回值没有关系。

4.2.6　构造方法

在 Java 语言中，有一种特殊的方法叫构造方法，它的基本作用就是对类的属性进行初始化。构造方法是类在创建实例对象时需要执行的方法。在前面的案例中，我们创建的一个 Student 类的对象，执行 Student student = new Student()，其中 new 关键字后面的方法就是构造方法。

构造方法是一种特殊的方法，它的定义与一般方法类似，其语法格式如下：

```
public  类名 ([参数列表]){
    //方法的具体代码
}
```

【语法说明】
- 构造方法的名称必须与类名一样。
- 构造方法没有返回值类型，也没有 void。
- 由于构造方法主要被其他类调用，因此构造方法的访问权限一般为 public。

构造方法的调用与一般方法也不同。一般方法是在需要时才调用，而构造方法则是在创建对象时自动调用，并执行构造方法的内容。因此构造方法无须在程序中调用，而是在对象产生时自动执行。

构造方法分为无参构造方法和有参构造方法，当执行 Student student = new Student()时，其实是调用了 Student 类的无参构造方法。默认情况下无参构造方法是被隐藏的，可以不定义。当然，我们也可以写出构造方法。

【例 4-11】在 Dog 类中定义一个无参构造，并完成测试。

代码如下：

```
1.  public class Dog {
2.      //成员变量
```

```
3.      String name;
4.      String type;
5.      String color;
6.      int age;
7.      //默认隐藏的无参构造
8.      public Dog(){
9.          System.out.println("无参构造被执行！");
10.     }
11.     //成员方法
12.     public void eat(){
13.         System.out.println("狗狗吃狗粮");
14.     }
15.     public void spark(){
16.         System.out.println("狗狗汪汪地叫");
17.     }
18.     public void show(){
19.         System.out.println("狗狗名字："+name+",狗狗种类："+type+"，年龄："+age+"，颜色："+color) ;
20.     }
21. }
```

创建测试类 DogTest：

```
1.  public class DogTest {
2.      public static void main(String[] args) {
3.          // TODO Auto-generated method stub
4.          Dog dog1=new Dog();     //构造方法 Dog()的调用
5.          //dog1.spark();
6.      }
7.  }
```

程序运行结果如图 4-14 所示。

图 4-14　例 4-11 程序运行结果

【程序说明】

例 4-11 测试类 DogTest 中，第 4 行创建对象时，无参的构造方法被调用了。因此，构造方法的作用就是用来创建对象的。

Java 语言中的每个类都有一个默认的无参构造方法，并且可以有一个以上的构造方法。

【例 4-12】修改例 4-11，为 Dog 类添加 3 个构造方法，一个无参构造方法，两个有参构造方法，并实现初始值赋值。

代码如下：

```java
1.  public class Dog {
2.      //成员变量
3.      String name;
4.      String type;
5.      int age;
6.      String color;
7.      //默认隐藏的无参构造
8.      public Dog(){
9.          System.out.println("无参构造被执行！");
10.     }
11.     //有参构造方法
12.     public Dog(String name){
13.         this.name=name;
14.         System.out.println("1个参数的构造方法被执行！");
15.     }
16.     //有参构造方法
17.     public Dog(String name,String type,int age,String color){
18.         this.name = name;                              //给 name 属性赋值
19.         this.type = type;                              //给 type 属性赋值
20.         this.age = age;                                //给 age 属性赋值
21.         this.color = color;                            //给 color 属性赋值
22.         System.out.println("4个参数构造方法被执行！") ;
23.     }
24.     //成员方法
25.     public void eat(){
26.         System.out.println("狗狗吃狗粮");
27.     }
28.     public void spark(){
29.         System.out.println("狗狗汪汪地叫");
30.     }
31.     public void show(){
32.         System.out.println("狗狗名字："+name+"，狗狗种类："+type+"，年龄："+age+"，颜色："+color) ;
33.     }
34. }
```

创建测试类 DogTest 类：

```java
1.  public class DogTest {
2.      public static void main(String[] args) {
3.          // TODO Auto-generated method stub
4.          Dog dog1=new Dog();
5.          Dog dog2=new Dog("旺财");                    //调用1个参数构造方法
6.          dog2.show();
7.          //创建 dog 类的实例 dog3
8.          Dog dog3=new Dog("豆豆","哈士奇",2,"黑白");   //调用4个参数构造方法
9.          dog3 .show();
10.     }
11. }
```

程序运行结果如图 4-15 所示。

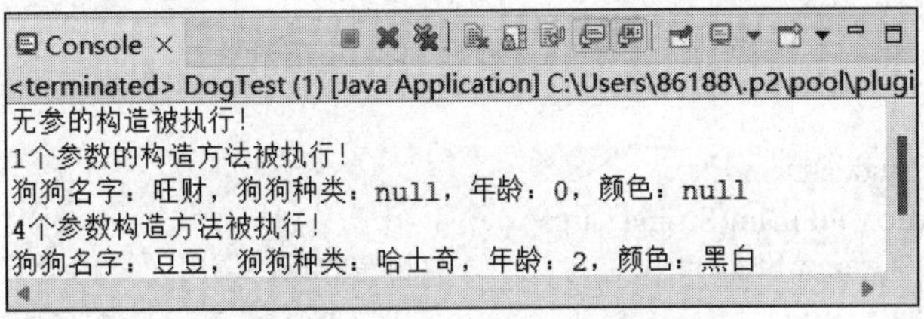

图 4-15　例 4-12 程序运行结果

【程序说明】

例 4-12 中有 3 个构造方法，方法名相同但参数不一致，属于构造方法的重载。创建对象时根据传入不同的参数值调用相应的构造方法。这里我们在创建对象时一并完成了给对象赋值的功能。需要注意的是，如果属性没有赋值，则输出默认值，如 String 类型默认值为 null，int 类型默认值为 0。

【例 4-13】仿照例 4-12，重新定义 Student 类和 StudentDemo 类，添加有参方法和无参方法，并在测试类中完成方法的调用。

代码如下：

```
1.   public class Student{
2.     String name;
3.     int age;
4.     //成员方法
5.     public Student(){                        //无参构造方法
6.       name="李菲";
7.       age=30;
8.       System.out.println("无参构造方法！！");
9.     }
10.    public Student(String name){             //有参构造方法
11.      this.name=name;
12.    }
13.    public Student(int age){                 //有参构造方法
14.      this.age=30;
15.    }
16.    public Student(String name,int age){     //有参构造方法
17.      this.name=name;
18.      this.age=age;
19.    }
20.    public void show(){
21.      System.out.println("姓名:"+name+" 年龄:"+age);
22.    }
23.    public void study(){
24.      System.out.println(name+"好好学习");
25.    }
26.    public void play(){
27.      System.out.println("课余时间锻炼");
```

```
28.     }
29. }
```

创建测试类 StudentDemo 类：

```
1.  public class StudentDemo {
2.      public static void main(String[] args) {
3.          Student  s = new Student( );        //创建对象，调用无参构造方法
4.          s. show( );
5.          Student s2 = new Student("张三");    //创建对象，调用有参构造方法
6.          s2. show( );
7.          Student s3 = new Student(18);        //创建对象，调用有参构造方法
8.          s3. show( );
9.          Student s4 = new Student("小王", 18);
10.         s4. show( );
11.     }
12. }
```

程序运行结果如图 4-16 所示。

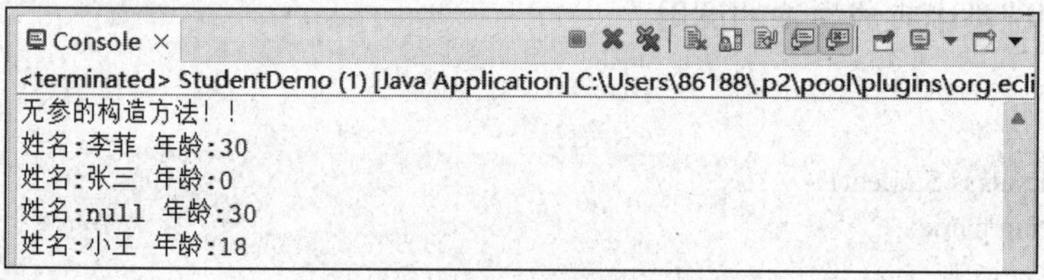

```
无参的构造方法！！
姓名:李菲   年龄:30
姓名:张三   年龄:0
姓名:null  年龄:30
姓名:小王   年龄:18
```

图 4-16 例 4-13 程序运行结果

【程序说明】

当没有指定构造方法时，系统会自动添加无参构造方法。

当有指定构造方法时，无论是有参还是无参的构造方法，系统都不会自动添加无参的构造方法。

构造方法的重载：方法名相同，但参数个数不同或类型不同的多个方法，调用时会自动根据不同的参数选择相应的方法。

4.2.7 this 关键字

例 4-12 中 Dog 类的第 13 行，我们发现当方法定义时传入的参数名称与类的属性名相同，即局部变量名称与成员变量名称相同时，为了区分两者，通常用到 this 关键字。

this 表示类实例本身，代表所在类的对象引用，指的是访问类中的成员变量，用来区分成员变量和局部变量（重名问题），常用于局部变量隐藏成员变量。

为了使程序结构更加简洁，提高程序的可读性，有时会将相似意义的方法体内部的变量与类的成员变量定义为相同的名字，就需要使用 this 关键字作前缀来指明当前对象的成员变量或成员方法。默认的语法格式如下：

this.成员变量
this.方法

比如例 4-12 中定义的 Dog 类中带参数的构造方法，局部变量 name 和成员变量 name 同名时，this.name=name，表示将局部变量 name 赋值给成员变量 name，代码如下。

```
1.  public class Dog {
2.     //成员变量
3.     String name;
4.     String type;
5.     int age;
6.     String color;
7.     //默认隐藏的无参构造
8.     public Dog(){
9.        System.out.println("无参构造被执行！");
10.    }
11.    //有参构造方法
12.    public Dog(String name){
13.       this.name=name;              //给 name 属性赋值
14.       System.out.println("1 个参数的构造方法被执行！");
15.    }
```

this 即代表当前对象，相当于普通话里的"我"。

参考 Dog 类和 DogDemo 类，理解 Student 类和 StudentDemo 中的 this 关键字。

4.3 封　　装

4.3.1 封装概述

作为面向对象三大特征之一，封装就是把一个对象的属性和行为封装成一个类，把具体的业务逻辑功能实现，封装成一个方法，其次封装还可以通过访问修饰符私有化属性（成员变量），公有化方法。

面向对象的编程语言是对客观世界的模拟，而封装可以实现将客观世界中成员变量隐藏在对象内部，使得外界无法直接操作和修改。

前面的例 4-3 DogTest 测试类中的代码段如下所示，我们使用"对象名.属性名"的方式给属性赋值，从程序运行的角度来说，没有任何问题，但是从信息隐藏保护数据的角度来说，不太合理，因为这种方式直接将属性信息暴露在外部，任何人都可以修改、访问和使用。

```
1.  public class DogTest {
2.     public static void main(String[] args) {
3.        //创建 dog 类的实例，名为 dog1
4.        Dog dog1=new Dog();
5.        //给 dog1 对象属性赋值
6.        dog1.name="旺财";
7.        dog1.age=5;
8.        dog1.color="黄色";
9.        dog1.type="金毛";
```

```
10.         //调用 dog1 的方法
11.         dog1.play();
12.         dog1.eat();
13.         dog1.sleep();
```

那么如何解决这个问题？可以使用封装的思想。在 Java 程序中主要体现在方法上，方法其实就是封装思想的表现。比如在做数组排序时，用到的 Arrays.sort()方法，对于程序员来说并不需要知道 sort()方法内部代码是如何实现排序功能的，只需要知道怎么使用即可。

举一个生活中的例子，台式计算机，它是由 CPU、主板、显卡、内存、硬盘、电源等部件组成的，其实我们将这些部件组装在一起就可以使用计算机了，但是这些部件都散落在外面，很容易造成不安全因素，于是，使用机箱，把这些部件都装在里面，并在机箱上留下一些接口供我们使用。机箱其实就是隐藏了内部的细节，对外提供了接口等访问内部细节的方式，如图 4-17 所示。

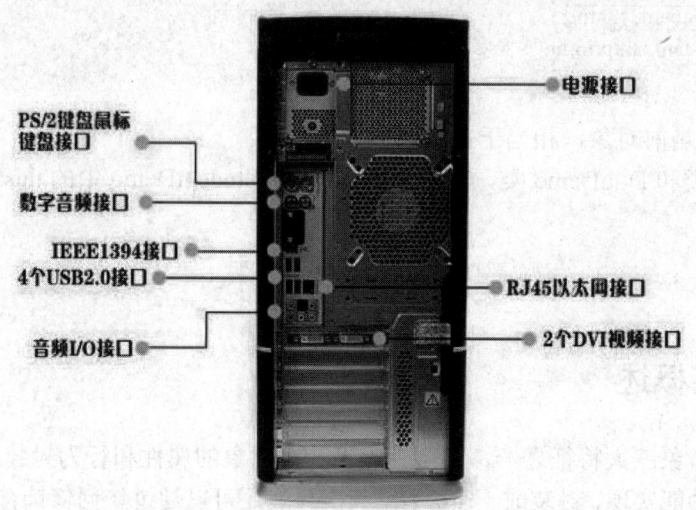

图 4-17　机箱及外部接口

封装设计思想：隐藏对象内部的复杂性，只对外公开简单的接口，便于外界调用。简单来说就是把该隐藏的隐藏起来，该暴露的暴露出来。

4.3.2　封装原则

封装的目的是把所有的属性藏起来，仅提供公共方法对其访问，即成员变量使用 private 修饰，同时提供对应的 get()/set()方法。private 作为一个权限修饰符，可以修饰成员变量和成员方法。而被 private 修饰的成员只在本类中才能访问。

1. 类的基本封装

修改例 4-3 中的 Dog 类：

（1）将 Dog 类的属性私有化，在 4 个属性前面加上 private 关键字修饰，其目的是使外部无法直接访问。

代码如下:

```
1.  //定义狗类
2.  public class Dog {
3.      private String name;      //名称
4.      private String type;      //品种
5.      private int age;          //年龄
6.      private String color;     //毛色
```

此时,我们观察测试类 DogTest,发现已经无法直接通过"对象名.方法名"的方式赋值,测试类 DogTest 问题代码部分如图 4-18 所示。

```
4   public static void main(String[] args) {
5       //创建dog类的实例,名为dog1
6       Dog dog1 = new Dog();
7       //给dog1对象属性赋值
8       dog1.name="旺财";
9       dog1.age=5;
10      dog1.color="黄色";
11      dog1.type="金毛";
```

图 4-18 测试类 DogTest 问题代码部分

如何给属性赋值和访问呢?就要通过提供 set()方法和 get()方法。

(2)在 Dog 类中提供对应的 setXxx()或者 getXxx()的方法。使私有变量可以访问和使用。

可以用 Eclipse 开发环境中 Souce 菜单下的 Generate Getters and Setters 菜单项自动实现方法的添加,如图 4-19 所示。

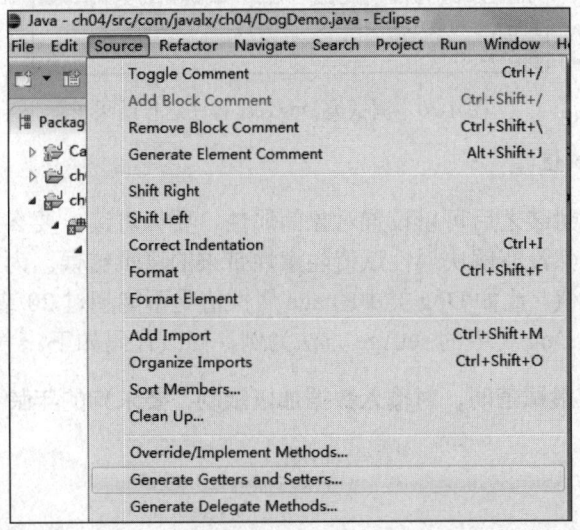

图 4-19 添加 setXxx()和 getXxx()方法

效果如下所示:

```
1.      private String name;      //名称
2.      private String type;      //品种
3.      private int age;          //年龄
```

```
4.    private String color;         //毛色
5.    //给狗的名称赋值
6.    public void setName(String name) {
7.        this.name = name;
8.    }
9.    //获取狗的名称
10.   public String getName() {
11.       return name;
12.   }
```

（3）在测试类 DogTest 中，可以调用 setName()方法赋值，使用 getName()方法取值。

```
1.  public class DogTest {
2.      public static void main(String[] args) {
3.          //创建 dog 类的实例，名为 dog1
4.          Dog dog1=new Dog();
5.          //给 dog1 对象属性赋值
6.      //  dog1.name="旺财";
7.      //  dog1.age=5;
8.      //  dog1.color="黄色";
9.      //  dog1.type="金毛";
10.         dog1.setName("旺财");
11.         System.out.println("狗名称："+dog1.getName());
```

程序运行结果如图 4-20 所示。

图 4-20 测试类 DogTest 程序运行结果

2．属性的验证赋值

在对类进行基本封装之后可以设置对象的属性，要么可读，要么可写，从而提高了属性的安全性，但是仍然没有解决属性赋值随意性带来的逻辑错误。为此，需要对类中的特殊属性进行验证性赋值。比如 Dog 类中的 age 属性值是不能超过 20 或低于 0，否则就会出现逻辑错误。以上述 Dog 类中的 setAge 方法为例，修改代码如下。

【例 4-14】给狗的年龄赋值时，对输入数据加以限制，要求狗的年龄不能小于 0 且不能大于 20。

代码如下：

```
1.  public int getAge() {
2.      return age;
3.  }
4.  public void setAge(int age) {
5.      if(age<=0 || age>=20) {
6.          System.out.println("输入年龄不合法");
7.      }else {
```

```
8.        this.age = age;
9.    }
10. }
```

在测试类中调用 setAge(15)：

```
1.  public static void main(String[] args) {
2.      //创建 dog 类的实例，名为 dog1
3.      Dog dog1=new Dog();
4.      //给 dog1 对象属性赋值
5.  //    dog1.name="旺财";
6.  //    dog1.age=5;
7.  //    dog1.color="黄色";
8.  //    dog1.type="金毛";
9.      dog1.setName("旺财");
10.     dog1.setAge(15);
11.     System.out.println("狗名称："+dog1.getName());
12.     System.out.println("狗年龄："+dog1.getAge());
```

程序运行结果如图 4-21 所示。

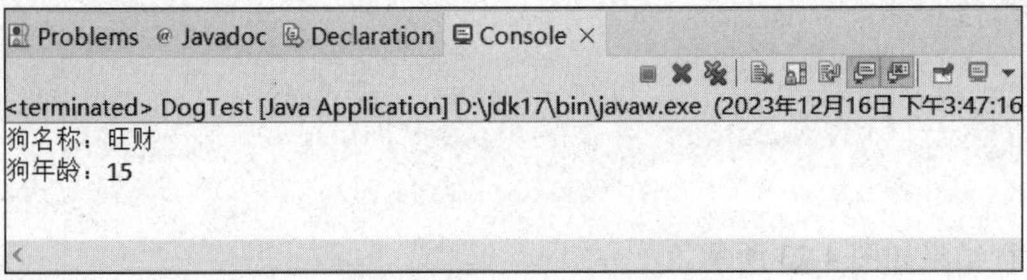

图 4-21 例 4-14 程序运行结果

修改 setAge()方法的年龄参数，改成 setAge(0)，程序运行结果如图 4-22 所示。

修改 setAge()方法的年龄参数，改成 setAge(21)，程序运行结果如图 4-22 所示，年龄不合法。

程序运行结果如图 4-22 所示。

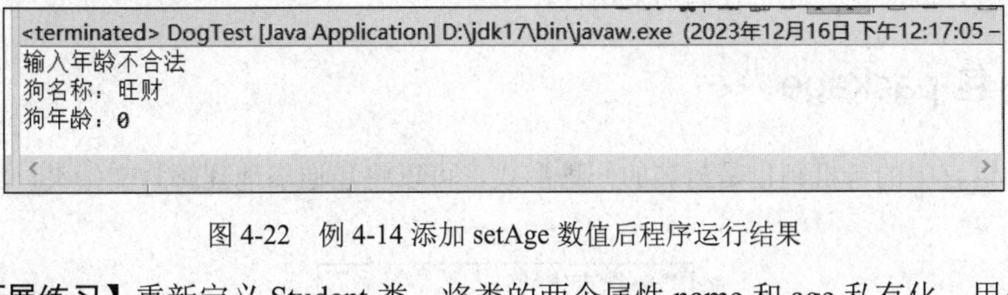

图 4-22 例 4-14 添加 setAge 数值后程序运行结果

【拓展练习】重新定义 Student 类，将类的两个属性 name 和 age 私有化，用公有的方法访问私有的属性。

代码如下：

```
1.  public class Student {
2.      private String name;        //私有化 name
3.      private int age;            //私有化 age
4.      public void setName(String n){
```

```java
5.        name = n;
6.    }
7.    public String getName( ){
8.        return name;
9.    }
10.   public void setAge(int a){
11.       age = a;
12.   }
13.   public int getAge( ){
14.       return age;
15.   }
16. }
```

创建 StudentDemo：

```java
1. public class StudentDemo {
2.     public static void main(String[ ] args) {
3.         //创建学生对象
4.         Student s = new Student( );
5.         System. out. println(s. getName( )+"的年龄是"+s. getAge( ));
6.         s. setName("小明");
7.         s. setAge(19);
8.         System. out. println(s. getName( )+"的年龄是"+s. getAge( ));
9.     }
10. }
```

程序运行结果如图 4-23 所示。

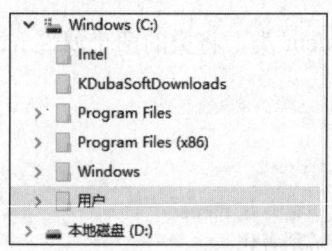

图 4-23　练一练程序运行结果

程序可以通过封装来控制成员变量的操作，从而提高了程序的安全性；而把程序用方法进行封装，同时也提高了代码的复用性。

4.3.3　包 package

Java 语言中的包机制也是封装的一种形式，可以将包通俗地理解为文件夹，如图 4-24 所示。

图 4-24　Windows 下文件结构

Windows 中文件夹可以使文档分门别类，便于管理和检索，也可以解决文件重名的问题。

在编写 Java 程序时，随着程序架构越来越大，类的个数也越来越多，就会发现管理程序时维护类名称也是一件很麻烦的事，尤其是一些同名问题的发生。有时，开发人员还可能需要将处理同一方面的问题的类放在同一个目录下，以便于管理。

为了解决上述问题，Java 语言引入了包（package）机制，提供了类的多层命名空间，用于解决类的命名冲突、类文件管理等问题。

1. 包的定义

package 包名;

Java 语言包的命名规则如下：
- 包名全部由小写字母（多个单词也全部小写）组成。
- 如果包名包含多个层次，每个层次用 "." 分割。
- 包名一般由倒置的域名开头，如 com.baidu，不要有 www。
- 自定义包不能以 java 开头。

📖 **提示**：如果在源文件中没有定义包，那么类、接口、枚举和注释类型文件将会被放进一个无名的包中，也称为默认包。在实际企业开发中，通常不会把类定义在默认包下。

如本书中的任务 8 的综合项目的包结构，如图 4-25 所示。

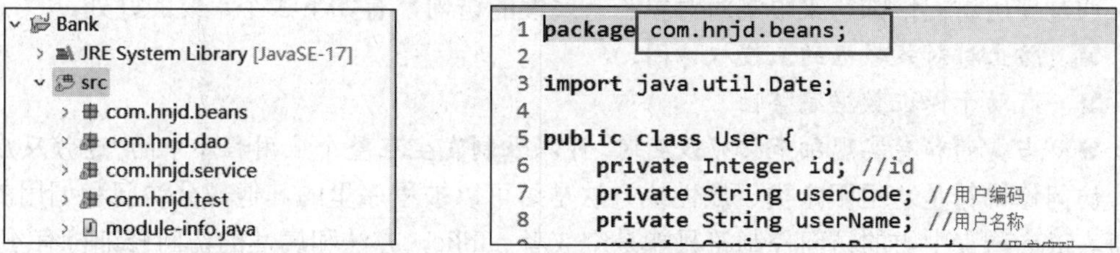

图 4-25 综合项目的包结构

2. 包的导入

使用 Scanner 类时，Eclipse 会自动帮我们导入 java.util.Scanner 类，如下面的段代码所示：

```
1.   package example;
2.   import java.util.Scanner;
3.   public class DogTest {
4.       public static void main(String[] args) {
5.           Scanner sc = new Scanner(System.in);
6.           //创建 dog 类的实例，名为 dog1
7.           Dog dog1=new Dog();
```

Java 语言中引入了 import 关键字，import 可以向某个 Java 文件中导入指定包层次下的某个类或全部类。import 语句位于 package 语句之后，类定义之前。一个 Java 源文件只能包含一个 package 语句，但可以包含多个 import 语句。语法格式如下：

import 包名+类名;

例如在 DogTest 类中创建 Person 包中的 Student 类的对象,就需要导入 Student 类的全路径,如图 4-26 所示。

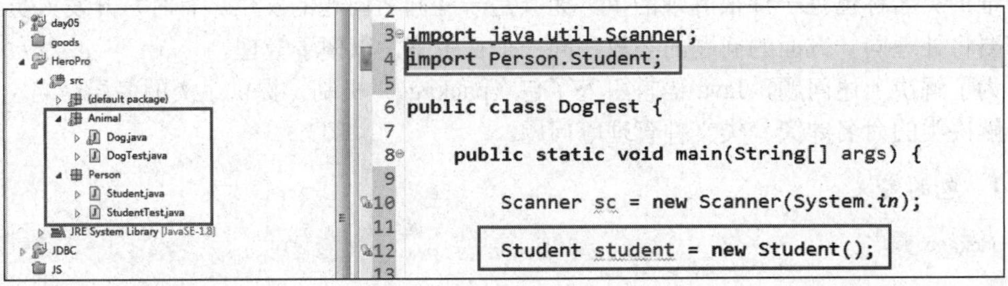

图 4-26　import 导入

4.3.4　访问修饰符

包实际上是一种访问控制机制,通过包来限制和制约类之间的访问关系。访问修饰符也同样可以限制和制约类之间的访问关系。我们使用 private 关键字将属性设置为私有,就无法直接通过对象访问该属性。这是典型的信息隐藏,是 OOP(object oriented programming)最重要的功能之一。在编写程序时,有些核心数据往往不希望被用户调用,需要控制这些数据的访问。

通过使用访问修饰符来限制对对象私有属性的访问,有如下 3 个重要的好处。

- 防止对封装数据的未授权访问。
- 有助于保证数据完整性。
- 当类的私有实现细节必须改变时,可以限制发生在整个应用程序中的"连锁反应"。

访问修饰符是一组限定类、属性或方法是否可以被程序里的其他部分访问和调用的修饰符。Java 语言中类的访问控制符只能是空或者 public,方法和属性的访问修饰符有 4 个,分别是 public、private、protected 和默认修饰符(即空)。访问修饰符的权限如表 4-2 所示。

表 4-2　访问修饰符的访问权限

修饰符	同一类中	同一包中	不同包的子父类中	不同包
private	可以使用	不可以使用	不可以使用	不可以使用
默认修饰符	可以使用	可以使用	不可以使用	不可以使用
protected	可以使用	可以使用	可以使用	不可以使用
public	可以使用	可以使用	可以使用	可以使用

访问修饰符在面向对象程序设计中处于很重要的地位,合理地使用访问修饰符,可以通过降低类和类之间的耦合性(关联性)来降低整个项目的复杂度,也便于整个项目的开发和维护。在 Java 语言中,访问修饰符有以下 4 种。

1. private

用 private 修饰的类成员,只能被该类自身的方法访问和修改,而不能被任何其他类(包括该类的子类）访问和引用。因此，private 修饰符具有最高的保护级别。例如，客户类中的银行卡号和密码可以声明为私有成员。

2. 默认

如果一个类没有访问修饰符，说明它具有默认的访问控制特性。这种默认的访问控制权规定，该类只能被同一个包中的类访问和引用，而不能被其他包中的类使用，即使其他包中有该类的子类。这种访问特性又称为包访问性（package private）。

同样，类内的成员如果没有访问修饰符，也说明它们具有包访问性。定义在同一个文件夹中的所有类属于一个包，所以前面的程序要把用户自定义的类放在同一个文件夹中（Java 语言项目默认的包），以便不加修饰符也能运行。

3. protected

用保护访问修饰符 protected 修饰的类成员可以被 3 种类访问：该类自身、与该类在同一个包中的其他类以及在其他包中的该类的子类。使用 protected 修饰符的主要作用，是允许其他包中该类的子类来访问父类的特定属性和方法，否则可以使用默认访问修饰符。

4. public

当一个类被声明为 public 时，它就具有了被其他包中的类访问的可能性，只要包中的其他类在程序中使用 import 语句引入 public 类，就可以访问和引用这个类。

类中被设定为 public 的方法是这个类对外的接口部分，避免了程序的其他部分直接去操作类中的数据，实际就是数据封装思想的体现。每个 Java 程序的主类都必须是 public 类，也是基于相同的原因。

那么什么情况该用什么修饰符呢？

从作用域来看，public 能够在所有的情况下使用。但是大家在工作的时候，又不会真正全部都使用 public，那么到底什么情况该用什么修饰符呢？

（1）属性通常使用 private 封装起来。
（2）方法一般使用 public，用于被调用。
（3）会被子类继承的方法，通常使用 protected。
（4）默认修饰符用得不多，一般新手会使用，因为其还不知道有访问修饰符这一概念。

遵循作用范围最小原则。简单来说，能用 private 就用 private，不行就放大一级，用默认修饰符，再不行就用 protected，最后用 public。

4.3.5 static 修饰

1. 静态变量

大家都知道，我们可以基于一个类创建多个该类的对象，每个对象都拥有自己的成员，互相独立。然而在某些时候，我们更希望该类所有的对象共享同一个成员。此时就是 static 大显身手的时候了。

Java 语言中被 static 修饰的成员称为静态成员或类成员。它属于整个类，而不是某个对象，即被类的所有对象所共享。

【例 4-15】 使用 static 修饰变量。

代码如下：

```
1.  public class StaticCode {
2.      //static 修饰的变量为静态变量，所有类的对象共享 address
3.      static String address = "郑州";
4.      public static void main(String[] args) {
5.          //静态变量可以直接使用类名来访问，无须创建对象
6.          System.out.println("通过类名访问 address：" + StaticCode.address);
7.          //创建类的对象
8.          StaticCode t1 = new StaticCode();
9.          //使用对象名访问静态变量
10.         System.out.println("使用对象名访问 address：" + t1.address);
11.         //使用对象名的形式修改静态变量的值
12.         t1.address = "新郑";
13.         //再次使用类名访问静态变量，值已经被修改
14.         System.out.println("通过类名访问 address：" + StaticCode.address);
15.     }
16. }
```

程序运行结果如图 4-27 所示。

```
Problems  @ Javadoc  Declaration  Console
<terminated> StaticCode [Java Application] D:\jdk17\bin\javaw.exe (2023年12月16日 下午11:23:38 – 下午11:23
通过类名访问address：郑州
使用对象名访问address：郑州
通过类名访问address：新郑
```

图 4-27　例 4-15 程序运行结果

【程序说明】

上例中第 6 行静态成员可以使用类名直接访问，也可以使用对象名进行访问，如第 10 行。当然，鉴于它作用的特殊性更推荐用类名访问。

2. 静态方法

与静态变量一样，我们也可以使用 static 修饰方法，称为静态方法或类方法。我们一直写的 main() 方法就是静态方法。

【例 4-16】 使用 static 修饰方法。

代码如下：

```
1.  public class StaticCode {
2.      //使用 static 关键字声明静态方法
3.      public static void print() {
```

```
4.            System.out.println("欢迎来到河南机电职业学院");
5.        }
6.        public static void main(String[] args) {
7.            //直接使用类名调用静态方法
8.            StaticCode.print();
9.            //也可以通过对象名调用，推荐使用类名调用
10.           StaticCode sc = new StaticCode();
11.           sc.print();
12.       }
13.   }
```

程序运行结果如图 4-28 所示。

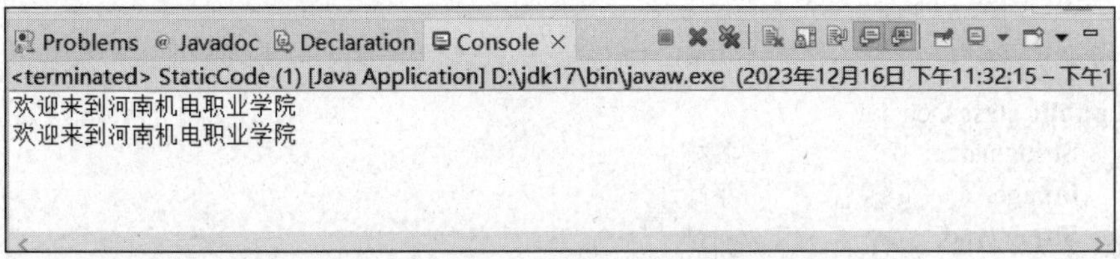

图 4-28　例 4-16 程序运行结果

4.4　继承和多态

4.4.1　继承

继承是一种由现有的类创建新类的机制。先创建一个共有属性的一般类，根据一般类再创建具有共有属性的新类，新类继承了一般类的属性和行为，并根据需要增加它自己的属性和行为。由继承得到的类称为子类，被继承的类称为父类。

Java 语言中的每个类都是由 java.lang.Object 类继承而来的，一个类可以有一个或多个子类，也可以没有子类，但任何子类只能有一个父类。子类可以继承和使用父类所有的非私有属性，也可以重新定义从父类继承而来的属性。

生活中的继承如图 4-29 所示。

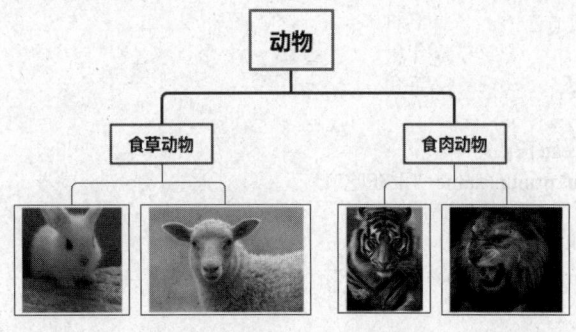

图 4-29　生活中的继承关系

兔子和羊属于食草动物类，老虎和狮子属于食肉动物类。食草动物和食肉动物又属于动物类。

虽然食草动物和食肉动物都属于动物，但是两者的属性和行为上有差别，所以子类除了具有父类的一般属性外，也会具有自身的一些特性。

【例4-17】创建动物类，其中动物分别为狗和猫，要求如下：

狗：属性（名称，年龄，品种），方法（吃，睡，玩飞盘，自我介绍）
猫：属性（名称，年龄，毛色），方法（吃，睡，爬树，自我介绍）
代码如下：
Dog类：

```
1.  //定义狗类
2.  public class Dog {
3.      String name;            //名称
4.      int age;                //年龄
5.      String type;            //品种
6.
7.      public void eat() {
8.          System.out.println(name+"正在吃");
9.      }
10.     public void sleep() {
11.         System.out.println(name+"正在睡");
12.     }
13.     public void play() {
14.         System.out.println(name+"正在玩飞盘");
15.     }
16.     public void introduction() {
17.         System.out.println("大家好！我是"+ name +"今年"+ age +"岁。");
18.     }
19.     //省略下面的Getter()方法和Setter()方法
```

Cat类：

```
1.  //定义猫类
2.  public class Cat {
3.      String name;            //名称
4.      int age;                //年龄
5.      String color;           //毛色
6.
7.      public void eat() {
8.          System.out.println(name+"正在吃");
9.      }
10.     public void sleep() {
11.         System.out.println(name+"正在睡");
12.     }
13.     public void upTree() {
14.         System.out.println(name+"正在爬树");
```

```
15.     }
16.     public void introduction() {
17.         System.out.println("大家好！我是"+ name +"今年"+ age +"岁。");
18.     }
19.     //省略下面的 Getter()方法和 Setter()方法
```

从这两段代码可以看出来，共有的属性（名称、年龄），方法（吃、睡、自我介绍、setter/getter）存在重复的情况，其导致代码量大且臃肿，而且维护性不高，所以要从根本上解决这两段代码臃肿的问题，就需要继承，将两段代码中相同的部分提取出来组成一个父类 Pet 类。

【例 4-18】创建 Animal 包，并在 Animal 包中创建父类 Pet 类。

代码如下：

```
1.  package Animal;
2.  public class Pet{                       //共有父亲
3.      String name;                        //名称
4.      int age;                            //年龄
5.      public void eat() {
6.          System.out.println(name+"正在吃");
7.      }
8.      public void sleep() {
9.          System.out.println(name+"正在睡");
10.     }
11.     public void introduction() {
12.         System.out.println("大家好！我是"+ name +"今年"+ age +"岁。");
13.     }
14.     public String getName() {
15.         return name;
16.     }
17.     public void setName(String name) {
18.         this.name = name;
19.     }
20.     public int getAge() {
21.         return age;
22.     }
23.     public void setAge(int age) {
24.         this.age = age;
25.     }
26. }
```

这个 Pet 类就可以作为一个父类，然后 Dog 类和 Cat 类继承这个类之后，就具有父类的属性和方法，子类就不会存在重复的代码，维护性也提高，代码也更加简洁，提高代码的复用性（代码可以多次使用，不用再多次写同样的代码）。

在 Java 语言中，继承是非常重要的一个特性，所谓继承就是子类继承父类的特征和行为，使得子类对象（实例）具有父类的实例域和方法，或子类从父类继承方法，使得子类具有与父类相同的行为。子类的声明语法格式如下。

1. 继承的声明格式

```
class 父类 {
}
class 子类 extends 父类 {
}
```

【例 4-19】创建两个子类 Dog 类和 Cat 类,继承自 Pet 类,并完成测试类 PetTest 类。

代码如下:

```
1.  package Animal;
2.  //定义狗类
3.  public class Dog extends Pet{
4.      String type;                          //品种
5.      public void play() {
6.          System.out.println(name+"正在玩飞盘");
7.      }
8.      public String getType() {
9.          return type;
10.     }
11.     public void setType(String type) {
12.         this.type = type;
13.     }
14. }
```

Cat 类:

```
1.  package Animal;
2.  //定义猫类
3.  public class Cat extends Pet{
4.      String color;                         //毛色
5.      public void upTree() {
6.          System.out.println(name+"正在爬树");
7.      }
8.      public String getColor() {
9.          return color;
10.     }
11.     public void setColor(String color) {
12.         this.color = color;
13.     }
14. }
```

PetTest 测试类:

```
1.  package Animal;
2.  public class PetTest {
3.      public static void main(String[] args) {
4.          //创建 Dog 对象
5.          Dog dog = new Dog();
6.          dog.setName("旺财");
7.          dog.setAge(10);
```

```
8.        dog.setType("金毛");
9.        dog.introduction();
10.       dog.play();
11.       //创建 Cat 对象
12.       Cat cat = new Cat();
13.       cat.setName("加菲");
14.       cat.setAge(5);
15.       cat.setColor("黑白");
16.       cat.introduction();
17.       cat.upTree();
18.    }
19. }
```

程序运行结果如图 4-30 所示。

```
<terminated> PetTest [Java Application] D:\jdk17\bin\javaw.exe (2023年12月17日 上午11:24:40 – 上⋯
大家好！我是旺财今年10岁。
旺财正在玩飞盘
大家好！我是加菲今年5岁。
加菲正在爬树
```

图 4-30 例 4-19 程序运行结果

📖 **提示**：Java 语言不支持多继承，但支持多重继承，如图 4-31 所示。

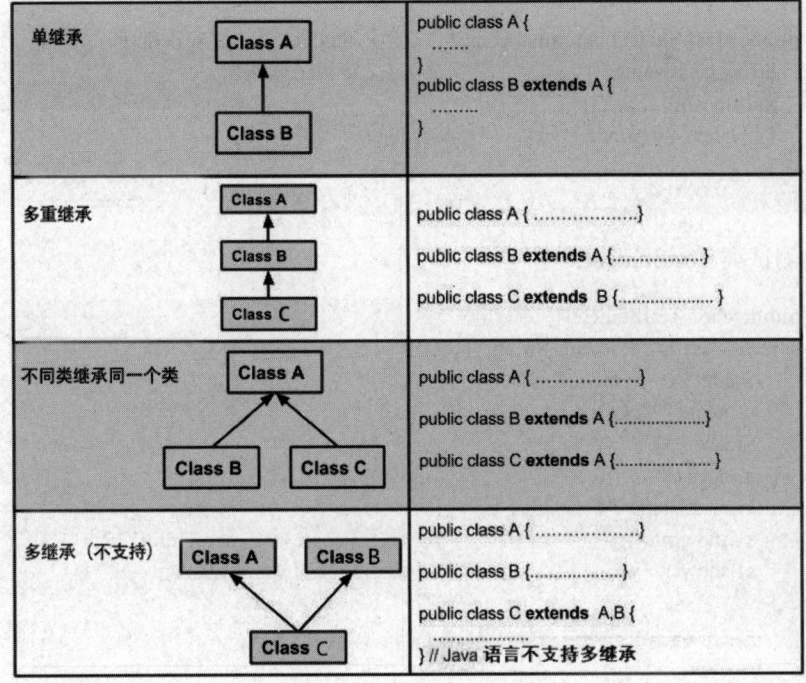

图 4-31 继承关系

- 子类可以拥有自己的属性和方法，即子类可以对父类进行扩展。
- 子类可以用自己的方式实现父类的方法（也叫方法覆盖）。
- Java 语言的继承是单继承，但是可以多重继承，单继承就是一个子类只能继承一个父类，多重继承就是 A 类继承 B 类，B 类继承 C 类，所以按照关系就是 C 类是 B 类的父类，B 类是 A 类的父类，这是 Java 语言继承区别于 C++语言继承的一个特性。
- 提高了类之间的耦合性。
- 继承的缺点：耦合度越高就会造成代码之间的联系越紧密，代码独立性越差。

【例 4-20】创建一个 People 类的子类 Student，并显示一名学生的信息。

代码如下：

```java
1.  public class People{                    //定义 People 类
2.      String num;                          //编号
3.      String name;                         //姓名
4.      String sex;                          //性别
5.      int age;                             //年龄
6.      public void showInfo(){
7.          System.out.print ("姓名："+name+" ");
8.          System.out.print("性别："+sex+" ");
9.          System.out.print ("年龄："+age+" ");
10.     }
11. }
```

创建子类 Student：

```java
1.  public class Student extends People{    //定义 Student 类，并实现继承
2.      String className;                    //定义班级名称属性
3.      public void show(){
4.          System.out.println ("班级："+className);
5.      }
6.  }
```

创建测试类 TestStudent：

```java
1.  public class TestStudent {
2.      public static void main(String[] args) {
3.          Student s1=new Student();
4.          s1.name="张磊";
5.          s1.sex="男";
6.          s1.age=18;
7.          s1.className="软件 2301 班";
8.          s1.showInfo();                   //调用 People 类的 showInfo()方法
9.          s1.show();                       //调用自身的 show()方法
10.     }
11. }
```

程序运行结果如图 4-32 所示。

姓名：张磊 性别：男 年龄：18 班级：软件2301班

图 4-32 例 4-20 程序运行结果

【程序说明】

该程序中定义了 3 个类：People 类、Student 类和 TestStudent 主类。Student 类是 People 类的子类，它除了继承了 People 类的 num、name、sex、age 四个属性和 showInfo()方法外，还有自己的 classNmae 属性和 show()方法。在 TestStudent 主类的定义中，创建一个学生类对象并显示出该学生的一些信息。

2. 构造方法的继承

子类会继承父类的一些属性和方法，那么对于父类的构造方法，子类又是如何处理的呢？

【例 4-21】构造方法的继承。

代码如下：

```
1.   // Student.java
2.   public class People{            //定义 People 类
3.       String num;
4.       String name;
5.       String sex;
6.       int age;
7.       public People( ) {
8.           System.out.println ("父类的构造方法！ ");
9.       }
10.  }
```

定义 Student 子类，并实现继承。

```
1.   public class Student extends People{
2.       String className;
3.       public Student (){
4.           System.out.println ("子类的构造方法！ ");
5.       }
6.       public static void main(String[] args) {
7.           Student stu=new Student();  //子类 Student 的对象创建
8.       }
9.   }
```

程序运行结果如图 4-33 所示。

父类的构造方法！
子类的构造方法！

图 4-33 例 4-21 程序运行结果

【程序说明】

该程序在测试类的第 7 行创建 Student 类的对象 stu 时，调用了 Student 类的构造方法。但在调用子类的构造方法之前先调用了父类 People 类的构造方法。

实际上子类的构造方法的第 1 行默认隐含了一个 super()语句，即上面子类的构造方法可以写成如下形式：

```
1.    public Student (){
2.        super();
3.        system.out.println ("子类的构造方法！");
4.    }
```

4.4.2 super 关键字

this 和 super 是 Java 语言中的两个关键字。之前我们已经学过了 this 关键字，this 表示当前对象，在一个类中，可通过 this 调用当前对象的属性和方法。以区别同名的局部变量和其他同名的方法。super 关键字用于指出父类的成员变量或方法。可以通过 super 关键字来实现对父类成员的访问，用来引用当前对象的父类。

使用 super 不仅可以调用父类的构造方法，还可以调用和访问父类的其他属性和方法，其语法格式如下：

```
super.父类的属性;
super();                            //调用父类的无参构造
super.父类的方法名();                 //调用父类的成员方法
super(参数1, 参数2, 参数3);           //调用父类的有参构造
```

【例 4-22】创建父类 Pet 类，包含 eat()方法和 sleep()方法；创建子类 Dog 类，包含 eat()方法和 test()方法，在 test()方法中调用自身 eat()方法和父类 eat()方法、sleep()方法。创建测试类 PetTest，创建 Dog 对象并调用 test()方法。

代码如下：
Pet 类：

```
1.    //共有父类 Pet
2.    public class Pet {
3.        //父类方法
4.        public void eat() {
5.            System.out.println("pet 正在吃");
6.        }
7.        public void sleep() {
8.            System.out.println("pet 正在睡");
9.        }
10.   }
```

Dog 类：

```
1.    //定义狗类
2.    public class Dog extends Pet{
```

```
3.    public void eat () {
4.        System.out.println("dog 正在吃");
5.    }
6.    public void test() {
7.        this.eat();             //调用当前对象的 eat()方法
8.        super.eat();            //调用父类对象的 eat()方法
9.        super.sleep();          //调用父类对象的 sleep()方法
10.   }
11. }
```

PetTest 类：

```
1. public class PetTest {
2.     public static void main(String[] args) {
3.         Dog dog = new Dog();         //创建 Dog 对象
4.         dog.test();                  //调用 test()方法
5.     }
6. }
```

程序运行结果如图 4-34 所示。

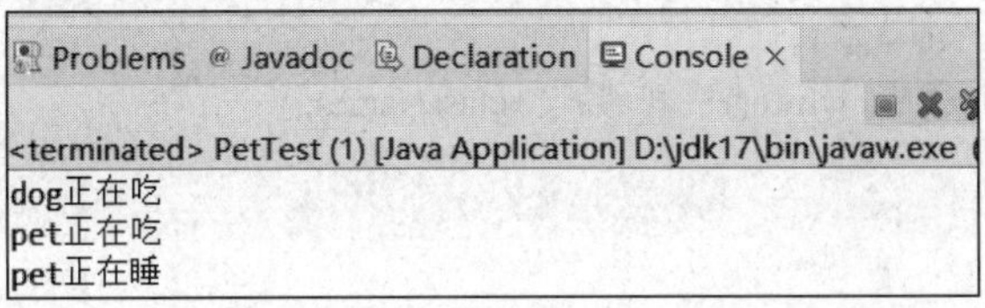

图 4-34　例 4-22 程序运行结果

当子类的成员变量和方法与父类的成员变量和方法同名时，如果调用父类的同名变量或方法，可以在子类中使用 super 关键字作前缀来指明直接父类的成员变量和方法。

【例 4-23】在例 4-19 的 People 类中添加两个构造方法，并使用 this 和 super 关键字。在子类 Student 的定义中也添加两个构造方法。在测试类的 main()方法中显示两名学生的信息。

代码如下：

```
1.  // TestStuent.java
2.  public class People{
3.      String num;
4.      String name;
5.      String sex;
6.      int age;
7.      //父类中带参数的构造方法
8.      public People (String num, String name,String sex,int age){
9.          this.num=num;
10.         this.name= name;
11.         this.sex= sex;
12.         this.age=age;
13.     }
14.     public People () {              //父类无参的构造方法
```

```
15.         num="1301110";
16.         name="李鑫";
17.         sex="女";
18.         age=20;
19.     }
20.     public String  ShowInfo(){
21.         return ("姓名："+name+" 性别："+sex+" 年龄："+age);
22.     }
23. }
```

```
1.  public class Student extends People{
2.      String className;
3.      public Student (String num, String name,String sex,int age,String className){
4.          super(num,name,sex,age);         //调用父类的有参构造方法
5.          this.className=className;
6.      }
7.      public Student (){                   //子类无参数的构造方法
8.          super();                         //调用父类的无参构造方法
9.          className="软件 2302 班";
10.     }
11.     public String  ShowInfo(){
12.         return (super.ShowInfo()+" 班级："+className);
13.     }
14. }
```

```
1.  public class TestStudent{
2.      public static void main(String[] args) {
3.          Student s1=new Student();
4.          Student s2=new Student("2301119","张强","男",18,"软件 2301 班");
5.          System.out.println(s1.ShowInfo());
6.          System.out.println(s2.ShowInfo());
7.      }
8.  }
```

程序运行结果如图 4-35 所示。

图 4-35　例 4-23 程序运行结果

【程序说明】

在使用 super 关键字调用父类的构造方法时，必须是子类构造方法中的第一条语句。

4.4.3　final 修饰符

final 的中文含义是最后的，最终的，决定性的，不可更改的。显然，final 关键词如果

用中文来解释，"不可更改的"更为合适。当你在编写程序，可能会遇到这样的情况：需要定义一个变量，它可以被初始化，但是它不能被更改。

例如需要定义一个变量保存圆周率的值，作为一个客观的、正确性有保障的值，如果在后续程序中更改它，可能会造成结果的错误，甚至程序的崩溃。那么这个时候 final 关键字就可以发挥它的用处了。

final 关键词有以下几种用法。

1. 修饰类

当用 final 去修饰一个类时，表示这个类不能被继承。

需要注意的是：
- 被 final 修饰的类，final 类中的成员变量可以根据自己的实际需要设计为 fianl。
- final 类中的成员方法都会被隐式地指定为 final 方法。

> 说明：在自己设计一个类时，要考虑好这个类将来是否会被继承，如果可以被继承，则该类不能使用 fianl 修饰。一般来说工具类我们往往都会设计成一个 fianl 类。在 JDK 中，被设计为 final 类的有 String、System 等。

【例 4-24】修改例 4-22 的父类 Pet，用 fianl 修饰父类，观察出现的现象。

代码如下：

```
1.  package Animal;
2.  //父类 Pet
3.  public final class Pet {
4.  }
5.  //子类 Fish
6.  class fish extends Pet{
7.  }
```

2. 修饰方法

被 final 修饰的方法不能被重写。

需要注意的是：
- 一个类的 private()方法会隐式地被指定为 final 方法。
- 如果父类中有 final 修饰的方法，那么子类不能去重写。

【例 4-25】修改例 4-22 的父类 Pet，用 fianl 修饰其中的成员方法 test()，观察出现的问题，如图 4-36 所示。

代码如下：

```
1.  package Animal;
2.  //父类 Pet
3.  public class Pet {
4.      public final void test() {
5.          System.out.println("final 修饰的 test 方法");
```

```
6.     }
7.   }
8.   //子类 Fish
9.   class fish extends Pet{
10.      public final void test() {
11.          System.out.println("final 修饰的 test 方法");
12.      }
13.  }
```

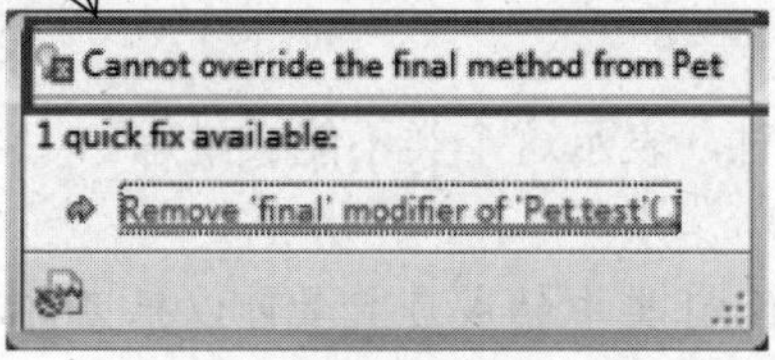

图 4-36　例 4-25 出现的异常

3. 修饰成员变量

当 final 修饰成员变量时，必须赋初始值，而且是只能初始化一次。

【例 4-26】修改例 4-22 的父类 Pet，用 fianl 修饰其中的 test()方法中的 name 变量，观察出现的问题，如图 4-37 所示。

代码如下：

```
1.  package Animal;
2.  //父类 Pet
3.  public class Pet {
4.      public void test() {
5.          final String name = "旺财";
6.          name = "乐乐";
7.      }
8.  }
```

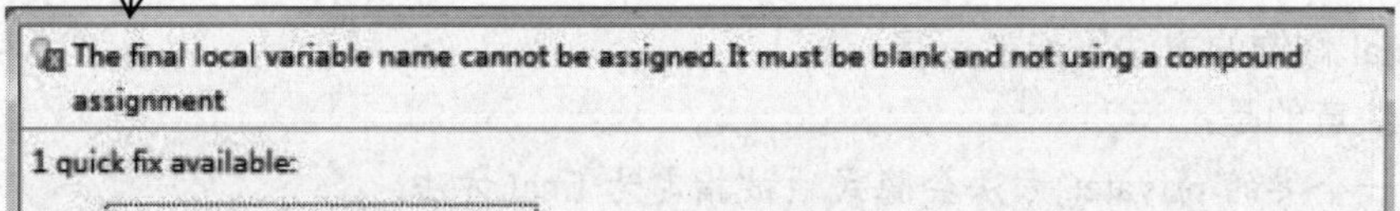

图 4-37　例 4-26 出现的异常

4.4.4　类的多态

生活中，我们会接触到打印机，当我们向电脑发送打印指令时，如果连接彩色打印机就打印彩色照片，如果连接黑白打印机就打印黑白照片，如图 4-38 所示。

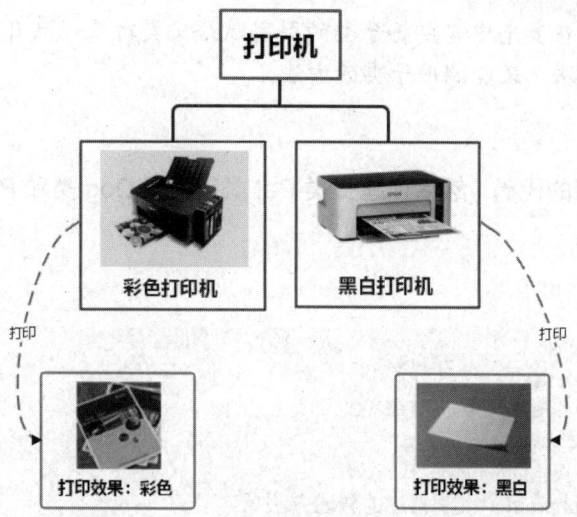

图 4-38 打印机的多态性

同一种事物,由于条件不同,产生的结果也不同,多态性是对象多种表现形式的体现。

【例 4-27】运算符 "+" 号,若 "+" 号两边均为数值类型,则做加法操作;若 "+" 号两边有字符串类型,则做字符串拼接操作。

代码如下:

```
1.  package Animal;
2.  public class Pet {
3.      public void test() {
4.          System.out.println(1+2);
5.          System.out.println("1"+2);
6.      }
7.      public static void main(String[] args) {
8.          Pet pet = new Pet();
9.          pet.test();
10.     }
11. }
```

多态性是 Java 语言中最不好理解的特性,那么多态如何应用呢?

(1) Java 语言引用变量有两种类型:一种是编译时类型,一种是运行时类型。编译时类型由声明该变量时使用的类型决定,运行时类型由实际赋给该变量的对象决定。如果编译时类型和运行时类型不一致,就可能出现所谓的多态。

(2) Java 语言实现多态有 3 个必要条件:继承、重写和向上转型。只有满足这 3 个条件,开发人员才能够在同一个继承结构中使用统一的逻辑实现代码处理不同的对象,从而执行不同的行为。

- 继承:在多态中必须存在有继承关系的子类和父类。
- 重写:子类对父类中某些方法进行重新定义,在调用这些方法时就会调用子类的方法。

> 向上转型：在多态中需要将子类的引用赋给父类对象，只有这样该引用才既能调用父类的方法，又能调用子类的方法。

1. 向上转型

【例 4-28】阅读下面的代码，然后创建父类 Pet 类、子类 Dog 类和 PetTest 测试类，观察结果。

父类 Pet 类：

```java
1.  public class Pet {                              //父类 Pet
2.      public void test() {
3.          System.out.println("被子类覆盖的父类方法");
4.      }
5.      public void PetMethod() {
6.          System.out.println("父类自己的普通方法");
7.      }
8.  }
```

子类 Dog 类：

```java
1.  public class Dog extends Pet{
2.      @Override
3.      public void test() {
4.          System.out.println("子类覆盖父类的方法");
5.      }
6.      public void dogMethod() {
7.          System.out.println("子类自己的普通方法");
8.      }
9.  }
```

PetTest 测试类：

```java
1.  public class PetTest {
2.
3.      public static void main(String[] args) {
4.          //编译时类型和运行时类型一致，不存在多态
5.          Pet pet = new Pet();
6.          pet.test();
7.          pet.PetMethod();
8.          System.out.println("===============");
9.          //编译时类型和运行时类型一致，不存在多态
10.         Dog dog = new Dog();              //创建 Dog 对象
11.         dog.test();                       //调用 test()方法
12.         dog.dogMethod();
13.         System.out.println("===============");
14.         //编译时类型和运行时类型不一致，存在多态
15.         Pet pet1 = new Dog();
16.         pet1.test();
17.         pet1.PetMethod();                 //访问的是父类的方法
```

```
18.         //pet1.dogMethod();无法访问
19.     }
20.
21. }
```

程序运行结果如图 4-39 所示。

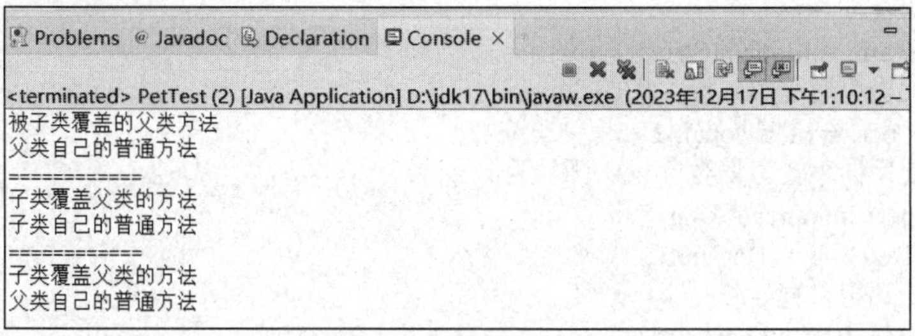

图 4-39 例 4-28 程序运行结果

【程序说明】

例 4-28 的主程序的 main()方法中创建了 3 个引用变量 pet、dog、pet1，其中 pet 和 dog 编译类型和运行时类型一致，调用它们自身的方法并无任何问题。而第 15 行对象 pet1 编译时类型为 Pet，运行时类型为 Dog，当调用 test()方法时，执行的其实是 Dog 类覆盖 Pet 类的 test()方法，换句话说，当运行时调用该对象时，其方法表现出子类方法的行为特征，而不是父类方法的行为特性，这时就出现了多态。

Pet pet1 = new Dog()，一个子类对象直接赋给一个父类引用变量，无须任何类型转换，这种形式叫作向上转型，由 Java 程序自动完成，类似数据类型中的自动转换。

2. 向下转型

在上面的程序例子中，pet1.DogMethod()方法无法调用。说明引用变量只能调用它编译时类型的方法而不能调用运行时类型的方法。如果需要让它调用运行时类型的方法，就需要强制转换成运行时类型（类似数据类型中的强制转换），这种形式叫作向下转型。

【例 4-29】 修改例 4-28 的代码，调用 dogMethod()方法。

代码如下：

```
1.  public class PetTest {
2.      public static void main(String[] args) {
3.          //父类引用子类对象
4.          Pet pet1 = new Dog();
5.          //使用向下转型将对象 pet1 强转为 Dog 类型
6.          Dog dog = (Dog)pet1;
7.          //调用自身方法
8.          dog.dogMethod();
9.      }
10. }
```

当然，考虑到向下转型时有可能出现异常情况，例如无法将 Dog 类转换成 Cat 类，因为它们并无继承关系，但是为了避免出现这样的错误，通常在做向下转型时需要使用 instanceof 运算符进行判断。

【例 4-30】优化代码，向下转型前进行判断。

代码如下：

```
1.   public static void main(String[] args) {
2.       //父类引用子类对象
3.       Pet pet1 = new Dog();
4.       //使用向下转型将对象 pet1 强转为 Dog 类型
5.       if(pet1 instanceof Dog) {
6.           Dog dog = (Dog)pet1;
7.           //调用自身方法
8.           dog.dogMethod();
9.       }else {
10.          System.out.println("非 Dog 类型，无法强制转换");
11.      }
12.  }
```

Instanceof 的作用是在进行强制类型转换之前，首先判断前一个对象是否是后一个类的实例，是否可以成功转换，从而保证程序的健壮性。

4.5 抽象类和接口

4.5.1 抽象类

Java 语言提供了两种类，即具体类和抽象类。前面接触的类都是具体类。本节将介绍抽象类。

我们先看下面的场景，如图 4-40 所示。

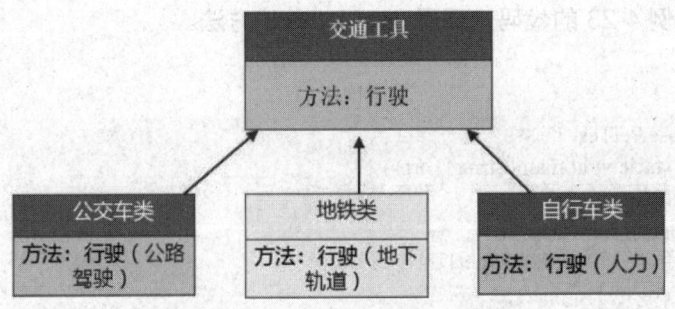

图 4-40　子类重写父类行驶方法

在该场景中，父类拥有行驶方法，但不同子类需要重写自己的行驶方法。在实际应用中，父类行驶方法就算写了也用不到，比如例 4-17 中 Pet 类中的 eat()方法其实并没有用到，代码达不到复用，存在冗余。但是子类又必须重写父类的行驶方法，此时可以将父类定义

为抽象类,将父类行驶方法定义成抽象方法。语法格式如下:

```
abstract class 类名{
    abstract 返回值类型 方法名
}
```

【例 4-31】创建抽象类 Transporter 以及抽象方法 move()。

代码如下:

```
1.  //定义抽象类交通工具类
2.  public abstract class Transporter {
3.      //定义抽象方法
4.      public abstract void move();
5.  }
```

在面向对象的概念中,所有的对象都是通过类来描绘的,但是反过来,并不是所有的类都是用来描绘对象的,如果一个类中没有包含足够的信息来描绘一个具体的对象,那么这样的类称为抽象类。

如果一个方法使用 abstract 来修饰,那么说明该方法是抽象方法,抽象方法只有声明没有实现。需要注意的是,abstract 关键字只能用于普通方法,不能用于 static()方法或者构造方法中。

抽象方法的 3 个特征如下:
- 抽象方法没有方法体。
- 抽象方法必须存在于抽象类中。
- 子类重写父类时,必须重写父类所有的抽象方法。

> 📖 提示:在使用 abstract 关键字修饰抽象方法时不能使用 private 修饰,因为抽象方法必须被子类重写,而如果使用了 private 声明,那么子类是无法重写的。

抽象类的定义和使用规则如下:
- 抽象类和抽象方法都要使用 abstract 关键字声明。
- 如果一个方法被声明为抽象的,那么这个类也必须声明为抽象的。而一个抽象类中,可以有 0~n 个抽象方法,以及 0~n 个具体方法。
- 抽象类不能实例化,也就是不能使用 new 关键字创建对象。

【例 4-32】创建抽象图形类 Shape,属性长 height 和宽 width,用抽象方法 area 计算面积,再分别定义长方形 Rectangle 和三角形类 Triangle,继承抽象类并重写 area 方法。

代码如下:
Shape 类:

```
1.  public abstract class Shape {
2.      int width;              //几何图形的长
3.      int height;             //几何图形的宽
4.      //构造方法
```

```
5.    public Shape(int width, int height) {
6.       this.width = width;
7.       this.height = height;
8.    }
9.    //抽象类
10.   public abstract double area();                    //定义抽象方法，计算面积
11. }
```

Rectangle 类：

```
1.  //定义长方形类
2.  public class Rectangle extends Shape{
3.     public Rectangle(int width, int height) {
4.        super(width, height);
5.     }
6.     //重写父类中的抽象方法，实现计算长方形面积的功能
7.     @Override
8.     public double area() {
9.        return width*height;
10.    }
11. }
```

Triangle 类：

```
1.  //定义三角形类
2.  public class Triangle extends Shape{
3.     public Triangle(int width, int height) {
4.        super(width, height);
5.     }
6.     //重写父类中的抽象方法，实现计算三角形面积的功能
7.     @Override
8.     public double area() {
9.        return 0.5 * width * height;
10.    }
11. }
```

测试类 ShapeTest：

```
1.  public class ShapeTest {
2.     public static void main(String[] args) {
3.        Rectangle rectangle = new Rectangle(5, 4);        //创建长方形类对象
4.        System.out.println("长方形的面积为："+ rectangle.area());
5.        Triangle triangle = new Triangle(2, 5);           //创建三角形类对象
6.        System.out.println("三角形的面积为：" + triangle.area());
7.     }
8.  }
```

程序运行结果如图 4-41 所示。

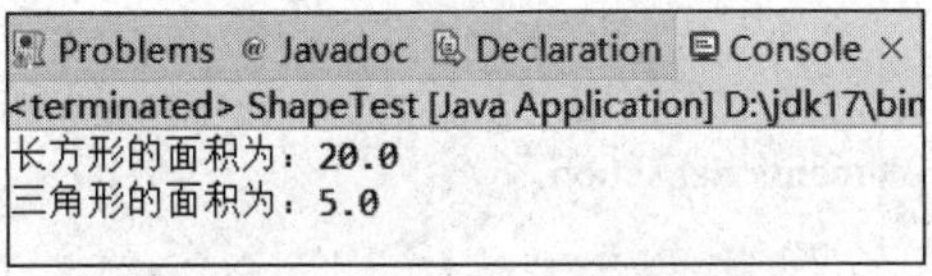

```
 Problems  @ Javadoc  Declaration  Console  ×
<terminated> ShapeTest [Java Application] D:\jdk17\bin
长方形的面积为：20.0
三角形的面积为：5.0
```

图 4-41　例 4-32 程序运行结果

4.5.2　接口

抽象类是从多个类中抽象出来的模板，如果将这种抽象进行得更彻底，则可以提炼出一种更加特殊的"抽象类"——接口（Interface）。

接口并不是类，编写接口的方式和类很相似，但是它们属于不同的概念。接口可以理解为一种特殊的类，是由全局常量和公共的抽象方法所组成的。

为什么要用接口？

➥ Java 语言中类只支持单继承。
➥ 通常情况下接口用来制订标准，简单理解为规定能力或功能。
➥ 接口中定义方法，具体的方法的实现由实现该接口的类自己定义。

📖 提示：　JDK 1.8 以后，接口里可以有静态方法和方法体了。

1. 接口的概念

Java 语言的接口是常量和一组方法的集合。在接口中只提供方法的定义，不提供其具体的实现，接口提供了方法原型的封装机制。

2. 接口的定义

语法格式如下：

```
[修饰符] interface  接口名  [extends 父接口 1,父接口 2…]{
   [public] [static] [final] 数据类型  常量标识符=常量值;     //接口成员变量，常量定义
   [public] [abstract] 返回值类型  方法名([参数]);           //抽象方法的定义
}
```

【例 4-33】定义接口 PetAction，用来描述宠物具有的行为（eat、sleep）。再定义 Dog 类和 Cat 类实现接口，并实现 eat()方法和 sleep()方法的具体行为。

代码如下：

PetAction 接口：

```
1.    public interface PetAction {
2.        //定义抽象方法 eat
3.        public abstract void eat();
4.        //定义抽象方法 sleep，public abstract 可以省略不写，默认为公共抽象方法
5.        void sleep();
6.    }
```

Dog 类：

```
1.   public class Dog implements PetAction{
2.       @Override
3.       public void eat() {
4.           System.out.println("狗吃狗粮");
5.       }
6.       @Override
7.       public void sleep() {
8.           System.out.println("狗睡狗窝");
9.       }
10.  }
```

Cat 类：

```
1.   public class Cat implements PetAction{
2.       @Override
3.       public void eat() {
4.           System.out.println("猫吃鱼");
5.       }
6.
7.       @Override
8.       public void sleep() {
9.           System.out.println("猫睡树上");
10.      }
11.  }
```

PetActionTest 测试类：

```
1.   public class PetActionTest {
2.       public static void main(String[] args) {
3.           Dog dog = new Dog();
4.           dog.eat();
5.           dog.sleep();
6.           Cat cat = new Cat();
7.           cat.eat();
8.           cat.sleep();
9.       }
10.  }
```

程序运行结果如图 4-42 所示。

```
<terminated> PetActionTest [Java Application] D:\jdk17\bin\javaw.exe  (2023年1.
狗吃狗粮
狗睡狗窝
猫吃鱼
猫睡树上
```

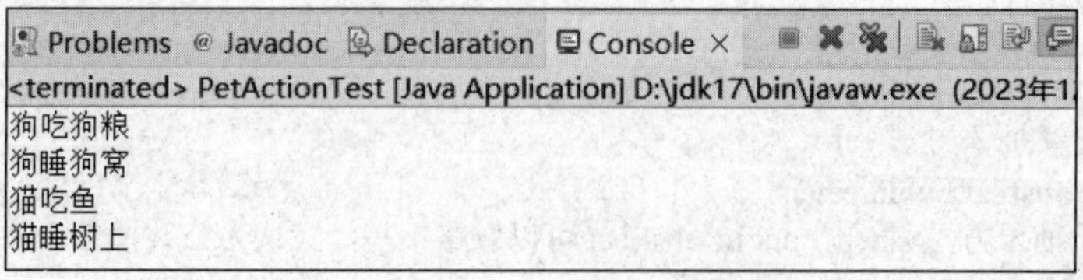

图 4-42 例 4-33 程序运行结果

在生活中，我们都会接触到 USB 接口，该接口给我们提供了读写数据的功能。只要设备满足接口的要求并实现自身功能即可，如图 4-43 所示。

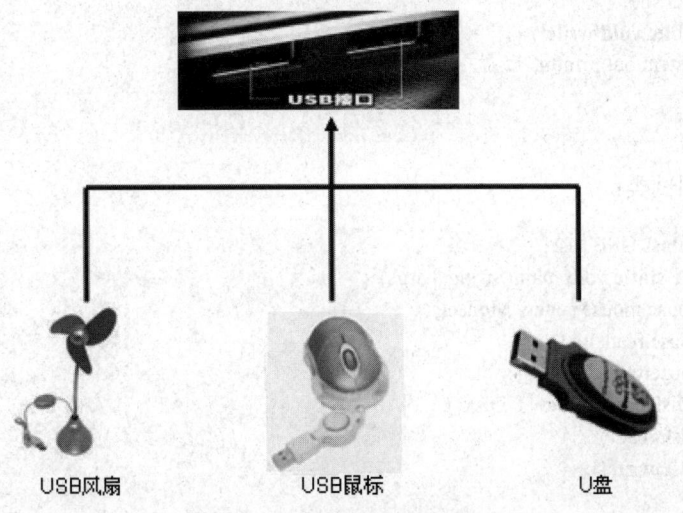

图 4-43　USB 接口及设备

【例 4-34】定义 USB 接口，声明 read()方法和 write()方法。定义 U 盘 Udisk 类和鼠标 Mouse 类实现 USB 接口。

代码如下：
USB 接口：

```
1.  public interface USB {
2.     public abstract void read();        //读
3.     public abstract void write();       //写
4.  }
```

Mouse 类：

```
1.  public class Mouse implements USB{
2.     @Override
3.     public void read() {
4.     System.out.println("鼠标接入，执行读操作");
5.     }
6.     @Override
7.     public void write() {
8.     System.out.println("鼠标接入，执行写操作");
9.     }
10. }
```

UDisk 类：

```
1.  public class UDisk implements USB{
2.     @Override
3.     public void read() {
4.     System.out.println("U 盘接入，执行读操作");
```

```
5.     }
6.     @Override
7.     public void write() {
8.         System.out.println("U 盘标接入，执行写操作");
9.     }
10. }
```

USBTest 测试类：

```
1. public class USBTest{
2.     public static void main(String[] args) {
3.         Mouse mouse = new Mouse();
4.         mouse.read();
5.         mouse.write();
6.         UDisk udisk = new UDisk();
7.         udisk.read();
8.         udisk.write();
9.     }
10. }
```

程序运行结果如图 4-44 所示。

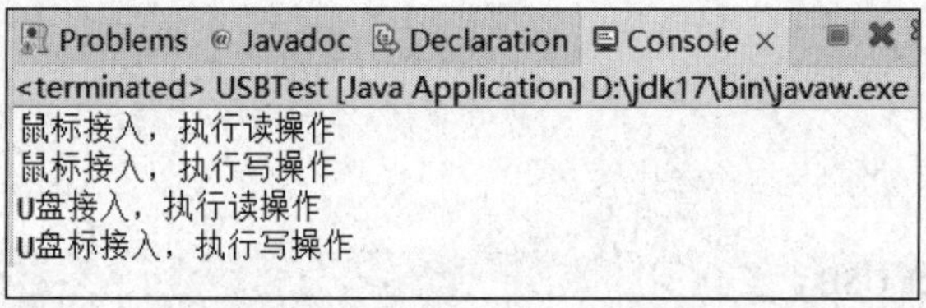

```
<terminated> USBTest [Java Application] D:\jdk17\bin\javaw.exe
鼠标接入，执行读操作
鼠标接入，执行写操作
U盘接入，执行读操作
U盘标接入，执行写操作
```

图 4-44 例 4-34 程序运行结果

通过上面两个例子，不知同学们是否发现，这里不实现接口也不影响程序运行，接口与抽象类的相同点是都无法实例化对象，因为接口中定义的方法都是抽象方法。但实际应用中，我们常常使用面向接口编程的思想。

面向接口编程是开发程序的功能时先定义接口，接口中定义约定好的功能方法声明，通过实现该接口进行功能的实现，完成软件或项目的要求。随着时间的不断变化，软件的功能要进行升级或完善，开发人员只需要创建不同的新类重新实现该接口中所有的方法，就可以达到系统升级和扩展的目的。

在代码中就需要使用接口引用实现该接口对象的方式，语法格式如下：

接口名 引用名 = new 实现接口的类名()

【例 4-35】修改测试类，使用接口引用指向实现的对象方式调用程序。

代码如下：

```
1. public class USBTest {
2.     public static void main(String[] args) {
3.         //USB 接口引用 mouse 指向实现了 USB 接口的对象
4.         USB mouse = new Mouse();
```

```
5.        mouse.read();
6.        mouse.write();
7.        //USB 接口引用 udisk 指向实现了 USB 接口的对象
8.        USB udisk = new UDisk();
9.        udisk.read();
10.       udisk.write();
11.   }
12. }
```

程序运行结果如图 4-45 所示。

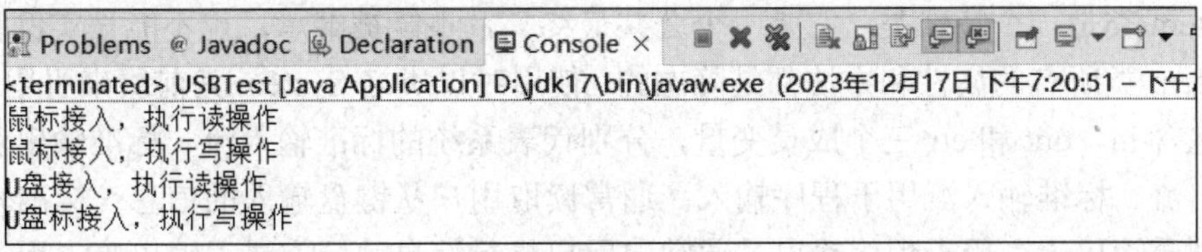

```
<terminated> USBTest [Java Application] D:\jdk17\bin\javaw.exe (2023年12月17日 下午7:20:51 – 下午
鼠标接入，执行读操作
鼠标接入，执行写操作
U盘接入，执行读操作
U盘标接入，执行写操作
```

图 4-45 例 4-35 程序运行结果

4.6 Java API 中的常用类

在 Java 系统中，系统定义好的类根据实现的功能不同，可以划分成不同的集合。每个集合称为一个包，所有包称为类库。

所谓应用程序接口 API（application program interface）实际上就是一些已经定义好的、可供用户直接调用的类库。Java API 也是采用包的形式组织起来的，功能相关的类和接口放在同一个包中，程序设计人员可以方便地查找与使用。最常用的是 Java 核心包和 Java 扩展包，如表 4-3 所示。

表 4-3 Java 核心包中的常用包

包 名	功 能 说 明
java.applet	提供了创建 applet 所需的类，以及 applet 与其运行上下文通讯所需的类
java.awt	提供了创建图形用户界面（GUI）以及绘图、响应所需的类
Java.beans	提供了开发 JavaBeans 架构所需的类
java.io	提供了有关针对数据流、对象序列以及文件系统的系统输入/输出类
java.lang	提供了 Java 语言编程所需的基本类
java.math	提供了执行任意精度数学运算功能类
java.net	提供了实现网络应用所需的类
java.rmi	提供了与远程方法调用相关的类
java.security	提供了设计网络安全方案需要的类和接口
java.sql	提供了访问和处理来自 Java 语言标准数据源数据的类
java.text	提供了用于区别于自然语言的方式处理文本、日期、数字和消息的类及接口
java.util	提供了丰富的常用工具类
javax.swing	一套新的可视化组件，在所有平台上效果一样

java.lang 包是 Java 语言的核心类库,包含了运行 Java 程序必不可少的系统类,如基本数据类型、基本数学函数、字符串处理、线程、异常处理类等。每个 Java 程序运行时,系统都会自动地引入 java.lang 包,所以这个包的加载是默认的。

在这些包中,除了 java.lang 包,其他包必须通过 import 语句导入,经系统加载后,包中的类才能直接被程序所使用。

1. System 类

System 类是 java.lang 包中的类,它提供了标准输入/输出、运行时的系统信息等重要工具。System 类是一个特殊类,它是一个公共最终类,不能被继承,也不能被实例化。

System 类所有的属性和方法都是静态的,使用时以类名 System 为前缀来引用。System 类内部包含 in、out 和 err 三个成员变量,分别代表系统的标准输入流、标准输出流和标准错误输出流。标准输入流用于程序输入,通常读取用户从键盘输入的信息;标准输出流又称为控制台输出流,用于程序输出,通常向用户显示信息;标准错误输出流,用于向用户显示错误信息。System 类的常用输入/输出方法如表 4-4 所示。

表 4-4 System 类的常用输入/输出方法

方　　法	使 用 说 明
public void print()	输出其参数指定的变量或对象
public void println()	输出其参数指定的变量或对象,并换行
public void read()	从输入流读入一个字节
public void read (byte [ ]b)	把 b.length 个字节读入到一个字节数组中
public void read(byte[ ]b,int off,int len)	把 len 个字节读入到一个字节数组中

System 类中提供了一些系统级的操作方法,常用的成员方法及其实现的功能分别如下:

1) arraycopy()方法

`public static void arraycopy(Object src, int srcPos, Object dest, int destPos, int length)`

该方法的作用是数组拷贝,也就是将一个数组中的内容复制到另外一个数组中的指定位置,由于该方法是 native 方法,所以性能上比使用循环高效。

2) currentTimeMillis()方法

`public static long currentTimeMillis()`

该方法的作用是返回当前的计算机时间,时间的表达格式为当前计算机时间和 GMT 时间(格林尼治时间)1970 年 1 月 1 日 0 时 0 分 0 秒所差的毫秒数。例如:

`long l = System. currentTimeMillis();`

获得的将是一个长整型的数字,该数字就是以差值表达的当前时间。

使用该方法获得的时间不够直观,但是却很方便时间的计算。例如,计算程序运行需要的时间可以使用如下代码:

```
long start = System. currentTimeMillis();
for(int i = 0;i < 100000000;i++){
    int a = 0;
}
long end = System. currentTimeMillis();
long time = end-start;
```

这里，变量 time 的值就代表该代码中间的 for 循环执行需要的毫秒数，使用这种方式可以测试不同算法的程序的执行效率高低，也可以用于后期线程控制时的精确延时实现。

3）exit()方法

```
public static void exit(int status)
```

该方法的作用是退出程序。其中，status 的值为 0 代表正常退出，不为 0 代表异常退出。使用该方法可以在图形界面编程中实现程序的退出功能等。

4）gc()方法

```
public static void gc()
```

该方法的作用是请求系统进行垃圾回收。至于系统是否立刻回收，则取决于系统中垃圾回收算法的实现以及系统执行时的情况。

5）getProperty()方法

```
public static String getProperty(String key)
```

该方法的作用是获得系统中属性名为 key 的属性对应的值。系统中常见的属性名及其属性说明如表 4-5 所示。

表 4-5 系统中常见的属性名及其属性说明

属 性 名	属 性 说 明	属 性 名	属 性 说 明
java.version	Java 运行时的环境版本	user.name	用户的账户名称
java.home	Java 安装目录	user.home	用户的主目录
os.name	操作系统的名称	user.dir	用户的当前工作目录
os.version	操作系统的版本		

【例 4-36】System 类的成员方法使用示例。

代码如下：

```
1.  public class Person{
2.      private String name;
3.      Person(String name){
4.          this.name=name;
5.      }
6.      public String toString(){
7.          return this.name;
8.      }
9.      public void finalize(){
```

```
10.         System.out.println("对象释放"+this);
11.     }
12. }
```

创建 TestSystem 测试类:

```
1.  public class TestSystem {
2.      public static void main(String[] args) {
3.          int []a={1,2,3,4,5};
4.          int []b=new int[5];
5.          System.arraycopy(a, 1, b, 2,3);    //复制 a 数组中的元素到数组 b
6.          for(int i=0;i<b.length;i++)
7.              System.out.println(b[i]);
8.          System.out.println(System.getProperty("os.name"));
9.          System.out.println(System.getProperty("user.name"));
10.         System.out.println(System.getProperty("user.dir"));
11.         Person p=new Person("张三");        //创建对象 p
12.         p=null;
13.         System.gc();                       //请求垃圾回收
14.     }
15. }
```

【程序说明】

该程序中语句 System.arraycopy(a,1,b,2,3)的作用是将数组 a 中从下标为 1 的元素开始,复制到数组 b 从下标为 2 的元素开始的位置,总共复制 4 个。也就是将 a[1]复制给 b[2],将 a[2]复制给 b[3],经过复制以后数组 b 中的值将变成{0,0,2,3,4,0},而数组 a 则没有变化。

2. String 类

String 类是 Java 语言中使用最多的类,也是最为特殊的一个类。String 类是 final 的,不可被继承。既可以采用普通变量的定义方法,也可以采用对象变量的定义方法。

采用普通变量的定义方法,其一般语法格式如下:

String 变量名=字符串类型数据

例如:

String name="张三";

采用对象变量的定义方法,其一般语法格式如下:

String 对象名= new String(字符串类型数据)

例如:

String s1=new String("123456");

1)字符串常量的创建

字符串数据类型是由 String 类所建立的对象,其内容是由一对双引号括起来的字符序列。因此,在创建 String 类的对象时,通常需要向 String 类的构造函数传递参数来指定所创建的字符串内容。String 类的构造方法如表 4-6 所示。

表 4-6 String 类的构造方法

方　　法	使 用 说 明
public String()	创建一个空的字符串常量
public String(String str)	利用已经存在的字符串创建一个 String 对象
public String(StringBuffer Buf)	利用已经存在的 StringBuffer 对象为新建的 String 对象初始化
public String(char str[ ])	利用已经存在的字符数组的内容初始化新建的 String 对象

2）字符串与其他数据类型的转换

在 java.lang 包中的其他基本类型的派生类提供了将字符串常量转换为字符型、短整型、整数、双精度小数等其他数据类型的方法。valueOf()是 String 类的静态方法，利用 String.valueOf()可以将各种数据类型的 value 转换成字符串类型的数据。String 类型与其他类型转换方法如表 4-7 所示。

表 4-7 String 类型与其他类型的转换方法

方　　法	使 用 说 明
String.valueOf(value)	将各种数据类型的 value 转换为字符串
Byte.parseByte(String str)	将字符串 str 转换为字节
Short.parseShort(String str)	将字符串 str 转换为短整型
Integer.parseInt(String str)	将字符串 str 转换为整数
Double.parseDouble(String str)	将字符串 str 转换为双精度小数

3）字符串中的查找与处理方法

String 类中提供了求字符串长度、返回字符的位置、搜索字符串的字串等操作。在整数型返回值中，若没有找到对应的字符串，则返回-1。String 类中的查找与处理方法如表 4-8 所示。

表 4-8 String 类中的查找与处理方法

方　　法	使 用 说 明
public int length()	返回字符串的长度
public char charAt(int index)	返回字符串中第 index 个字符
public int indexOf(String str)	返回字符串中第一次出现 str 的位置
public int indexOf(String str,int index)	返回字符串从 index 开始第一次出现 str 的位置
String substring(int index)	返回从开始位置到字符串结束的子串
String substring(int start,int end)	返回从开始位置 start 到位置 end 之间的子串

【例 4-37】String 类的常用方法示例。

代码如下：

```
1.   public class UseString {
2.     public static void main(String[] args) {
3.       String str=new String("Hello,java!");
```

```
4.        int n=str.length();
5.        int i;
6.        for(i=0;i<n;i++)
7.            System.out.println(str.charAt(i));
8.        System.out.println(str.substring(3));
9.    }
10. }
```

【程序说明】

在该程序中创建了一个 String 对象 str,给 str 赋值的是由 11 个 char 类型组成的字符数组。下标 index 值是从 0 开始的。

4)字符串的比较与连接

Java 字符串的比较是依据两个字符串中的第 1 个字符的 ASCII 码值的大小来进行的,ASCII 码大的便是最大的字符串。String 类中字符串的比较与连接方法如表 4-9 所示。

表 4-9 String 类中字符串的比较与连接方法

方　法	使 用 说 明
int compareTo(String str)	比较字符串对象的大小
String concat(String str)	返回字符串对象与 str 对象连接后的字符串
String replace(char old,char new)	将字符串中的 old 字符替换成 new 字符
String trim()	返回删除字符串对象前后空格后的字符串
public String toLowerCase()	返回字符串对象所有字符转换小写后的字符串
public String toUpperCase()	返回字符串对象所有字符转换大写后的字符串

3. Math 类

Math 类也是 java.lang 的一个类,主要完成一些常用的数学运算,它提供了基本的科学运算函数的方法。Math 类中的一些数学常量与方法表如表 4-10 所示。

表 4-10 Math 类中的一些数学常量与方法

方　法	使 用 说 明
double E	数学常量
double PI	圆周率
double abs(double a)	求 *a* 的绝对值
double max(double a, double b)	求两个数 *a* 和 *b* 的较大数
double min(double a, double b)	求两个数 *a* 和 *b* 的较小数
double pow(double a, double n)	返回 *a* 的 *n* 次方的值
double random()	产生 0 到 1(不含 1)之间的随机数
double sqrt(double a)	求 *a* 的平方根
double log(double a)	取自然数

【例 4-38】Math 类使用示例。

代码如下:

```java
1.  public class TestMath {
2.     public static void main(String[] args) {
3.        System.out.println("圆周率："+Math.PI);
4.        System.out.println("自然对数 e："+Math.E );
5.        int i;
6.        for(i=1;i<=10;i++){
7.           int num=(int )(Math.random()*20);
8.           System.out.print(num+"\t");
9.        }
10.    }
11. }
```

【程序说明】

Math 类中的方法都是公共的、静态的，可以使用类名作为前缀来调用。在使用 Math.random()时需要注意的是该方法返回的是 double 类型的值，所以在赋值给其他类型的变量时需要进行转换。

4．随机数类 Random

Java 语言实用工具类库中的类 java.util.Random 提供了产生各种类型随机数的方法。它可以产生 int、long、float、double 以及 Gaussian 等类型的随机数。这也是它与 java.lang.Math 中的方法 random()最大的不同之处，后者只能产生 double 型的随机数。类 Random 中的常用方法如表 4-11 所示。

表 4-11 Random 类中的常用方法

方　　法	使 用 说 明
public Random(long seed)	产生一个以 seed 为基础的随机数。基值默认是以系统时间为 seed
public synonronized void setSeed(long seed)	设定基值 seed
public int nextInt()	产生一个整型随机数
public long nextLong()	产生一个长整型随机数
public float nextFloat()	产生一个单精度随机数
Public double nextDouble()	产生一个双精度随机数

【例 4-39】随机产生 100 个 20 以内的随机整数。

代码如下：

```java
1.  import java.util.Random;              //导入 Random 类
2.  public class TestRandom {
3.     public static void main(String[] args) {
4.        Random rd1=new Random();        //创建一个 Random 类对象
5.        int num,i;
6.        for(i=1;i<=100;i++){
7.           num=rd1.nextInt(20);
8.           System.out.print(num+"  ");
9.        }
```

```
10.    }
11. }
```

5. 日期 Date 类

Date 类在 java.util 包中，在 Date 类中封装了有关时间和日期的信息，用户可以调用相应的方法来获取系统时间或设置日期和时间。Date 类的常用方法如表 4-12 所示。

表 4-12 Date 类的常用方法

方　　法	使 用 说 明
public Date()	创建日期对象
public Date(long date)	按 long 型的 date 创建一个日期对象
public Date(String s)	按字符串产生一个日期对象
public Date(int year,int month,int date)	按给定的年月日创建一个日期对象
public Date(int year,int month,int date,int hrs,int min)	按给定的年月日时分创建一个日期对象
public Date(int year,int month,int date,int hrs,int min,int sec)	按给定的年月日时分秒创建一个日期对象
public String long prase(String s)	将字符串 s 转换成一个 long 型的日期
public String toLocaleString()	将日期对象转换成 Local 格式的字符串
public String toString()	将日期对象转换成字符串
public String toGMTString()	将日期对象转换成 GMT 格式字符串
public void setMonth(int month)	设定月份值
public int getMonth()	获取月份值
public int getTimezoneeOffset()	获取日期对象的时区偏移量

【例 4-40】Date 类使用示例。

代码如下：

```
1.  import java.util.Date;
2.  public class TestDate{
3.     public static void main(String arg[]){
4.        Date nowTime=new Date();
5.        System.out.println("现在时间："+nowTime);
6.        System.out.print("年份："+nowTime.getYear());
7.        System.out.print("月份："+(nowTime.getMonth()+1));
8.        System.out.println("日："+nowTime.getDate());
9.        Date d1=new Date("Tue 25 Feb 2014 10:05:55");
10.       System.out.println("按照给定的字符串创建的日期："+d1);
11.    }
12. }
```

【程序说明】

在该程序中，分别调用 Date 类的两个构造方法创建了两个不同的对象 nowTime 和 d1。其中 nowTime 中的日期被设定为创建对象时刻的日期和时间，并分别调用了该对象的 getYear()方法、getMonth()方法和 getDate()方法得到了相应的年份、月份和日期；d1 对象则是按照给定的字符串来创建 Date 类对象。

4.7　Java 项目开发中的分层思想

1. 分层的优点与目的

高内聚：分层的设计可以简化系统设计，让不同的层专注做某一模块的事。
低耦合：层与层之间通过接口或 API 来交互，依赖方不用知道被依赖方的细节。
复用：分层之后可以做到很高的复用。
扩展性：分层架构可以让我们更容易做横向扩展。
如果系统没有分层，当业务规模增加或流量增大时我们只能针对整体系统来做扩展。分层之后可以很方便地把一些模块抽离出来，独立成一个系统。

2. 传统 MVC 架构

优点：关注前后端分离。
缺点：模型层分层太粗，融合了数据处理、业务处理等所有的功能。核心的复杂业务逻辑都放到模型层，导致模型层很乱。
适应场景：后端业务逻辑简单的服务，比如接口直接提供对数据库的增、删、改。
MVC 架构如图 4-46 所示。

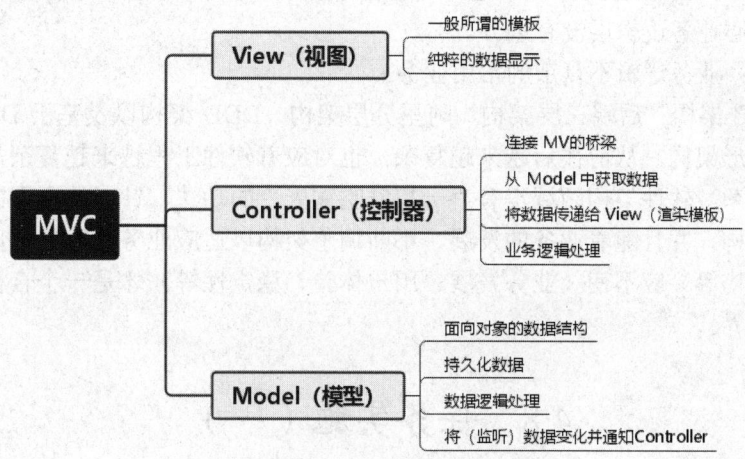

图 4-46　MVC 架构图

3. 后端三层架构

定义：
　　表现层：controller
　　逻辑层：service
　　数据访问层：dao
优点：逻辑与数据层分离。
缺点：模型层分层比较粗，核心的复杂业务逻辑都放到模型层，导致模型层很乱。

适应场景：后端业务逻辑简单的服务，比如接口直接提供对数据库的增、删、改、查。三层架构示意图如图 4-47 所示。

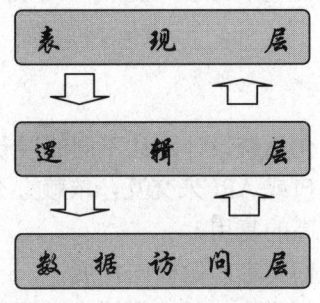

图 4-47　三层架构示意图

4. 阿里分层架构

架构来源：参照阿里发布的《阿里巴巴 Java 开发手册 v1.4.0（详尽版）》，将原先的三层架构细化而来。

特点：添加了 Manager 通用业务处理层。这一层有两个作用，一是可以将原先 Service 层的一些通用能力下沉到这一层，比如与缓存和存储交互策略，中间件的接入；二是可以在这一层封装对第三方接口的调用，比如调用支付服务，调用审核服务等 RPC 接口。

优点：相比于三层架构，添加了通用处理层对接外部平台。上下游对接划分得比较清晰。

缺点：核心业务逻辑层没有划分。

适应场景：业务逻辑不复杂的常用业务。

传统 MVC 架构、后端三层架构、阿里分层架构、DDD 架构以及基于 DDD 架构的整洁架构和六边形架构。从前往后越来越复杂，也对应着软件工程越来越复杂，架构模式也变得越来越复杂。软件架构领域没有"一招鲜吃遍天"的功法，针对的不同的业务场景应采用不同的架构，并且随着业务的发展，不断调整架构以适应业务的发展，以变（架构、技术组件、重构等）应不变（业务发展、用户体验、稳定性等）才是一个合格的软件工程师应追求的境界。

4.8　任务实施（一）

我们对类和对象已经有了充分的认识，就可以使用面向对象的思想将任务 3 进行完善。本任务在学习完 4.1 节～4.3 节的知识后就可以完成。

1. 创建包

定义出客户类 Customer，包含客户姓名、卡号、交易密码以及账号余额等属性，包含一个输出方法。定义数据类 BaseDao，存放客户数据。

客户类 Customer：

1. **package** com.bank.chart4;

```java
2.    //客户实体类
3.    public class Customer {
4.        private String custId;                    //客户编号
5.        private String custName;                  //客户姓名
6.        private String custCardId;                //卡号
7.        private String custPwd;                   //交易密码
8.        private String tradeDate;                 //交易日期
9.        private double balance;                   //账号余额
10.       private String status;                    //客户状态
11.       //省略 Setter()和 Getter()方法
12.       @Override
13.       public String toString() {
14.           return "Customer [custId=" + custId + ", custName=" + custName
15.                   + ", custCardId=" + custCardId + ", custPwd=" + custPwd
16.                   + ", tradeDate=" + tradeDate + ", balance=" + balance + "]";
17.       }
18.   }
```

数据类 BaseDao：

```java
1.    package com.bank.chart4;
2.    //基础数据初始化
3.    public class BaseDao {
4.        //定义数组存储信息
5.        public static String[] custIds = new String[100];         //客户编号
6.        public static String[] custNames = new String[100];       //客户姓名
7.        public static String[] custCardIds = new String[100];     //卡号
8.        public static String[] custPwds = new String[100];        //交易密码
9.        public static String[] tradeDates = new String[100];      //交易日期
10.       public static double[] balances = new double[100];        //账号余额
11.       static{
12.           custIds[0] = "1001";
13.           custNames[0] = "张三";
14.           custCardIds[0] = "2023001";
15.           custPwds[0] = "123456";
16.           tradeDates[0] = "2023-01-01";
17.           balances[0] = 2000;
18.
19.           custIds[1] = "1002";
20.           custNames[1] = "李四";
21.           custCardIds[1] = "2023002";
22.           custPwds[1] = "123456";
23.           tradeDates[1] = "2023-01-01";
24.           balances[1] = 1000;
25.
26.           custIds[2] = "1003";
27.           custNames[2] = "王五";
28.           custCardIds[2] = "2023003";
29.           custPwds[2] = "123456";
30.           tradeDates[2] = "2023-01-01";
```

```
31.          balances[2] = 1000;
32.      }
33. }
```

2. 重写项目 BankTest

引入所学关于类和对象的知识，重写项目 BankTest。定义 custLogin()方法完成客户登录界面。定义 custMenu()方法完成客户界面显示。定义各种方法完成存款、取款等操作。代码如下：

```
1.  package com.bank.chart4;
2.  import java.util.Scanner;
3.  public class BankTest {
4.      //声明卡号变量，若客户登录成功，将客户的卡号存储在该变量中，供存款、取款等功能使用
5.      String thisCustCardId = null;
6.      public void bankMenu() {
7.          Scanner sc = new Scanner(System.in);
8.          System.out.println("==============银行管理系统==============");
9.          System.out.println("\t1.管理员\t2.客户");
10.         System.out.println("=======================================");
11.         System.out.print("请选择您的身份：");
12.         boolean flag = true;
13.         int num = sc.nextInt();
14.         while(flag){
15.             switch (num) {
16.             case 1://调用管理员页面
17.                 System.out.println("管理员功能正在开发中...");
18.                 flag = false;
19.                 break;
20.             case 2:
21.                 custLogin();//客户登录
22.                 flag = false;
23.                 break;
24.             default:
25.                 System.out.println("输入有误，请重新输入！");
26.                 num = sc.nextInt();
27.                 break;
28.             }
29.         }
30.     }
31.     //客户登录界面
32.     public void custLogin() {
33.         Scanner sc = new Scanner(System.in);
34.         System.out.println("==============欢迎您登录==============");
35.         System.out.println("请输入卡号：");
36.         String custCardId = sc.next();
37.         System.out.println("请输入密码：");
38.         String custPwd = sc.next();
39.         //根据用户输入的卡号和密码判断是否存在该用户
40.         boolean flag = false;
```

```java
41.     for (int i = 0; i < BaseDao.custCardIds.length-1; i++) {
42.         if(custCardId.equals(BaseDao.custCardIds[i]) && custPwd.equals(BaseDao.custPwds[i])){
43.             flag = true;
44.             break;
45.         }
46.     }
47.     if(flag){
48.         //若为真,进入客户页面
49.         thisCustCardId = custCardId;
50.         custMenu();
51.     }else{
52.         //若为假,提示错误信息重新登录
53.         System.out.println("卡号或密码有误,请重新输入:");
54.         custLogin();
55.     }
56. }
57. //客户界面显示
58. public void custMenu() {
59.     Scanner sc = new Scanner(System.in);
60.     System.out.println("════════════════银行管理系统(客户)════════════════");
61.     System.out.println("\t1.存款\t2.取款\t3.查询余额\t4.转账\t5.返回上级");
62.     System.out.println("══════════════════════════════════════════════");
63.     System.out.println("请选择: ");
64.     boolean flag = true;
65.     int num = sc.nextInt();
66.     while(flag){
67.         switch (num) {
68.         case 1:
69.             deposit();              //存款
70.             flag = false;
71.             break;
72.         case 2:
73.             withdrawMoney();        //取款
74.             flag = false;
75.             break;
76.         case 3:
77.             queryBalance();         //查询余额
78.             flag = false;
79.             break;
80.         case 4:
81.             transferAccounts();     //转账
82.             flag = false;
83.             break;
84.         case 5:
85.             BankTest bank = new BankTest(); //退出
86.             bank.bankMenu();
87.             flag = false;
88.             break;
89.         default:
```

```java
90.            System.out.println("输入有误，请重新输入!");
91.            num = sc.nextInt();
92.            break;
93.        }
94.    }
95. }
96. //返回客户界面
97. public void returnCustMenu() {
98.     Scanner sc = new Scanner(System.in);
99.     System.out.println("===================================================");
100.    System.out.println("\t1.返回客户主页面\t2.退出");
101.    int num = sc.nextInt();
102.    if(num==1){
103.        custMenu();
104.    }else{
105.        System.out.println("谢谢使用！ ");
106.        System.exit(1);
107.    }
108. }
109. //存款功能
110. public void deposit() {
111.    Scanner sc = new Scanner(System.in);
112.    System.out.println("请输入存款金额：");
113.    double money = sc.nextDouble();
114.    //存款，将钱存入指定卡号
115.    for (int i = 0; i < BaseDao.custCardIds.length-1; i++) {
116.        if(thisCustCardId.equals(BaseDao.custCardIds[i])){
117.            BaseDao.balances[i] = BaseDao.balances[i] + money;
118.            break;
119.        }
120.    }
121.    System.out.println("存款完成,当前账户余额"+queryBalance(thisCustCardId));
122.    returnCustMenu();
123. }
124. //取款功能
125. public void withdrawMoney() {
126.    Scanner sc = new Scanner(System.in);
127.    System.out.println("请输入取款金额：");
128.    double money = sc.nextDouble();
129.    //取款，将钱从指定卡号取出
130.    boolean flag = withdrawMoney(thisCustCardId,money);
131.    if(flag){
132.        System.out.println("取款完成,当前账户余额"+queryBalance(thisCustCardId));
133.    }else{
134.        System.out.println("对不起,账户余额不足!当前账户余额"+queryBalance(thisCustCardId));
135.    }
136.    returnCustMenu();
137. }
138. //转账
```

```java
139.    public void transferAccounts() {
140.        //1.先判断转入的卡号是否存在
141.        Scanner sc = new Scanner(System.in);
142.        System.out.println("请输入转账卡号：");
143.        String inCardId = sc.next();
144.        boolean flag = custExists(inCardId);
145.        if(flag){
146.            //判断转账金额
147.            System.out.println("请输入转账金额：");
148.            double money = sc.nextDouble();
149.            //转出卡号扣款
150.            boolean flag1 = withdrawMoney(thisCustCardId, money);
151.            if(flag1){
152.                //转入卡号存款
153.                deposit(inCardId, money);
154.                System.out.println("转账成功，当前账户余额"+queryBalance(thisCustCardId));
155.                System.out.println("转入账号："+queryBalance(inCardId));
156.            }else{
157.                System.out.println("对不起，账户余额不足！当前账户余额"+queryBalance(thisCustCardId));
158.            }
159.        }else{
160.            System.out.println("对不起，账户不存在，请重新输入：");
161.            transferAccounts();
162.        }
163.        returnCustMenu();
164.    }
165.    //查询余额界面
166.    public void queryBalance() {
167.        double balance = queryBalance(thisCustCardId);
168.        System.out.println("当前账户余额"+balance);
169.        returnCustMenu();
170.    }
171.    //执行查询余额
172.    public double queryBalance(String custCardId) {
173.        //根据卡号查询余额
174.        double balance = 0;
175.        for (int i = 0; i < BaseDao.custCardIds.length-1; i++) {
176.            if(custCardId.equals(BaseDao.custCardIds[i])){
177.                balance = BaseDao.balances[i];
178.                break;
179.            }
180.        }
181.        return balance;
182.    }
183.    //判断账户是否存在
184.    public boolean custExists(String custCardId) {
185.        //转账时，根据用户输入的转账账号判断是否存在该用户
186.        boolean flag = false;
187.        for (int i = 0; i < BaseDao.custCardIds.length-1; i++) {
```

```
188.            if(custCardId.equals(BaseDao.custCardIds[i])){
189.                flag = true;
190.                break;
191.            }
192.        }
193.        return flag;
194.    }
195.    //执行存款操作
196.    public void deposit(String custCardId, double money) {
197.        //存款,将钱存入指定卡号
198.        for (int i = 0; i < BaseDao.custCardIds.length-1; i++) {
199.            if(custCardId.equals(BaseDao.custCardIds[i])){
200.                BaseDao.balances[i] = BaseDao.balances[i] + money;
201.                break;
202.            }
203.        }
204.    }
205.    //执行取款操作
206.    public boolean withdrawMoney(String custCardId, double money) {
207.        //取款,将钱从指定卡号取出
208.        boolean flag = false;
209.        for (int i = 0; i < BaseDao.custCardIds.length-1; i++) {
210.            if(custCardId.equals(BaseDao.custCardIds[i])){
211.                //判断取款金额是否大于账户余额
212.                if(BaseDao.balances[i]>money){
213.                    BaseDao.balances[i] = BaseDao.balances[i] - money;
214.                    flag = true;
215.                }
216.                break;
217.            }
218.        }
219.        return flag;
220.    }
221.    public static void main(String[] args) {
222.        BankTest bank = new BankTest();
223.        bank.bankMenu();
224.    }
225. }
```

4.9 任务实施(二)

在前面任务的基础上,要实现任务 4,我们可以采用分层的设计理念。通过以下步骤完成。

1. 添加包

在 Bank 类的 src 文件夹下创建 4 个包,如图 4-48 所示。

```
  Bank
    JRE System Library [JavaSE-17]
    src
      com.hnjd.beans
      com.hnjd.dao
      com.hnjd.service
      com.hnjd.test
      module-info.java
```

图 4-48 任务 4 程序结构

- com.hnjd.beans：放置实体类。
- com.hnjd.dao：放置数据，以及数据持久层组件中的 DAO 接口。
- com.hnjd.service：放置表示层。
- com.hnjd.test：程序入口。

2．编写持久层代码

1）编写实体类

（1）管理员实体类 Admin 的代码如下：

```java
1.  package com.hnjd.beans;
2.  //管理员实体类
3.  public class Admin {
4.      private String adminId;              //管理员 id
5.      private String adminName;            //管理员姓名
6.      private String adminPwd;             //登录密码
7.      public String getAdminId() {
8.          return adminId;
9.      }
10.     public void setAdminId(String adminId) {
11.         this.adminId = adminId;
12.     }
13.     public String getAdminName() {
14.         return adminName;
15.     }
16.     public void setAdminName(String adminName) {
17.         this.adminName = adminName;
18.     }
19.     public String getAdminPwd() {
20.         return adminPwd;
21.     }
22.     public void setAdminPwd(String adminPwd) {
23.         this.adminPwd = adminPwd;
24.     }
25.     @Override
26.     public String toString() {
27.         return "Admin [adminId=" + adminId + ", adminName=" + adminName
28.                 + ", adminPwd=" + adminPwd + "]";
29.     }
30. }
```

从上述代码中可见，实体类结构很简单，主要是一个私有属性，以及对这些属性方法的公有 Getter()和 Setter()方法。在使用 Elipse 编程时只需要编写那些私有属性即可，然后通过 Eclipse 工具生成 Getter()和 Setter()方法。

（2）客户实体类 Customer 的代码如下：

```
1.  package com.hnjd.beans;
2.  //客户实体类
3.  public class Customer {
4.      private String custId;              //客户编号
5.      private String custName;            //客户姓名
6.      private String custCardId;          //卡号
7.      private String custPwd;             //交易密码
8.      private String tradeDate;           //交易日期
9.      private double balance;             //账户余额
10.     private String status;              //客户状态
11.     //省略 Setter()和 Getter()方法
12.     @Override
13.     public String toString() {
14.         return "Customer [custId=" + custId + ", custName=" + custName
15.             + ", custCardId=" + custCardId + ", custPwd=" + custPwd
16.             + ", tradeDate=" + tradeDate + ", balance=" + balance + "]";
17.     }
18. }
```

2）编写 DAO 类

（1）基础数据 BaseDao。

```
1.  package com.hnjd.dao;
2.  //基础数据初始化
3.  public class BaseDao {
4.      //定义数组存储信息
5.      public static String[] custIds = new String[100];       //客户编号
6.      public static String[] custNames = new String[100];     //客户姓名
7.      public static String[] custCardIds = new String[100];   //卡号
8.      public static String[] custPwds = new String[100];      //交易密码
9.      public static String[] tradeDates = new String[100];    //交易日期
10.     public static double[] balances = new double[100];      //账号余额
11.     static{
12.         custIds[0] = "1001";
13.         custNames[0] = "张三";
14.         custCardIds[0] = "2023001";
15.         custPwds[0] = "123456";
16.         tradeDates[0] = "2023-01-01";
17.         balances[0] = 2000;
18.
19.         custIds[1] = "1002";
20.         custNames[1] = "李四";
21.         custCardIds[1] = "2023002";
```

```
22.        custPwds[1] = "123456";
23.        tradeDates[1] = "2023-01-01";
24.        balances[1] = 1000;
25.
26.        custIds[2] = "1003";
27.        custNames[2] = "王五";
28.        custCardIds[2] = "2023003";
29.        custPwds[2] = "123456";
30.        tradeDates[2] = "2023-01-01";
31.        balances[2] = 1000;
32.    }
33. }
```

（2）客户数据访问层接口 CustomerDao。

```
1.  package com.hnjd.dao;
2.  import com.hnjd.beans.Customer;
3.  //客户数据访问层接口
4.  public interface CustomerDao {
5.      //客户登录
6.      boolean custLogin(String custCardId,String custPassword);
7.      //判断客户是否存在
8.      boolean custExists(String custCardId);
9.      //取款
10.     void deposit(String custCardId,double money);
11.     //存款
12.     boolean withdrawMoney(String custCardId,double money);
13.     //查询余额
14.     double queryBalance(String custCardId);
15. }
```

（3）CustomerDaoImpl 类，完成功能。

```
1.  package com.hnjd.dao;
2.  import com.hnjd.beans.Customer;
3.  public class CustomerDaoImpl implements CustomerDao{
4.      @Override
5.      public boolean custLogin(String custCardId,String custPwd) {
6.          //根据用户输入的卡号和密码判断是否存在该用户
7.          boolean flag = false;
8.          for (int i = 0; i < BaseDao.custCardIds.length-1; i++) {
9.              if(custCardId.equals(BaseDao.custCardIds[i]) && custPwd.equals(BaseDao.custPwds[i])){
10.                 flag = true;
11.                 break;
12.             }
13.         }
14.         return flag;
15.     }
16.     @Override
17.     public boolean custExists(String custCardId) {
```

```java
18.    //转账时，根据用户输入的转账卡号判断是否存在该用户
19.    boolean flag = false;
20.    for (int i = 0; i < BaseDao.custCardIds.length-1; i++) {
21.        if(custCardId.equals(BaseDao.custCardIds[i])){
22.            flag = true;
23.            break;
24.        }
25.    }
26.    return flag;
27. }
28. @Override
29. public void deposit(String custCardId, double money) {
30.    //存款，将钱存入指定卡号
31.    for (int i = 0; i < BaseDao.custCardIds.length-1; i++) {
32.        if(custCardId.equals(BaseDao.custCardIds[i])){
33.            BaseDao.balances[i] = BaseDao.balances[i] + money;
34.            break;
35.        }
36.    }
37. }
38. @Override
39. public boolean withdrawMoney(String custCardId, double money) {
40.    //取款，将钱从指定卡号取出
41.    boolean flag = false;
42.    for (int i = 0; i < BaseDao.custCardIds.length-1; i++) {
43.        if(custCardId.equals(BaseDao.custCardIds[i])){
44.            //判断取款金额是否大于账户余额
45.            if(BaseDao.balances[i]>money){
46.                BaseDao.balances[i] = BaseDao.balances[i] - money;
47.                flag = true;
48.            }
49.            break;
50.        }
51.    }
52.    return flag;
53. }
54. @Override
55. public double queryBalance(String custCardId) {
56.    //根据卡号查询余额
57.    double balance = 0;
58.    for (int i = 0; i < BaseDao.custCardIds.length-1; i++) {
59.        if(custCardId.equals(BaseDao.custCardIds[i])){
60.            balance = BaseDao.balances[i];
61.            break;
62.        }
63.    }
64.    return balance;
65. }
66. }
```

3. 编写程序入口

程序入口 BankTest

```
1.  package com.hnjd.test;
2.  import com.hnjd.dao.BaseDao;
3.  import com.hnjd.service.Bank;
4.  import com.hnjd.service.BankImpl;
5.  public class BankTest {
6.      public static void main(String[] args) {
7.          Bank bank = new BankImpl();
8.          bank.bankMenu();
9.      }
10. }
```

4. 编写表示层代码（系统界面）

1）Bank 主页接口

```
1.  package com.hnjd.service;
2.  public interface Bank {
3.      void bankMenu();    //显示主页面 }
```

2）主页 BankImpl

```
1.  package com.hnjd.service;
2.  import java.util.Scanner;
3.  public class BankImpl implements Bank{
4.      CustomerService customerService = new CustomerServiceImpl();
5.      @Override
6.      public void bankMenu() {
7.          Scanner sc = new Scanner(System.in);
8.          System.out.println("===============银行系统===============");
9.          System.out.println("\t1.管理员\t2.客户");
10.         System.out.println("====================================");
11.         System.out.print("请选择您的身份：");
12.         boolean flag = true;
13.         int num = sc.nextInt();
14.         while(flag){
15.             switch (num) {
16.                 case 1:                                    //调用管理员页面
17.                     System.out.println("管理员功能正在开发中...");
18.                     flag = false;
19.                     break;
20.                 case 2:
21.                     customerService.custLogin();           //客户登录
22.                     flag = false;
23.                     break;
24.                 default:
25.                     System.out.println("输入有误，请重新输入!");
```

```
26.            num = sc.nextInt();
27.            break;
28.        }
29.    }
30. }
31. }
```

3）客户业务逻辑接口 CustomerService

```
1.  package com.hnjd.service;
2.  //客户业务逻辑接口
3.  public interface CustomerService {
4.      //客户登录
5.      void custLogin();
6.      //客户菜单显示
7.      void custMenu();
8.      //返回客户主菜单
9.      void returnCustMenu();
10.     //取款
11.     void deposit();
12.     //存款
13.     void withdrawMoney();
14.     //转账
15.     void transferAccounts();
16.     //查询余额
17.     void queryBalance();
18. }
```

4）客户区块 CustomerServiceImpl

```
1.  package com.hnjd.service;
2.  import java.util.Scanner;
3.  import com.hnjd.dao.CustomerDao;
4.  import com.hnjd.dao.CustomerDaoImpl;
5.  public class CustomerServiceImpl implements CustomerService{
6.      CustomerDao customerDao = new CustomerDaoImpl();
7.      //声明卡号变量,若客户登录成功,将客户的卡号存储在该变量中,供存款、取款等功能使用
8.      String thisCustCardId = null;
9.      //客户登录
10.     @Override
11.     public void custLogin() {
12.         Scanner sc = new Scanner(System.in);
13.         System.out.println("===============欢迎您登录===============");
14.         System.out.println("请输入卡号：");
15.         String custCardId = sc.next();
16.         System.out.println("请输入密码：");
17.         String custPwd = sc.next();
18.         //调用数据访问层查询是否存在该客户
19.         boolean flag = customerDao.custLogin(custCardId, custPwd);
20.         if(flag){
```

```java
21.        //若为真，进入客户页面
22.        thisCustCardId = custCardId;
23.        custMenu();
24.    }else{
25.        //若为假，提示错误信息重新登录
26.        System.out.println("卡号或密码有误，请重新输入：");
27.        custLogin();
28.    }
29. }
30. //客户界面显示
31. @Override
32. public void custMenu() {
33.     Scanner sc = new Scanner(System.in);
34.     System.out.println("========================银行系统(客户)========================");
35.     System.out.println("\t1.存款\t2.取款\t3.查询余额\t4.转账\t5.返回上级");
36.     System.out.println("==============================================================");
37.     System.out.println("请选择：");
38.     boolean flag = true;
39.     int num = sc.nextInt();
40.     while(flag){
41.         switch (num) {
42.         case 1:
43.             deposit();                    //存款
44.             flag = false;
45.             break;
46.         case 2:
47.             withdrawMoney();              //取款
48.             flag = false;
49.             break;
50.         case 3:
51.             queryBalance();               //查询余额
52.             flag = false;
53.             break;
54.         case 4:
55.             transferAccounts();           //转账
56.             flag = false;
57.             break;
58.         case 5:
59.             Bank bank = new BankImpl();   //退出
60.             bank.bankMenu();
61.             flag = false;
62.             break;
63.         default:
64.             System.out.println("输入有误，请重新输入!");
65.             num = sc.nextInt();
66.             break;
67.         }
68.     }
```

```java
69.    }
70.    //返回客户界面
71.    @Override
72.    public void returnCustMenu() {
73.        Scanner sc = new Scanner(System.in);
74.        System.out.println("=================================================");
75.        System.out.println("\t1.返回客户主页面\t2.退出");
76.        int num = sc.nextInt();
77.        if(num==1){
78.            custMenu();
79.        }else{
80.            System.out.println("谢谢使用！");
81.            System.exit(1);
82.        }
83.    }
84.    //存款
85.    @Override
86.    public void deposit() {
87.        Scanner sc = new Scanner(System.in);
88.        System.out.println("请输入存款金额：");
89.        double money = sc.nextDouble();
90.        customerDao.deposit(thisCustCardId, money);
91.        System.out.println("存款完成，当前账户余额"+customerDao.queryBalance(thisCustCardId));
92.        returnCustMenu();
93.    }
94.    @Override
95.    public void withdrawMoney() {
96.        Scanner sc = new Scanner(System.in);
97.        System.out.println("请输入取款金额：");
98.        double money = sc.nextDouble();
99.        boolean flag = customerDao.withdrawMoney(thisCustCardId, money);
100.       if(flag){
101.           System.out.println("取款完成，当前账户余额"+customerDao.queryBalance(thisCustCardId));
102.       }else{
103.           System.out.println("对不起，账户余额不足！当前账户余额"+customerDao.queryBalance(thisCustCardId));
104.       }
105.       returnCustMenu();
106.    }
107.    @Override
108.    public void transferAccounts() {
109.        //1.先判断转入的卡号是否存在
110.        Scanner sc = new Scanner(System.in);
111.        System.out.println("请输入转账卡号：");
112.        String inCardId = sc.next();
113.        boolean flag = customerDao.custExists(inCardId);
114.        if(flag){
115.            //判断转账金额
```

```
116.        System.out.println("请输入转账金额：");
117.        double money = sc.nextDouble();
118.        //转出卡号扣款
119.        if(customerDao.withdrawMoney(thisCustCardId, money)){
120.            //转入卡号存款
121.            customerDao.deposit(inCardId, money);
122.            System.out.println("转账成功，当前账户余额"+customerDao.queryBalance(thisCustCardId));
123.            System.out.println("转入账号："+customerDao.queryBalance(inCardId));
124.        }else{
125.            System.out.println("对不起，账户余额不足！当前账户余额"+customerDao.queryBalance(thisCustCardId));
126.        }
127.    }else{
128.        System.out.println("对不起，账户不存在，请重新输入: ");
129.        transferAccounts();
130.    }
131.    returnCustMenu();
132. }
133. @Override
134. public void queryBalance() {
135.    double balance = customerDao.queryBalance(thisCustCardId);
136.    System.out.println("当前账户余额"+balance);
137.    returnCustMenu();
138. }
139. }
```

4.10 任务小结

　　类和对象是 Java 语言中两个重要的概念，也是面向对象编程技术的基本元素。类将对象的属性和方法封装在一起，形成了一个整体。成员变量有静态变量和实例变量两种，用 static 修饰的变量称为静态变量，也称为类变量。成员方法也有两种，即类方法和实例方法。实例变量和实例方法必须由实例对象来调用，而类方法和类变量不仅可以由实例对象来调用，还可以由类名直接调用。

　　封装性、继承性和多态性是 Java 语言中面向对象的 3 个重要特性。

　　类是属性和方法的集合。Java 语言中对类成员的访问控制可以被声明为私有的（private）、公共的（public）或是受保护的（protected）等。为了实现数据的封装，提高数据的安全性，我们一般会把类的属性声明为私有的，而把类的方法声明为公共的。为了更好地管理类，Java 语言提供了包机制，使用包将各种类组织在一起，使程序的各部分功能更加清晰和结构化。

　　接口是 Java 语言中特有的数据类型，使用接口解决了 Java 语言不支持多重继承的问题。通过本任务的学习，培养学生的抽象思维能力，在任务实施中学生要加强自主学习和创新能力，团队要注重合作和沟通。

4.11 任务评价

任务4　银行系统客户常用功能模块实现

考核目标	任务节点	完成情况	备注
知识、技能（70%）	1. 登录菜单		
	2. 用面向对象实现菜单切换		
	3. 类和对象的使用		
	4. 增删改查功能实现		
	成绩合计		
素养（30%）	团队协作		
	个人能力展示、专业认知		
	成绩合计		
合计			

4.12 习题

一、填空题

1. 面向对象程序设计所具有的基本特征是：_____、_____、和_____。
2. Java 和 C++语言都是_____的程序设计语言。
3. 创建类对象的运算符是_____。
4. 定义类就是定义一种抽象的_____，它是所有具有一定共性的对象的抽象描述。
5. 构造函数_____有返回值。

二、选择题

1. 用于定义类成员的访问控制权的一组关键字是（　　）。
   A. class, float, double, public　　　　B. float, boolean, int, long
   C. char, extends, float, double　　　　D. public, private, protected
2. 下列类定义中，不正确的是（　　）。
   A. class x { ... }　　　　B. class x extends y { ... }
   C. static class x implements y1,y2 { ... }　　　　D. public class x extends Applet { ... }
3. 定义类头时能使用的修饰符是（　　）。
   A. private　　　　B. static　　　　C. abstract　　　　D. protected
4. 下列选项中，用于在定义子类时声明父类名的关键字是（　　）。
   A. interface　　　　B. package　　　　C. extends　　　　D. class
5. Java 语言的类间的继承关系是（　　）。
   A. 多重的　　　　B. 单重的　　　　C. 线程的　　　　D. 不能继承

6. 下列方法定义中，正确的是（　　）。
    A．int x(){ char ch='a'; return (int)ch; }　　B．void x(){ ...return true; }
    C．int x(){ ...return true; }　　D．int x(int a, b){ return a+b; }
7. 以下叙述正确的是（　　）。
    A．构造方法必须是 public 方法　　B．main()方法必须是 public 方法
    C．Java 应用程序的文件名可以是任意的　　D．构造方法应该声明为 void 类型
8. 下列关于类和对象的叙述中，正确的是（　　）。
    A．Java 语言的类分为两大部分：系统定义的类和用户自定义的类
    B．类的静态属性和全局变量的概念完全一样，只是表达形式不同
    C．类的成员至少有一个属性和一个方法
    D．类是对象的实例化
9. 以下有关构造方法的说法中，正确的是（　　）。
    A．一个类的构造方法可以有多个
    B．构造方法在类定义时被调用
    C．构造方法只能由对象中的其他方法调用
    D．构造方法可以和类同名，也可以和类名不同
10. 以下有关类的继承的叙述中，正确的是（　　）。
    A．子类能直接继承父类所有的非私有属性，也可通过接口继承父类的私有属性
    B．子类只能继承父类的方法，不能继承父类的属性
    C．子类只能继承父类的非私有属性，不能继承父类的方法
    D．子类不能继承父类的私有属性
11. void 的含义是（　　）。
    A．方法体为空　　B．定义的方法没有形参
    C．定义的方法没有返回值　　D．方法的返回值不能参加算术运算
12. 下列关于异常的叙述中，正确的是（　　）。
    A．异常是程序编写过程中代码的语法错误
    B．异常是程序编写过程中代码的逻辑错误
    C．异常出现后程序的运行马上中止
    D．异常是可以捕获和处理的
13. 所有的异常类皆继承（　　）类。
    A．java.io.Exception　　B．java.lang.Throwable
    C．java.lang.Exception　　D．java.lang.Error
14. 类的设计要求它的某个成员变量不能被外部类直接访问。应该使用下面的哪些修饰符获得需要的访问控制？（　　）。
    A．public　　B．不加修饰符
    C．protected　　D．private
15. 下面程序的输出结果是（　　）。

```
public class A implements B {
    public static void main(String args[]) {
        int i;
        A c1 = new A();
        i= c1.k;
        System.out.println("i="+i);
        }
    }
    interface B {
        int k = 10;
}
```

A．i=0　　　　　　B．i=10　　　　　　C．程序有编译错误　　　　D．i=true

4.13　综　合　实　训

实现超市购物商品信息管理的功能。

1．需求说明

实现购物系统的商品管理模块功能，可以查询所有商品信息及按条件查询商品，添加商品功能和修改商品信息功能。主界面效果如图 4-49 所示。

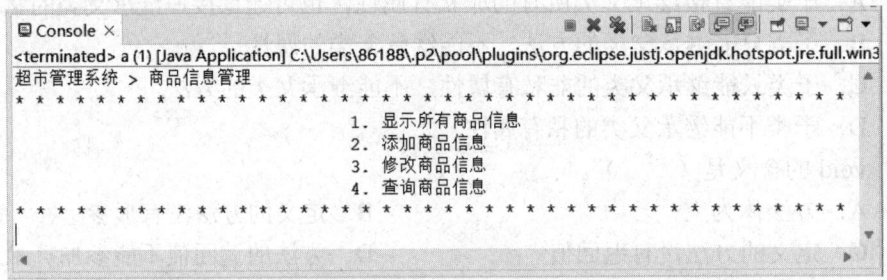

图 4-49　主界面效果

2．实现思路

（1）定义 Goods 实体类。

（2）定义 GoodsManagement 类，实现商品信息管理。

（3）定义 show()方法，显示所有的商品信息。

（4）定义 add()方法，实现商品信息的添加。

（5）定义 modify()方法，更改商品信息。

（6）定义 Search()方法，查询商品信息。

定义 Test 测试类，验证代码的可行性。

答案 4

课件 4

任务 5

实现银行业务异常处理

用任何一种编程语言编写的程序在运行时都有可能产生程序员无法预料的问题，Java 作为一种健壮的程序设计语言，提供了一种有效的异常控制与处理机制，能方便地对异常进行检测和灵活处理。本任务通过学习 Java 语言中的异常处理机制，处理银行业务中的异常。

学习目标：

- 理解异常的概念和分类。
- 能够使用 try-catch 处理单个异常和多个异常。
- 能够使用 throws 处理单个异常和多个异常。

5.1 任务描述

银行系统功能开发完毕后，由测试小组进行测试，测试中发现，银行系统首页和客户功能页面要求输入数字为整数，当输入非整数数据时，控制台会报错，程序终止运行，错误提示如图 5-1 和图 5-2 所示。

```
============银行系统============
        1.管理员    2.客户
==============================
请选择你的身份：a
Exception in thread "main" java.util.InputMismatchException
        at java.util.Scanner.throwFor(Unknown Source)
        at java.util.Scanner.next(Unknown Source)
        at java.util.Scanner.nextInt(Unknown Source)
        at java.util.Scanner.nextInt(Unknown Source)
        at com.hnjd.service.BankImpl.bankMenu(BankImpl.java:16)
        at com.hnjd.test.BankTest.main(BankTest.java:11)
```

图 5-1 输入字母异常

```
==============银行系统（客户）==============
            1.存款 2.取款 3.查询余额 4.转账 5.返回上级
=========================================
请选择: 1.2
Exception in thread "main" java.util.InputMismatchException
        at java.util.Scanner.throwFor(Unknown Source)
        at java.util.Scanner.next(Unknown Source)
        at java.util.Scanner.nextInt(Unknown Source)
        at java.util.Scanner.nextInt(Unknown Source)
        at com.hnjd.service.CustomerServiceImpl.custMenu(CustomerSe
        at com.hnjd.service.CustomerServiceImpl.custLogin(CustomerS
        at com.hnjd.service.CustomerServiceImpl.custLogin(CustomerS
        at com.hnjd.service.BankImpl.bankMenu(BankImpl.java:26)
```

图 5-2　输入小数异常

由于程序缺少在异常情况下相应的处理机制，造成不好的用户体验。因此，本任务通过添加异常处理，解决上述输入异常问题，提高程序的健壮性和用户体验。

5.2　异常的基础知识

5.2.1　生活中的异常

在生活中，异（exception）情况随时都有可能发生。以小明上学为例，在正常情况下，小明每天乘公交车上学，一般 30 分钟到学校。但是小明所在的 A 城市经常挖沟修路，并且小明走的路段又是经常堵车的路段，迟到也是难免的事情，异常情况很有可能发生。这种情况下，小明往往很晚才能到达学校，因此要受到老师的批评，如图 5-3 所示。

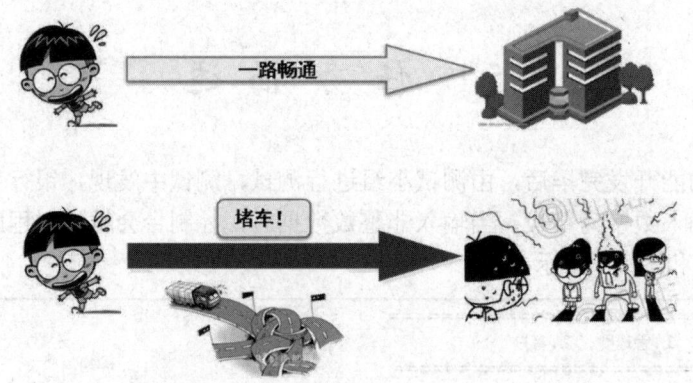

图 5-3　生活中的异常情况

5.2.2　Java 中的异常

上面讲的是生活中的异常，Java 程序在运行时有可能产生程序员无法预料的问题，如除数为 0、文件不存在、文件不能打开、数组下标越界等，所有这些非正常现象统称为 Java 中的"异常"。在 Java 中所有异常都可以用一个类来表示，不同类型的异常对应不同的子类异常。下面列举一个简单的例子让我们对异常有一个初步的了解。

【例 5-1】 根据提示输入被除数和除数，计算并输出商，最后输出"感谢使用本程序！"。

代码如下：

```
1.  package yichang;
2.  import java.util.Scanner;
3.  public class Test1 {
4.      public static void main(String[] args) {
5.          Scanner s=new Scanner(System.in);
6.          System.out.println("请输入两个操作数:");
7.          int a = s.nextInt();
8.          int b = s.nextInt();
9.          System.out.println("a/b="+a/b);
10.         System.out.println("感谢使用本程序!");
11.     }
12. }
```

在上述代码中，按照正常情况用户会输入两个整型数据，且第二个数据不为 0，那么程序会正常执行，如图 5-4 所示。

图 5-4　除法运算正常运行

假如用户没有按要求输入正常的数据，例如输一个字符"a"或者输入的第二个数据的值为 0，那么程序将出现如图 5-5 和图 5-6 所示的错误。

图 5-5　除法运算出错示例 1

图 5-6　除法运算出错示例 2

从结果中可以看出，一旦出现异常，程序会立刻结束，不仅计算和输出商的语句不被执行，而且输出"感谢使用本程序！"的语句也不执行。应该如何解决这些异常呢？我们可以尝试通过增加 if-else 语句来对各种异常情况进行判断和处理。

【例 5-2】通过 if-else 语句来解决异常问题。

代码如下：

```
1.   package yichang;
2.   import java.util.Scanner;
3.   public class Test2 {
4.     public static void main(String[] args) {
5.       Scanner in=new Scanner(System.in);
6.       System.out.println("请输入被除数:");
7.       int num1 = 0;
8.       if (in.hasNextInt()) {            //如果输入的被除数是整数
9.         num1 = in.nextInt();
10.      } else {                          //如果输入的被除数不是整数
11.        System.err.println("输入的被除数不是整数，程序退出。");
12.      }
13.      System.out.println("请输入除数:");
14.      int num2 = 0;
15.      if (in.hasNextInt()) {            //如果输入的除数是整数
16.        num2 = in.nextInt();
17.        if (0 == num2) {                //如果输入的除数是 0
18.          System.err.println("输入的除数是 0，程序退出。");
19.        }
20.      } else {                          //如果输入的除数不是整数
21.        System.err.println("输入的除数不是整数，程序退出。");
22.      }
23.      System.out.println(num1+"/"+num2+"="+num1/num2);
24.      System.out.println("感谢使用本程序!");
25.    }
26.  }
```

用 if-else 语句进行异常处理的机制主要有以下缺点：
- 代码臃肿，加入了大量的异常情况判断和处理代码。
- 程序员把相当多的精力放在了异常处理代码上，即放在了"堵漏洞"上，减少了编写业务代码的时间，必然影响开发效率。
- 很难列举所有的异常情况，程序仍旧不健壮。
- 异常处理代码和业务代码交织在一起，影响代码的可读性，加大日后程序的维护难度。

如果"堵漏洞"的工作能由系统来处理，用户只关注于业务代码的编写，对于异常只需调用相应的异常处理程序就好了。Java 就是这么做的。

前面通过例 5-1 展示了程序中的异常，那么究竟什么是异常？

异常就是在程序的运行过程中所发生的不正常的事件，如所需文件找不到、网络连接不通或中断、算术运算出错（如被 0 除）、数组下标越界、装载了一个不存在的类、对 null

对象操作、类型转换异常等。异常会中断正在运行的程序。

5.2.3 异常的分类

Java 的异常体系包括许多异常类，它们之间存在继承关系。Java 的异常体系结构如图 5-7 所示。

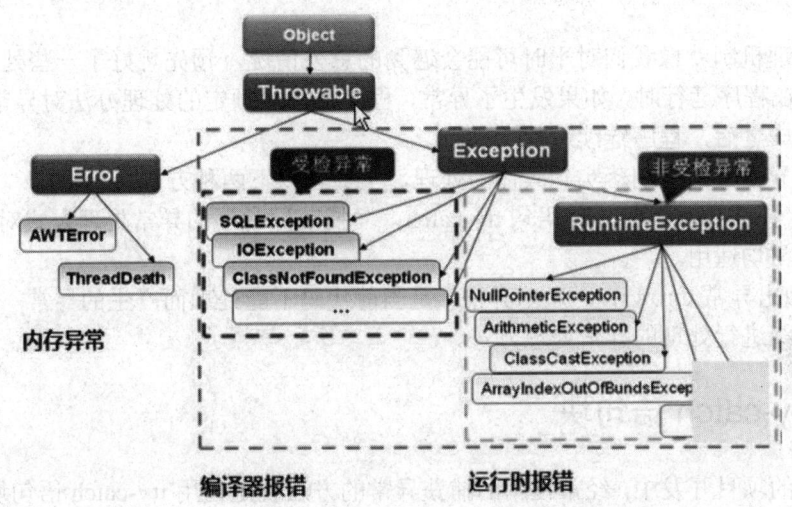

图 5-7 Java 的异常体系结构

Throwable 类：有两个重要的子类，即 Error（错误）和 Exception（异常），两者都是 Java 异常处理的重要子类，各自都包含大量子类。

Error 类：是程序无法处理的错误，表示运行应用程序中较严重问题。大多数错误与代码编写者执行的操作无关，而是代码运行时 Java 虚拟机（JVM）出现的问题。例如，Java 虚拟机运行错误（Virtual MachineError），当 Java 虚拟机不再有继续执行操作所需的内存资源时，将出现 OutOfMemoryError。这些异常发生时，Java 虚拟机一般会选择线程终止。

Exception 类：由 Java 应用程序抛出和处理的非严重错误，如所需文件找不到、网络连接不通或中断、算术运算出错（除数不能是 0）、数组下标越界、装载了一个不存在的类、对 null 对象操作、类型转换异常等。它的各种不同的子类分别对应不同类型的异常。

运行时异常：包括 RuntimeException 及其所有子类，不要求程序必须对它们做出处理。例如，数学运算异常 ArithmeticException 和输入类型不匹配 InputMismatchException 异常，在程序中并没有使用 try-catch 或 throws 进行处理，仍旧可以进行编译和运行，如果运行时发生异常，会输出异常的堆栈信息并终止程序运行。

Checked 异常（非运行时异常）：是 RuntimeException 以外的异常，类型上都属于 Exception 类及其子类。从程序语法角度讲是必须进行处理的异常，如果不处理，程序就不能编译通过。如 IOException、SQLException 等以及用户自定义的 Exception 异常，一般情况下不自定义检查异常。

面对不同的异常时，该如何有效处理呢？

在生活中，小明会这样处理上学放学过程中遇到的异常：如果发生堵车，小明会根据情况绕行。也就是说，小明会根据不同的异常进行相应的处理，而不会因为发生了异常就中断上课。在生活中，发生异常后，我们懂得如何去处理异常。那么在 Java 程序中，又是如何进行异常处理的呢？下面就来学习 Java 中的异常处理。

5.3 异常处理机制

异常处理机制就像我们对平时可能会遇到的意外情况，预先想好了一些处理的办法。也就是说，在程序运行时，如果发生了异常，程序会按照预定的处理办法对异常进行处理，异常处理完毕之后，程序继续运行。

Java 的异常处理机制落实到具体的处理，主要有以下两种方式：

（1）"捕获异常"的处理语句 try-catch，"捕获异常"的异常处理方式对受检异常、运行时的异常均适用。

（2）抛出异常 throws，"抛出异常"是当前代码不能处理而产生的异常，将异常交给调用它的上级进行处理的异常处理方式。

5.3.1 try-catch 语句块

在实际的项目开发中，经常使用的捕获异常的方法就是使用 try-catch 语句块。try-catch 语句块的语法格式如下：

```
try{
    //可能会出现异常的代码
}
catch(异常类型名 参数名){
    //处理异常的代码
}
```

上面的语法格式中将可能出现异常的语句放在 try 语句块中，用来捕获可能出现的异常。如果 try 语句块中没有发生异常，正常执行，那么 catch 语句块中的代码将不被执行，直接执行 catch 语句块后的代码；如果 try 语句块中出现异常，那么将由 catch 语句块捕获发生的异常并进行处理，处理结束后，程序会跳到 try 语句块中剩余的语句，直接执行 catch 语句块后的第一条语句。

对于例 5-1 采用 Java 的异常处理机制进行处理，把可能出现异常的代码放入 try 语句块中，并使用 catch 语句块捕获异常。当某个程序块出现一个异常时，就用一个 catch 语句，属于单个异常。

【例 5-3】使用 try-catch 语句块处理异常。

代码如下：

1. **package** yichang;
2. **import** java.util.Scanner;
3. **public class** Test3 {

```
4.    public static void main(String[] args) {
5.      Scanner in=new Scanner(System.in);
6.      System.out.println("请输入被除数:");
7.      try {
8.        int num1=in.nextInt();
9.        System.out.print("请输入除数:");
10.       int num2 = in.nextInt();
11.       System.out.println(num1+"/"+num2+"="+num1/num2);
12.       System.out.println("感谢使用本程序!");
13.     } catch(Exception e) {
14.       e.printStackTrace();
15.       System.out.println("出现错误,被除数和除数必须是整数,"+"除数不能为零。");
16.     }
17.   }
18. }
```

try-catch 程序块的执行流程比较简单,首先执行的是 try 语句块中的语句,这时可能会有以下 3 种情况出现。

➢ 如果 try 语句块中的所有语句都能正常执行完毕,不会发生异常,那么 catch 块中的所有语句都将会被忽略。当我们在控制台输入两个整数时,例 5-3 中的 try 语句块中的代码将正常执行,不会执行 catch 语句块中的代码,运行结果如图 5-8 所示。

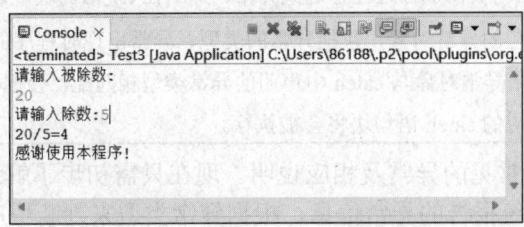

图 5-8　正常情况下的运行结果

➢ 如果 try 语句块在执行过程中遇到异常,并且这个异常与 catch 中声明的异常类型相匹配,那么在 try 语句块中剩下的代码都将被忽略,而相应的 catch 块将会被执行。匹配是指 catch 所处理的异常类型与所生成的异常类型完全一致或是它的父类。当在控制台提示输入被除数时输入了 "a",例 5-3 中 try 语句块中的代码 "int num1=in.nextInt();" 将抛出 InputMismatchException 异常。由于 InputMismatchException 是 Exception 的子类,程序将忽略 try 语句块中剩下的代码而去执行 catch 语句块。运行结果如图 5-9 所示。

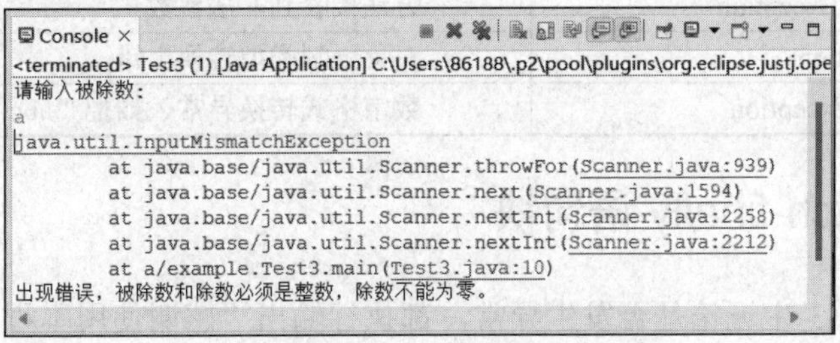

图 5-9　抛出异常情况下的运行结果 1

如果输入的除数为 0，运行结果如图 5-10 所示。

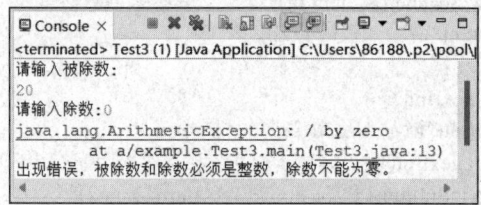

图 5-10　抛出异常情况下的运行结果 2

> 如果 try 语句块在执行过程中遇到异常，而抛出的异常在 catch 语句块里没有被声明，那么程序会立刻退出。

如例 5-3 所示，在 catch 语句块中可以加入用户自定义处理信息，也可以调用异常对象的方法输出异常信息，常用的方法主要有以下两种：。

> void printStackTrace()：输出异常的堆栈信息。堆栈信息包括程序运行到当前类的执行流程，它将输出从方法调用处到异常抛出处的方法调用序列，如图 5-9 所示。

> String getMessage()：返回异常信息描述字符串。该字符串描述异常产生的原因，是 printStackTrace() 输出信息的一部分。

📖 提示：如果 try 语句块在执行过程中遇到异常，那么在 try 语句块中剩下的代码都将被忽略，系统会自动生成相应的异常对象，包括异常的类型、异常出现时程序的运行状态及对该异常的详细描述。如果这个异常对象与 catch 中声明的异常类型相匹配，会把该异常对象赋给 catch 后面的异常参数，相应的 catch 语句块将会被执行。

表 5-1 列出了一些常见的异常及相应说明。现在只需初步了解这些异常即可。在以后的编程中，要多注意系统报告的异常信息，根据异常类型来判断程序到底出了什么问题。

表 5-1　常见的异常及相应说明

异　　常	说　　明
Exception	异常层次结构的根类
ArithmeticException	算术错误情形，如以 0 作为除数
ArrayIndexOutOfBoundsException	数组下标越界
NullPointerException	空指针异常
ClassNotFoundException	不能加载所需的类
InputMismatchException	得到的数据类型与实际输入的类型不匹配
IllegalArgumentException	方法接收到非法参数
ClassCastException	对象强制类型转换出错
NumberFormatException	数字格式转换异常，如把"abc"转换成数字

5.3.2　try-catch-finally 语句块

如果希望例 5-3 中无论是否发生异常，都执行输出"感谢使用本程序！"的语句，该如何实现呢？

可以在 try-catch 语句块后加入 finally 语句块，把该语句放入 finally 语句块。无论是否发生异常，finally 语句块中的代码总能被执行。

try-catch-finally 的语法格式如下：

```
try{
    //可能会出现异常的代码
}
catch(异常类型名 参数名){
    //处理异常的代码
}
finally{
    //一定会执行的代码
}
```

【例 5-4】使用 try-catch-finally 语句块进行异常处理。

代码如下：

```
1.  package yichang;
2.  import java.util.Scanner;
3.  public class Test4 {
4.      public static void main(String[] args) {
5.          Scanner in=new Scanner(System.in);
6.          System.out.println("请输入被除数:");
7.          try {
8.              int num1=in.nextInt();
9.              System.out.print("请输入除数:");
10.             int num2 = in.nextInt();
11.             System.out.println(num1 + "/" + num2 + "=" + num1/num2);
12.         } catch(Exception e) {
13.             e.printStackTrace();
14.             System.out.println("出现错误，被除数和除数必须是整数，"
15.                     +"除数不能为零。");
16.         } finally {
17.             System.out.println("感谢使用本程序!");
18.         }
19.     }
20. }
```

try-catch-finally 语句块的执行流程大致分为以下两种情况。

（1）如果 try 语句块中所有语句正常执行完毕，那么 finally 语句块就会被执行。例如，当我们在控制台输入两个数字时，例 5-4 中的 try 语句块中的代码将正常执行，不会执行 catch 语句块中的代码，但是 finally 语句块中的代码将被执行。运行结果如图 5-11 所示。

（2）如果 try 语句块在执行过程中碰到异常，无论这种异常能否被 catch 语句块捕获到，都将执行 finally 语句块中的代码。例如，当我们在控制台输入除数为 0 时，例 5-4 中的 try 语句块中将抛出异常，进入 catch 语句块，最后 finally 语句块中的代码也将被执行。运行结果如图 5-12 所示。

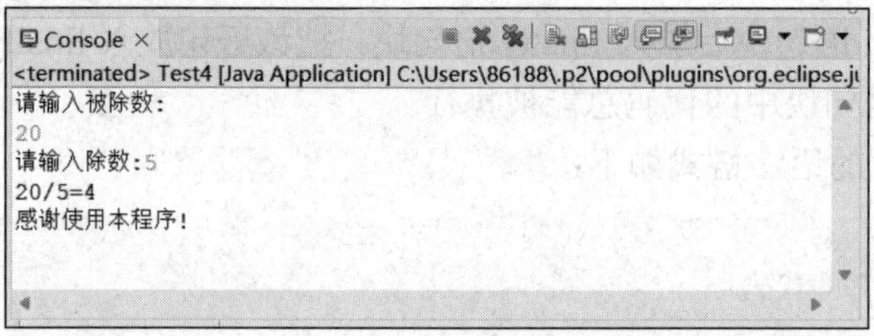

图 5-11 正常情况下的运行结果

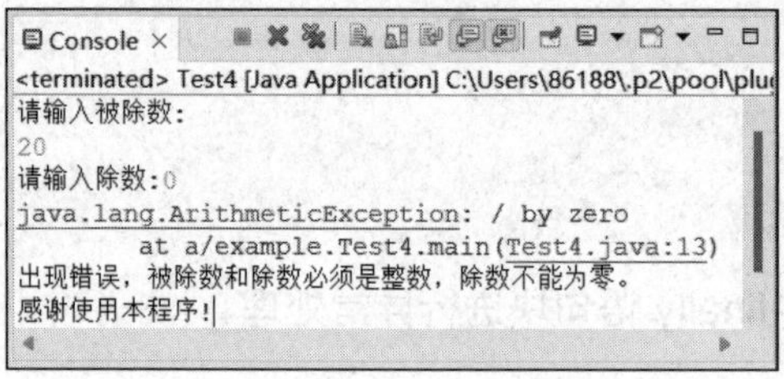

图 5-12 异常情况下的运行结果

需要特别注意的是，即使在 try 语句块和 catch 语句块中存在 return 语句，finally 语句块中的语句也会被执行。发生异常时的执行顺序：先执行 try 语句块或 catch 语句块中 return 之前的语句，然后执行 finally 语句块中的语句，最后执行 try 语句块或 catch 语句中的 return 语句并退出，代码如例 5-5 所示。

【例 5-5】测试 try 语句块和 catch 语句块中 return 语句的执行情况。

代码如下：

```
1.   package yichang;
2.   import java.util.Scanner;
3.   public class Test5 {
4.     public static void main(String[] args) {
5.       Scanner in=new Scanner(System.in);
6.       System.out.println("请输入被除数:");
7.       try {
8.         int num1=in.nextInt();
9.         System.out.print("请输入除数:");
10.        int num2 = in.nextInt();
11.        System.out.println(num1+"/"+num2+"="+num1/num2);
12.        return;    //finally 语句块仍会被执行
13.      } catch(Exception e) {
14.        e.printStackTrace();
15.        System.out.println("出现错误，被除数和除数必须是整数，"
16.            +"除数不能为零。");
17.        return;    //finally 语句块仍会被执行
18.      } finally {
19.        System.out.println("感谢使用本程序!");
20.      }
21.    }
22.  }
```

程序运行结果如图 5-13 所示。

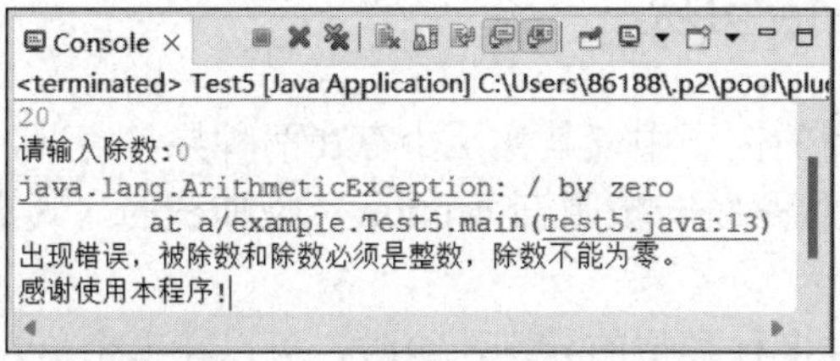

```
20
请输入除数:0
java.lang.ArithmeticException: / by zero
        at a/example.Test5.main(Test5.java:13)
出现错误,被除数和除数必须是整数,除数不能为零。
感谢使用本程序!
```

图 5-13　try 语句块和 catch 语句块中存在 return 语句的运行结果

finally 语句块中的语句不被执行的唯一情况:在异常处理代码中执行 System.exit(1),将退出 Java 虚拟机,如例 5-6 所示。

【例 5-6】 验证 finally 语句块中语句不被执行的唯一情况。

代码如下:

```
1.  package yichang;
2.  import java.util.Scanner;
3.  public class Test6 {
4.    public static void main(String[] args) {
5.      Scanner in=new Scanner(System.in);
6.      System.out.println("请输入被除数:");
7.      try {
8.        int num1=in.nextInt();
9.        System.out.print("请输入除数:");
10.       int num2 = in.nextInt();
11.       System.out.println(num1+"/"+num2+"="+num1/num2);
12.     } catch(Exception e) {
13.       e.printStackTrace();
14.       System.out.println("出现错误,被除数和除数必须是整数,"
15.         +"除数不能为零。");
16.       System.exit(1);      //finally 语句块不被执行的唯一情况
17.     } finally {
18.       System.out.println("感谢使用本程序!");
19.     }
20.   }
21. }
```

测试 finally 语句块中语句的执行情况,运行结果如图 5-14 所示。

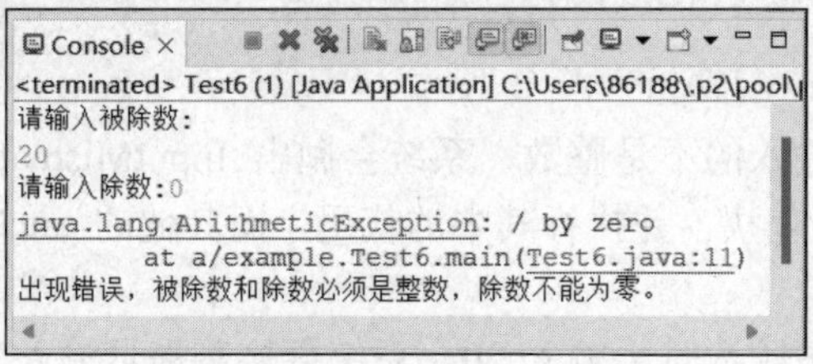

```
请输入被除数:
20
请输入除数:0
java.lang.ArithmeticException: / by zero
        at a/example.Test6.main(Test6.java:11)
出现错误,被除数和除数必须是整数,除数不能为零。
```

图 5-14　finally 语句块中语句不被执行的唯一情况

5.3.3 多重 catch 语句块

在前面计算并输出商的例子中,其实至少存在两种异常情况,即输入非整数内容和除数为 0。在例 5-3 中,我们是统一按照 Exception 类型捕获的,其实可以分别捕获,即使用多重 catch 语句块。

一段代码可能会引发多种类型的异常,这时,可以在一个 try 语句块后面跟多个 catch 语句块,分别处理不同的异常。但排列顺序必须是从子类到父类,最后一个一般都是 Exception 类。因为所有异常子类都继承自 Exception 类,所以如果将父类异常放到前面,那么所有的异常都将被捕获,后面 catch 语句块中的子类异常将得不到被执行的机会。

运行时,系统从上到下分别对每个 catch 语句块处理的异常类型进行检测,并执行第一个与异常类型匹配的 catch 语句。执行其中的一条 catch 语句之后,其后的 catch 语句都将被忽略。

【例 5-7】使用多重 catch 对例 5-3 进行修改。

代码如下:

```
1.    package yichang;
2.    import java.util.InputMismatchException;
3.    import java.util.Scanner;
4.    public class Test7 {
5.       public static void main(String[] args) {
6.          Scanner in = new Scanner(System.in);
7.          System.out.print("请输入被除数:");
8.          try {
9.             int num1=in.nextInt();
10.            System.out.print("请输入除数:");
11.            int num2 = in.nextInt();
12.            System.out.println(num1+"/"+num2+"="+num1/num2);
13.         } catch (InputMismatchException e) {
14.            System.err.println("被除数和除数必须是整数");
15.         } catch (ArithmeticException e) {
16.            System.err.println("除数不能为零");
17.         } catch (Exception e) {
18.            System.err.println("其他未知异常");
19.         }finally{
20.            System.out.println("感谢使用本程序!");
21.         }
22.      }
23.   }
```

程序运行后,如果输入的不是整数,系统会抛出 InputMismatchException 异常对象,因此进入第一个 catch 语句块,并执行其中的代码,而其他的 catch 语句块将被忽略。运行结果如图 5-15 所示。

如果系统提示输入被除数时,输入 20,系统会接着提示输入除数,如果输入 0,系统会抛出 ArithmeticException 异常对象,因此进入第二个 catch 语句块,并执行其中的代码,其他的 catch 语句块将被忽略。运行结果如图 5-16 所示。

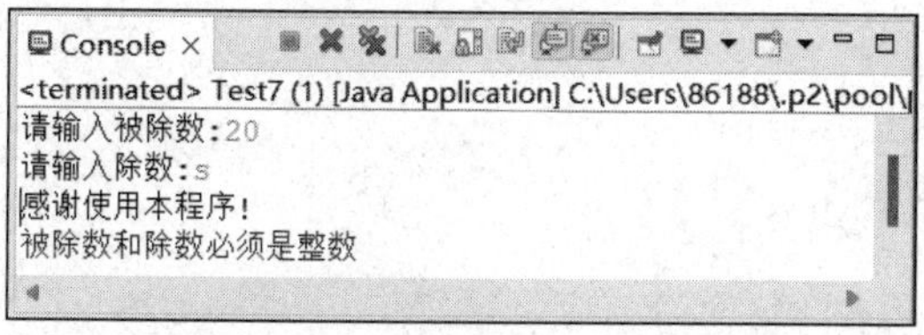

图 5-15　进入第一个 catch 语句块

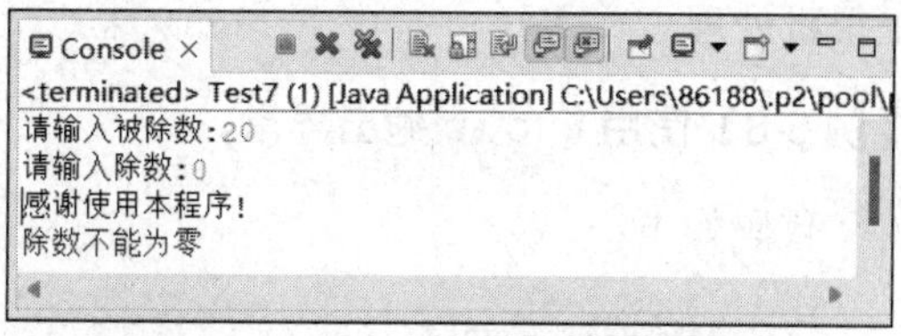

图 5-16　进入第二个 catch 语句块

📖 提示：

➢ 在使用多重 catch 语句块时，catch 语句块的排列顺序必须是从子类到父类，最后一个一般都是 Exception 类。下面的代码片段是错误的：

```
Scanner in = new Scanner(System.in);
  try {
     int nub = in.nextInt();
  } catch (Exception e1) {
     System.err.println("发生错误");
  }catch (InputMismatchException e2) {
     System.err.println("必须输入数字");
  }
```

➢ 避免过大的 try 语句块，尽量不要把不会出现异常的代码放进 try 语句块中。
➢ 将异常类型细化，尽量避免将异常类型直接写成 Exception。
➢ 不要用 try-catch 参与流程控制。

5.3.4　抛出异常

1. 指定方法抛出异常 throws

如果一个方法产生了它不处理的异常时，那么就需要在声明该方法时声明这个异常，以便于将这个异常传递给方法的调用者进行处理。Java 语言中通过关键字 throws 在一个方法的头部声明一个异常。其语法格式如下：

```
语法类型　方法名（参数表）throws Exception1,Exception2…{
　…
}
```

其中，Exception1,Exception2,…表示异常类，如果有多个异常类，它们之间用逗号隔开。这些异常类，可以是方法中调用了可能抛出的异常的方法而产生的异常，也可以是方法体中生成并抛出的异常。

在实际场景中，有些异常我们不想处理，就可以向上抛出，由调用者处理，但最终还是要使用 try-catch 进行捕获。

在下面的例 5-8 中，通过从控制台输入数据进行除法操作可能出现两个异常，一个是 InputMismatchException，另一个是 ArithmeticException。把除法操作封装到 divide()方法中，抛出异常由调用者 main() 方法进行捕获处理，如果 main() 方法不处理可继续向上抛出由 Java 虚拟机处理。

【例 5-8】使用 throws 抛出异常。

代码如下：

```
1.   package yichang;
2.   import java.util.InputMismatchException;
3.   import java.util.Scanner;
4.   public class Test8 {
5.     public static void main(String[] args) {
6.       try {
7.         divide();
8.       } catch (InputMismatchException e) {
9.         System.err.println("分子分母必须为整数!");
10.      } catch (ArithmeticException e) {
11.        System.err.println("分母不能为@!");
12.      } catch (Exception e) {
13.        System.err.println("其他未知异常");
14.      }
15.    }
16.    private static void divide() throws InputMismatchException,
17.        ArithmeticException{
18.      Scanner sc = new Scanner(System.in);
19.      System.out.print("请输入分子:");
20.      int a = sc.nextInt();
21.      System.out.print("请输入分母:");
22.      int b = sc.nextInt();
23.      System.out.println(a+"/"+b+"="+a/b);
24.    }
25.  }
```

2. 程序中抛出异常 throw

除了系统自动抛出异常，在编程过程中，我们往往会遇到这样的情形：有些问题是系统无法自动发现并解决的，如年龄不在正常范围内、性别输入不是"man"或"woman"等，此时需要程序员而不是系统来自行抛出异常，把问题提交给调用者解决。

在 Java 语言中，可以使用 throw 关键字来自行抛出异常。在例 5-9 的代码中抛出了一个异常，抛出异常的原因是在当前环境中无法解决参数问题，因此在方法内通过 throw 抛出异常，把问题交给调用者解决。在调用该方法时捕获并处理异常。

【例 5-9】使用 throw 在方法内抛出异常。

代码如下：

```
1.   public class Student {
2.     private String name="";        //姓名
3.     private String sex="man";      //性别
4.     private int age=0;             //年龄
```

```
5.    public void setSex(String sex) throws Exception{
6.        if("man".equals(sex)||"woman".equals(sex)){
7.            this.sex=sex;
8.        }else{
9.            throw new Exception("sex is \"man\" or \"woman\"!");
10.       }
11.   }
12.   public void setAge(int age) {
13.       this.age = age;
14.   }
15.   public void print(){
16.       System.out.println("My name is"+name+",My sex is"+sex
17.           +",My age is"+age+".");
18.   }
19. }
```

编写测试类：

```
1.  public class Test9 {
2.      public static void main(String[] args) {
3.          Student stu1 = new Student();
4.          try {
5.              stu1.setSex("aaaa");
6.              stu1.setAge(19);
7.              stu1.print();
8.          } catch (Exception e) {
9.              // TODO Auto-generated catch block
10.             e.printStackTrace();
11.         }
12.     }
13. }
```

程序运行结果如图 5-17 所示。

图 5-17　例 5-9 程序运行结果

📖 **注意**：throws 关键字和 throw 关键字分别用来声明异常和抛出异常，两者的使用方法的区别如下。

（1）throws 关键字用来声明一个方法可能抛出的所有异常信息，throw 关键字则用来抛出的一个具体的异常类型。

（2）通常一个方法（类）的声明处通过 throws 关键字声明方法（类）可能抛出的异常信息，而在方法（类）内部通过 throw 关键字声明一个具体的异常信息。

（3）throws 关键字通常不用显示捕获的异常，可由系统自动将所有捕获的异常信息抛给上级方法。throw 关键字则需要用户自己捕获相关的异常，而后对其进行相关包装，最后将包装后的异常信息抛出。

5.4 任 务 实 施

（1）对于任务描述中如图 5-1 所示的字母异常情况，我们需将任务 4 中的银行首页代码 BankImpl.java 文件添加 try-catch 异常处理，代码修改如下：

```
1.   package com.hnjd.service;
2.   import java.util.InputMismatchException;
3.   import java.util.Scanner;
4.   //bank 接口实现类
5.   public class BankImpl implements Bank{
6.       CustomerService cs = new CustomerServiceImpl();
7.       @Override
8.       public void bankMenu() {
9.           Scanner sc = new Scanner(System.in);
10.          System.out.println("==============银行系统==============");
11.          System.out.println("\t1.管理员\t2.客户");
12.          System.out.println("====================================");
13.          System.out.print("请选择你的身份：");
14.          int num = 0;
15.          try{
16.              num = sc.nextInt();
17.          }catch(InputMismatchException e){
18.              System.out.println("请输入合法数据!");
19.              return;
20.          }
21.          boolean flag = true;
22.          while(flag){
23.              switch (num) {
24.                  case 1:
25.                      System.out.println("管理员功能正在开发中……");
26.                      flag = false;
27.                      break;
28.                  case 2:
29.                      //进入客户登录页面
30.                      cs.custLogin();
31.                      flag = false;
32.                      break;
33.                  default:
34.                      System.out.println("对不起，输入错误请重新输入:");
35.                      num = sc.nextInt();
36.                      break;
37.              }
38.          }
39.      }
40.  }
```

其中，主要添加的部分为第 15～20 行，添加了 try-catch 语句块对异常进行了处理，达到如图 5-18 所示的效果。

```
=============银行系统==============
            1.管理员    2.客户
================================
请选择你的身份：a
请输入合法数据！
```

图 5-18　银行首页异常处理

（2）对客户区块 CustomerServiceImpl 进行修改，修改后的代码如下：

```
1.  package com.hnjd.service;
2.  import java.util.InputMismatchException;
3.  import java.util.Scanner;
4.  import com.hnjd.dao.CustomerDao;
5.  import com.hnjd.dao.CustomerDaoImpl;
6.  public class CustomerServiceImpl implements CustomerService{
7.      CustomerDao dao = new CustomerDaoImpl();
8.      String custCardId = null;//客户卡号
9.      @Override
10.     public void custLogin() {
11.         Scanner sc = new Scanner(System.in);
12.         System.out.println("==============欢迎登录==============");
13.         System.out.print("请输入卡号：");
14.         String custCard = sc.next();
15.         System.out.print("请输入密码：");
16.         String custPwd = sc.next();
17.         //判断卡号和密码是否正确，如果正确，显示客户功能页面，否则，提醒用户重新输入
18.         boolean flag = dao.custLogin(custCard, custPwd);
19.         if(flag){
20.             //显示客户功能页面
21.             custCardId = custCard;
22.             custMenu();
23.         }else{
24.             System.out.println("卡号或密码有误，请重新输入！");
25.             custLogin();
26.         }
27.     }
28.     @Override
29.     public void custMenu() {
30.         Scanner sc = new Scanner(System.in);
31.         System.out.println("==============银行系统（客户）==============");
32.         System.out.println("\t1.存款 2.取款 3.查询余额 4.转账 5.返回上级");
33.         System.out.println("==========================================");
34.         System.out.print("请选择：");
35.         int num = 0;
36.         try{
37.             num = sc.nextInt();
```

```java
38.         }catch(InputMismatchException e){
39.             System.out.println("请输入合法数据!");
40.             return;
41.         }
42.         boolean flag = true;
43.         while(flag){
44.             switch (num) {
45.                 case 1:
46.                     try{
47.                         deposit();
48.                     }catch (Exception e) {
49.                         System.out.println("存款异常！");
50.                     }
51.                     flag = false;
52.                     break;
53.                 case 2:
54.                     withdrawMoney();
55.                     flag = false;
56.                     break;
57.                 case 3:
58.                     queryBalance();
59.                     flag = false;
60.                     break;
61.                 case 4:
62.                     transferAccounts();
63.                     flag = false;
64.                     break;
65.                 case 5:
66.                     Bank bank = new BankImpl();
67.                     bank.bankMenu();
68.                     flag = false;
69.                     break;
70.                 default:
71.                     System.out.println("对不起，输入错误请重新输入:");
72.                     num = sc.nextInt();
73.                     break;
74.             }
75.         }
76.     }
77.     @Override
78.     public void deposit() throws InputMismatchException{
79.         Scanner sc = new Scanner(System.in);
80.         System.out.println("请输入存款金额：");
81.         double money = sc.nextDouble();
82.         //调用存款方法
83.         dao.deposit(custCardId, money);
84.         double balance = dao.queryBlance(custCardId);
85.         System.out.println("存款完成,当前账户余额为："+balance);
86.         returnCustMenu();
```

```java
87.     }
88.     @Override
89.     public void returnCustMenu() {
90.         Scanner sc = new Scanner(System.in);
91.         System.out.println("================================");
92.         System.out.println("\t1.返回客户主页面 \t2.退出");
93.         System.out.print("请选择: ");
94.         int num = sc.nextInt();
95.         boolean flag = true;
96.         while(flag){
97.             switch (num) {
98.                 case 1:
99.                     custMenu();//返回客户主页面
100.                    flag = false;
101.                    break;
102.                case 2:
103.                    System.out.println("谢谢使用! ");
104.                    System.exit(1);
105.                    break;
106.                default:
107.                    System.out.println("对不起,输入错误请重新输入:");
108.                    num = sc.nextInt();
109.                    break;
110.            }
111.        }
112.    }
113.    @Override
114.    public void queryBalance() {
115.        System.out.println("当前账户余额为: "+dao.queryBlance(custCardId));
116.        returnCustMenu();
117.    }
118.    @Override
119.    public void withdrawMoney() {
120.        Scanner sc = new Scanner(System.in);
121.        System.out.println("请输入取款金额: ");
122.        double money = sc.nextDouble();
123.        //调用取款方法
124.        boolean flag = dao.withdrawMoney(custCardId, money);
125.        double balance = dao.queryBlance(custCardId);
126.        if(flag){
127.            System.out.println("取款完成,当前账户余额为: "+balance);
128.        }else{
129.            System.out.println("对不起,账户余额不足,当前账户余额为: "+balance);
130.        }
131.        returnCustMenu();
132.    }
133.    @Override
134.    public void transferAccounts() {
135.        Scanner sc = new Scanner(System.in);
```

```java
136.    System.out.println("请输入转账卡号：");
137.    String transferAccount = sc.next();
138.    //1.判断转账卡号是否存在，如果存在返回 true，否则，返回 false
139.    boolean flag = dao.custIsExist(transferAccount);
140.    if(flag){
141.        //2.转账处理
142.        System.out.println("请输入转账金额：");
143.        double money = sc.nextDouble();
144.        //3.当前账户扣钱，调用取款方法
145.        boolean f = dao.withdrawMoney(custCardId, money);
146.        double balance = dao.queryBlance(custCardId);
147.        if(f){
148.            //4.转账账户加钱，调用存款方法
149.            dao.deposit(transferAccount, money);
150.            System.out.println("转账成功，当前账户余额为："+balance);
151.            System.out.println("转出账户余额为："+dao.queryBlance(transferAccount));
152.        }else{
153.            System.out.println("对不起，账户余额不足，当前账户余额为："+balance);
154.        }
155.    }else{
156.        System.out.println("对不起，账号不存在，请重新输入！");
157.        transferAccounts();
158.    }
159.    returnCustMenu();
160.  }
161. }
```

程序运行结果如图 5-19 和图 5-20 所示。

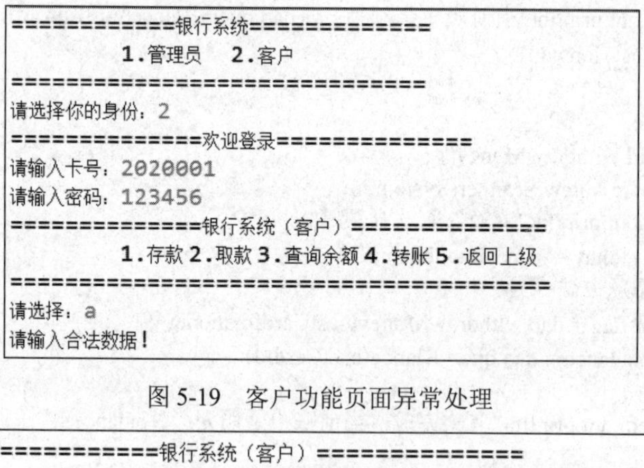

```
=============银行系统=============
            1.管理员   2.客户
==================================
请选择你的身份：2
=============欢迎登录=============
请输入卡号：2020001
请输入密码：123456
=============银行系统（客户）=============
      1.存款 2.取款 3.查询余额 4.转账 5.返回上级
==================================
请选择：a
请输入合法数据！
```

图 5-19　客户功能页面异常处理

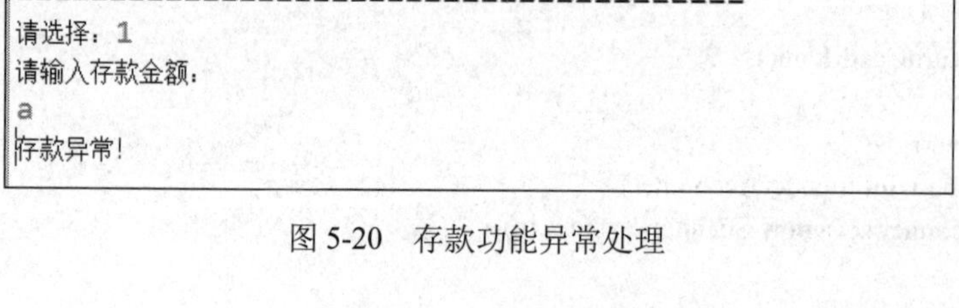

```
=============银行系统（客户）=============
      1.存款 2.取款 3.查询余额 4.转账 5.返回上级
==================================
请选择：1
请输入存款金额：
a
存款异常！
```

图 5-20　存款功能异常处理

5.5 任务小结

本任务讲解了 Java 中的异常及异常处理机制。包括使用 try-catch-finally 捕获异常，使用 throw、throws 抛出和声明异常，以及异常的分类，最后用异常处理机制解决银行业务中的输入异常问题，提高程序的健壮性和用户体验，引导用户正确地使用系统。

5.6 任务评价

任务 5　实现银行业务异常处理

考核目标	任务节点	完成情况	备注
知识、技能（70%）	1. 用 try-catch-finally 处理各种输入异常		
	2. 用 throws 将异常抛出		
	3. 用 throw 处理异常		
	成绩合计		
素养（30%）	1. 团队协作		
	2. 个人能力展示、专业认知		
	成绩合计		
合计			

5.7 习　题

一、填空题

1. 异常是在程序编译或运行中所发生的可预料或不可预料的异常事件，出现在编译阶段的异常称之为_____，出现在运行阶段的异常称之为_____。

2. 根据异常的来源，可以把异常分为_____和_____两种类型。

3. 所有的 Java 异常类都是系统类库中的_____类的子类。

4. 抛出异常分为_____、_____和_____三种情况。

5. Java 语言为我们提供了_____语句和_____语句捕捉并处理异常。

6. 一个 try 语句块后面可能会跟着若干个_____语句块，每个_____语句块都有一个异常类名作为参数。

7. 如果 try 语句块产生的异常对象被第一个 catch 语句块接收，那么程序的流程将_____，catch 语句块执行完毕后就_____，try 语句块中尚未执行的语句和其他的 catch 语句块将被_____；如果 try 语句块产生的异常对象与第一个 catch 语句块不匹配，系统将自动转到_____进行匹配。

8. 由于异常对象与 catch 语句块的匹配是按照 catch 语句块的_____顺序进行的，

所以在处理多异常时应注意认真设计各 catch 语句块的排列顺序。

9. throws 语句抛出的异常实际上是由 throws 语句修饰的方法内部的_____语句抛出的，使用 throws 的主要目的是_____。

二、选择题

1. 关于异常的含义，下列描述中，最正确的是（　　）
   A．程序编译错误　　　　　　　　B．程序语法错误
   C．程序自定义的异常事件　　　　D．程序编译或运行时发生的异常事件

2. 自定义异常时，可以通过对（　　）进行继承。
   A．Error 类　　　　　　　　　　 B．Applet 类
   C．Exception 类及其子类　　　　 D．AssertionError 类

3. 对应 try 和 catch 子句的排列方式，下列选项中，正确的是（　　）。
   A．子类异常在前，父类异常在后　B．父类异常在前，子类异常在后
   C．只能有子类异常　　　　　　　D．父类和子类不能同时出现在 try 语句块中

4. 下列（　　）异常是检查型异常，需要在编写程序时声明。
   A．NullPointerException　　　　 B．ClassCastException
   C．FileNotFoundException　　　　D．IndexOutOfBoundsException

5. 下面关于 Java.lang.Exception 类的说法中，正确的是（　　）。
   A．继承自 Throwable　　　　　　 B．不支持 Serializable
   C．继承自 AbstractSet　　　　　 D．继承自 FiteInputStream

6. 运行下面的程序时，会产生的异常是（　　）。

```
public class X7_1_4(
    public static void main(String[ ] args) {
        int x=0;
        int y=5/x;
        int[] z={1, 2, 3, 4};
        int p=z[4];
    }
}
```

   A．ArithmeticException　　　　　B．NumberFormatException
   C．ArrayIndexOutOfBoundsException　D．IOException

7. 下列代码中能正确地在方法体内抛出异常的是（　　）。
   A．new throw Exception(" ");　　B．throw new Exception(" ");
   C．throws IOException();　　　　D．throws IOException;

8. 下列选项中，不属于 Java 语言通过面对对象的方法进行异常处理的好处的是（　　）。
   A．把各种不同的异常事件进行分类，体现了良好的继承性
   B．把错误处理代码从常规代码中分离出来
   C．可以利用异常处理机制代替传统的控制流程
   D．这种机制为具有动态运行特性的复杂程序提供了强有力的支持

三、简答题

1. 运行时异常与一般异常有何异同？
2. 简述 Java 中的异常处理机制的简单原理和应用。
3. Java 语言如何进行异常处理？throws、throw、try、catch、finally 关键字分别代表什么意思？在 try 语句块中可以抛出异常吗？
4. 如果 try 语句块里有一个 return 语句，那么紧跟在这个 try 后的 finally 语句块里的代码会不会被执行？什么时候被执行？在 return 前还是后？
5. Error 和 Exception 有什么区别？

5.8 综合实训

1. 实训一

需求说明：

（1）按照控制台提示输入 1~3 任意一个数字，程序将输出相应的课程名称（1：C#；2：Java；3：MySQL）。

（2）根据键盘输入进行判断。如果输入正确，那么输出对应课程名称。如果输入错误，给出错误提示；不管输入是否正确，均输出"欢迎提出建议"语句。

2. 实训二

需求说明：

（1）定义一个 Person 类，包含性别、姓名、年龄 3 个属性。

（2）在 setAge(int age)中对年龄进行判断，如果年龄在 1~150 则直接赋值，否则抛出异常。

（3）在测试类中创建对象并调用 setAge(int age)方法，使用 try-catch 捕获并处理异常。

答案 5

课件 5

任务 6

优化客户信息存储功能

在 Java 程序基础内容中，为了方便对多个对象进行操作，可以定义数组存储对象，但数组的长度是固定的，有时候存储元素的个数是不确定的，无法确定数组的长度，为此 Java 语言提供了集合类供使用，可以存储长度不确定的对象。

学习目标：

- 能够掌握 ArrayList 集合的使用方法。
- 能够掌握 HashMap 集合的使用方法。
- 能够独立使用集合的增、删、改、查方法。
- 能够独立写出遍历集合代码。

6.1 任务描述

当前银行系统客户功能已经基本实现，但是银行管理员想查看所有客户的信息，向项目经理提出需求，要求以管理员身份查看客户编号、客户姓名、卡号和账户余额。

具体需求如下。

（1）为管理员添加查询客户信息的功能。

（2）要求客户数组信息从数组中获取，封装到对象中存入集合列表，遍历集合列表并在控制台依次输出客户编号、客户姓名、卡号、账户余额，如图 6-1 所示。

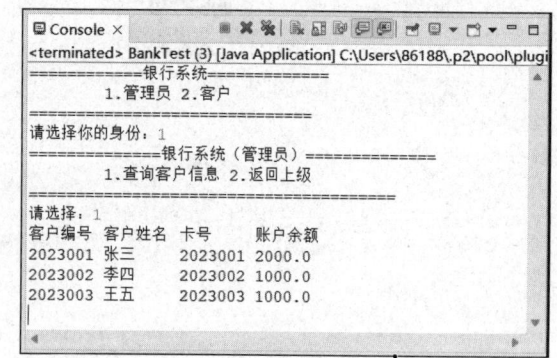

图 6-1 查询客户信息功能

6.2 集合框架概述

在银行系统中，如果想存储多个客户信息，可以使用数组来实现。例如，可以定义多个长度为 100 的数组，分别存储用户个人信息，但数组有以下缺陷。

（1）数组长度是固定的，不能适应元素动态变化的情况。若要存储大于 100 个客户的信息，则数组长度不足；若只存储 10 个客户的信息，则造成内存空间浪费。

（2）数组只可以存储相同类型的数据。虽然通过数组名.length 可获取数组的长度，却无法直接获取数组中真实存储的客户信息个数。

（3）数组采用在内存中分配连续空间的存储方式，根据下标可以快速获取对应客户的信息。但在进行频繁插入、删除操作时效率较低。

从以上分析可以看出数组在处理一些问题时存在明显的缺陷，而集合长度可变，可以存储任意类型的对象，它比数组更灵活、更实用，可大大提高软件的开发效率，并且不同的集合可适用于不同场合。

> 提示：如果写程序时并不知道程序运行时会需要多少对象，或者需要更复杂的方式存储对象，可以考虑使用 Java 集合来解决。

Java 集合框架为我们提供了一套性能优良、使用方便的接口和类，它们都位于 java.util 包中。Java 集合框架包含的主要内容及彼此之间的关系如图 6-2 所示。

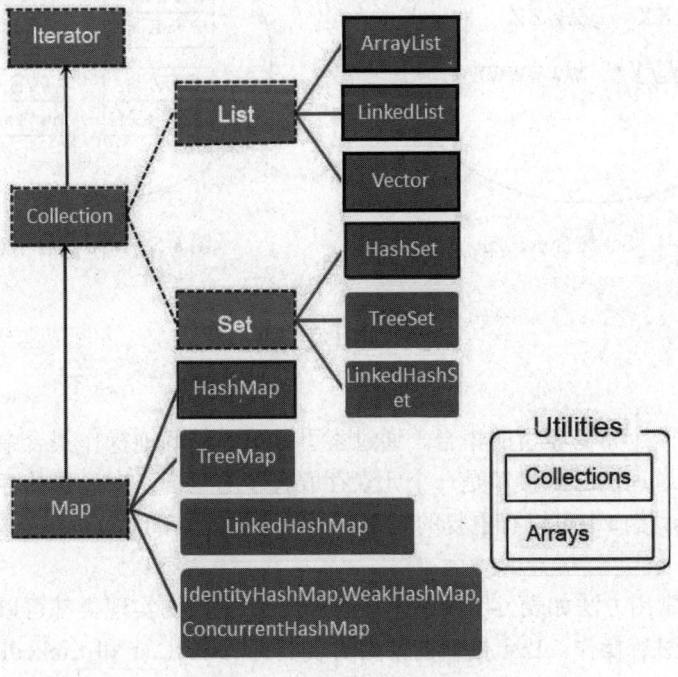

图 6-2 Java 集合类的框架

集合按照存储结构进行分类，可以分为两类：单列集合和双列集合。单列集合称为 Collection 单列集合，双列结合称为 Map 双列集合。

1. Collection 单列集合

单列集合类的根接口用来存储一系列符合某种规则的元素，它有两个子接口，分别是 List 和 Set。在集合框架中，List 可以理解为前面讲过的数组，元素的内容可以重复且有序，如图 6-3 所示。Set 可以理解为数学中的集合，里面的数据不重复且无序，如图 6-4 所示。

0	1	2	3	4	5
dddd	tttt	hghgh	aaaa	aaaa	uuuu

图 6-3　List 集合示意图

2. Map 双列集合

双列集合类的根接口用于存储键-值对映射关系的元素，可以根据 key 键找到对应的 value 值。Map 中的 key 不要求有序，不允许重复，value 同样不要求有序，但允许重复。主要的实现类有 HashMap 和 TreeMap。

Map 也可以理解为数学中的集合，只是其中每个元素都由 key 和 value 两个对象组成，如图 6-5 所示。

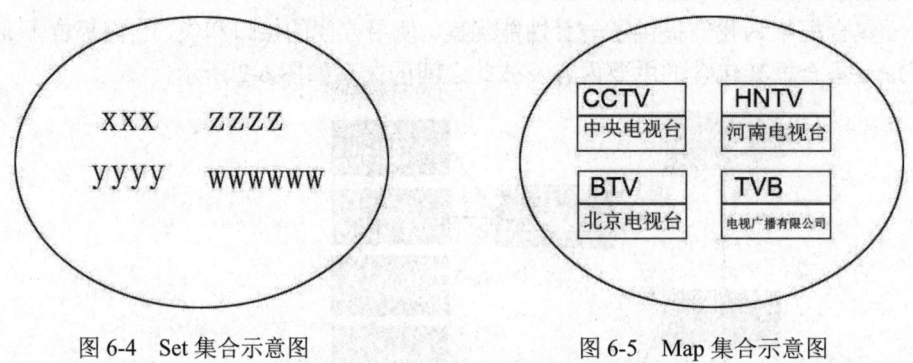

图 6-4　Set 集合示意图　　　　图 6-5　Map 集合示意图

6.3　List 接口

List 接口是一个带有索引的集合，通过索引就可以精确地操作集合中的元素，这与数组的索引是一个道理，List 接口是一个元素存取有序的集合，即元素的存入顺序和取出顺序是一致的。List 接口中可以有重复的元素，可以通过元素的 equals() 方法来比较是否为重复的元素。

List 集合的常用方法如表 6-1 所示。所有的 List 接口的实现类都可以通过调用这些方法来对集合元素进行操作。List 接口的常用实现类有 ArrayList 和 LinkedList。它们都可以容纳所有类型的对象，包括 null，允许重复，并且都保证元素的存储顺序。

表6-1 List集合的常用方法

操作类型	常用方法	方法说明
添加元素	public boolean add(Object o)	在列表末尾顺序添加元素,起始索引位置从0开始
	public void add(int index,Object o)	在指定的索引位置添加元素,原索引位置及其后面的元素依次后移,新添加元素的索引位置必须介于0和列表中元素个数之间
集合长度	public int size()	返回列表中的元素个数
获取元素	public Object get(int index)	返回指定索引位置处的元素,注意:取出的元素是Object类型,使用前需要进行强制类型转换
修改元素	public Object set (int index, Object o)	修改指定索引处的元素,返回被修改的元素
	public boolean contains(Object o)	判断列表中是否存在指定元素
删除元素	public boolean remove(Object o)	从列表中删除元素,返回是否成功删除的boolean值
	public Object remove(int index)	从列表中删除指定位置元素,起始索引位置从0开始

6.3.1 ArrayList集合类

ArrayList集合也称动态数组,它是一种可以动态增长和缩减的索引序列,存储的元素有序、可重复。ArrayList集合中的常用方法从List集合继承过来,如表6-1所示。其中add()方法和get()方法用于实现元素的存储。下面通过一个简单案例学习ArrayList集合如何存取元素。

【例6-1】使用ArrayList集合存取元素。

代码如下:

```
1.   public class ListTest1 {
2.      public static void main(String[ ] args) {
3.      //创建集合,因为Collection为抽象类,不能直接创建对象,所以创建Collection的子类
4.      ArrayList  array1 =new ArrayList ( );
5.      array1.add("小林");                    //add()方法,添加元素
6.      array1.add("小张");
7.      array1.add("小王");
8.      System. out. println( "查看元素个数"+array1.size());
9.      System. out. println("集合的元素"+array1);     //打印出集合中所有的元素
10.     System. out. println("第3个元素: "+array1.get(2));
11.     array1.set(2,"老张");
12.     System. out. println( "修改后的第3个元素: "+array1.get(2));
13.     ArrayList  array2 =new ArrayList ( );
14.     array2.add("大林");                    //使用add()方法,添加元素
15.     array2.add("大张");
16.     array2.add("大王");
17.     array1.addAll(array2);                 //把array2的元素添加到array1集合中
```

```
18.         //遍历集合
19.         for(int x =0; x<array1. size( ); x++) {
20.             String s =(String)array1. get(x);    //强制转换
21.             System. out. print (s+" ");
22.         }
23.     }
24. }
```

程序运行结果如图 6-6 所示。

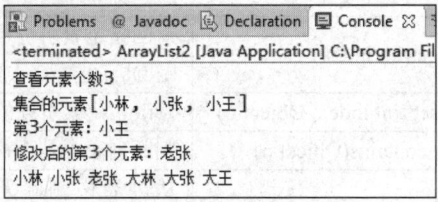

图 6-6 例 6-1 运行结果

提示：例 6-1 创建 "ArrayList array1 =new ArrayList();" 时，没有指出集合中存储什么类型的元素，所以在获取元素 array1.get(i)时，get()方法的返回值类型是 Object 对象，只能强制转换成 String 类型，否则会提示错误信息，如图 6-7 所示。

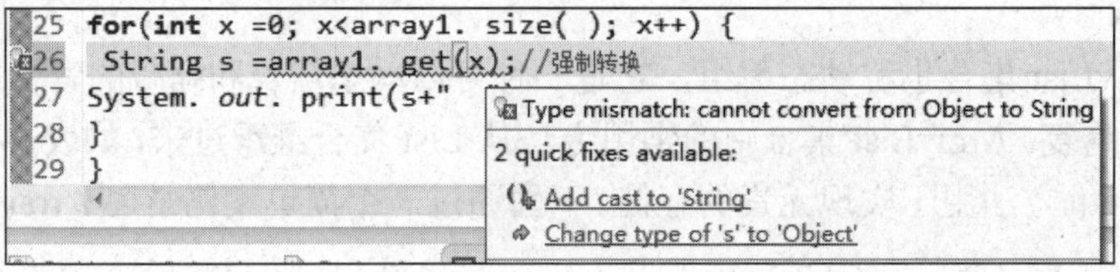

图 6-7 没有转换成相应的类型的错误信息提示

【例 6-2】使用 ArrayList 集合存储多个员工的信息，输出员工的总数和员工信息。

代码如下：

```
1.  package example;
2.  public class Employee {              //创建 Employee 员工类，包含 5 个属性、1 个构造方法
3.      private String name;             //姓名
4.      private int age;                 //年龄
5.      private String eno;              //工号
6.      private String job;              //部门
7.      private double sal;              //薪资
8.      public Employee(String name,int age,String eno,String job,double sal) {
9.          super();
10.         this.name = name;
11.         this.age =age;
12.         this.eno = eno;
13.         this.job = job;
14.         this.sal = sal;
15.     }
16.     //此处省略 Setter()和 Getter()方法
```

测试类 ListTest2：

```
1.   package example;
2.   import java.util.List;
3.   import java.util.ArrayList;
4.   public class ListTest2 {
5.       public static void main(String[] args) {
6.           //创建3个员工对象
7.           Employee emp1 = new Employee("张三",20,"2020001","销售部",3000);
8.           Employee emp2 = new Employee("李四",25,"2020002","测试部",5000);
9.           Employee emp3 = new Employee("王五",27,"2020003","开发部",4000);
10.          //创建 ArrayList 集合对象并将3个员工对象带入集合中
11.          List empsList = new ArrayList();
12.          empsList.add(emp1);
13.          empsList.add(emp2);
14.          empsList.add(emp3);
15.          //从集合中遍历员工信息并显示
16.          System.out.println("员工姓名\t年龄\t工号\t部门\t薪资");
17.          for(int i = 0; i < empsList.size(); i++) {
18.              //获取当前遍历的员工对象
19.              Employee emp = (Employee)empsList.get(i);  //强制转换
20.              System.out.println(emp.getName()+"\t"+emp.getAge()+"\t"
21.                  +emp.getEno()+"\t"+emp.getJob()+"\t"+emp.getSal());
22.          }
23.      }
24.  }
```

程序运行结果如图 6-8 所示。

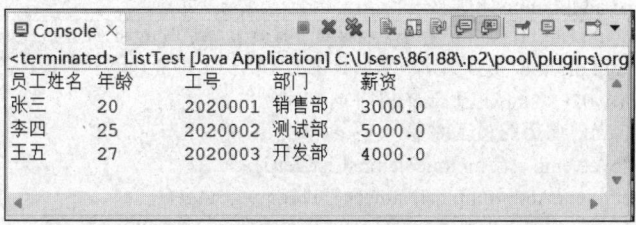

图 6-8 用 ArrayList 集合存储和输出员工信息

例 6-2 中只使用到了 ArrayList 集合的部分方法，接下来，我们在这例子的基础上，扩充以下几部分功能。

- 在指定位置添加员工。
- 删除指定位置的员工，如第一个员工。
- 删除指定的员工，如删除 emp3 对象。
- 判断集合中是否包含指定员工。

List 接口提供了相应方法，直接使用即可，实现代码如例 6-3 所示。

【例 6-3】练习 ArrayList 集合的其他方法，实现在指定位置添加、删除员工。

代码如下：

```java
1.  package example;
2.  import java.util.List;
3.  import java.util.ArrayList;
4.  public class ListTest2 {
5.      public static void main(String[] args) {
6.          //创建 3 个员工对象
7.          Employee emp1 = new Employee("张三",20,"2020001","销售部",3000);
8.          Employee emp2 = new Employee("李四",25,"2020002","测试部",5000);
9.          Employee emp3 = new Employee("王五",27,"2020003","开发部",4000);
10.         //创建 ArrayList 集合对象并将 3 个员工对象带入集合中
11.         List empsList = new ArrayList();
12.         empsList.add(emp1);
13.         empsList.add(emp2);
14.         empsList.add(emp3);
15.         //从集合中遍历员工信息并显示
16.         System.out.println("员工姓名\t 年龄\t 工号\t 部门\t 薪资");
17.         for(int i = 0; i < empsList.size(); i++) {
18.             //获取当前遍历的员工对象
19.             Employee emp = (Employee)empsList.get(i);
20.             System.out.println(emp.getName()+"\t"+emp.getAge()+"\t"
21.                 +emp.getEno()+"\t"+emp.getJob()+"\t"+emp.getSal());
22.         }
23.         System.out.println("════════════════════════════════════");
24.         System.out.println("添加新员工");
25.         Employee emp4 = new Employee("赵六",29,"2020004","运维部",2000);
26.         empsList.add(2, emp4);
27.         System.out.println("═══════════当前员工，共"+empsList.size()+"═══════════");
28.         System.out.println("员工姓名\t 年龄\t 工号\t 部门\t 薪资");
29.         for(int i = 0; i < empsList.size(); i++) {
30.             //获取当前遍历的员工对象
31.             Employee emp = (Employee)empsList.get(i);
32.             System.out.println(emp.getName()+"\t"+emp.getAge()+"\t"
33.                 +emp.getEno()+"\t"+emp.getJob()+"\t"+emp.getSal());
34.         }
35.         System.out.println("════════════════════════════════════");
36.         System.out.println("删除第一个员工");
37.         empsList.remove(0);
38.         System.out.println("删除 emp4 员工");
39.         empsList.remove(emp4);
40.         System.out.println("═══════════当前员工，共"+empsList.size()+"═══════════");
41.         System.out.println("员工姓名\t 年龄\t 工号\t 部门\t 薪资");
42.         for(int i = 0; i < empsList.size(); i++) {
43.             //获取当前遍历的员工对象
44.             Employee emp = (Employee)empsList.get(i);
45.             System.out.println(emp.getName()+"\t"+emp.getAge()+"\t"
```

```
46.              +emp.getEno()+"\t"+emp.getJob()+"\t"+emp.getSal());
47.         }
48.         System.out.println("判断是否包含 emp3 的员工");
49.         if(empsList.contains(emp3)) {
50.             System.out.println("该员工在职");
51.         } else {
52.             System.out.println("该员工离职");
53.         }
54.     }
55. }
```

程序运行结果如图 6-9 所示。

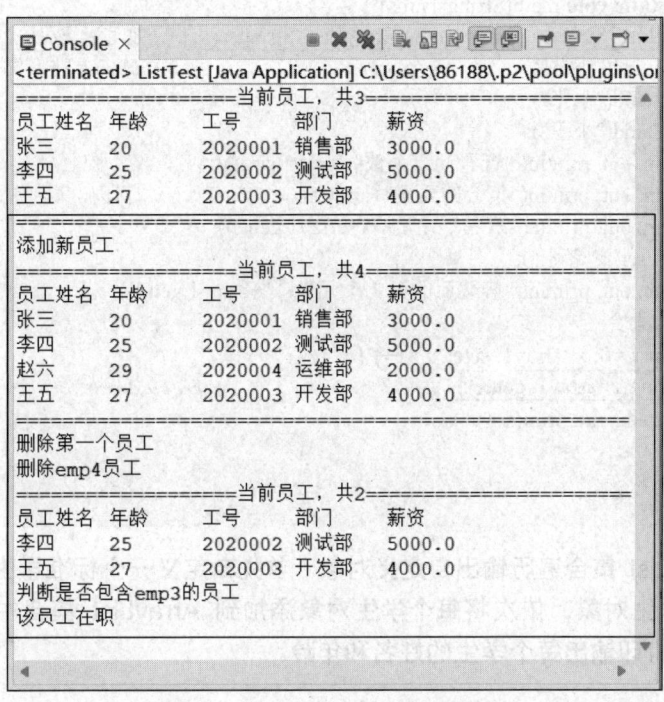

图 6-9　ArrayList 集合的其他方法

6.3.2　泛型

在前面的学习中，我们知道了数组和集合的区别，数组必须存放相同数据类型的数据，而集合可以存储任何类型的对象。在集合中存放多种类型的对象之后，集合会忘记当初存放的数据类型，因此将该对象从集合中取出时，这个对象的编译类变成了 Object 类型。换句话说，在程序中无法确定一个集合中的元素是什么类型的。为了让集合和数组一样，集合中只能存放一种数据类型对象，在 Java 语言中引入"参数化类型 (parameterized type)"这个概念，即泛型。它可以限定集合操作的数据类型，在定义集合类时，使用"<参数化类型>"方式指定该类中方法操作的数据类型，具体语法格式如下：

集合类<数据类型> 变量=new 集合类 <数据类型> ();

例如：

ArrayList<String>　arrayList=new ArrayList<String>();

这种写法限定了 ArrayList 集合只能存储 String 类型的元素，不能再存储其他类型的元素，而且当从 ArrayList 集合中取出元素时，集合知道元素是 String 类型。

【例 6-4】修改例 6-1 的代码，完成集合遍历。

代码如下：

```
1.   public class ListTest3 {
2.     public static void main(String[] args) {
3.       ArrayList<String>  array1 =new ArrayList<String> ( );    //加了泛型
4.       array1.add("小林");                                      //add()方法，添加元素
5.       array1.add("小张");
6.       array1.add("小王");
7.       System. out. println( "查看元素个数"+array1.size());
8.       System. out. println("集合的元素"+array1);                //打印出集合中所有的元素
9.       System. out. println("第 3 个元素："+array1.get(2));
10.      array1.set(2,"老张");
11.      System. out. println( "修改后的第 3 个元素："+array1.get(2));
12.      //遍历集合
13.      for(int x =0; x<array1. size( ); x++) {
14.        String s =array1. get(x);                              //强制转换
15.        System. out. print(s+" ");
16.      }
17.    }
18.  }
```

【例 6-5】ArrayList 集合遍历输出自定义对象。首先自定义一个标准学生类，然后在测试类中构造 3 个学生对象，依次将每个学生对象添加到 ArrayList 集合中，最后遍历这个 ArrayList 集合，打印输出每个学生的姓名和年龄。

代码如下：

```
1.   public class Student {
2.     private String name;
3.     private int age;
4.     public Student( ) {
5.       super( );
6.     }
7.     public Student(String name, int age) {
8.       this. name=name;
9.       this. age=age;
10.    }
11.    public String getName( ) {
12.      return name;
13.    }
14.    public void setName(String name) {
```

```
15.            this.name=name;
16.        }
17.        public int getAge( ) {
18.            return age;
19.        }
20.        public void setAge(int age) {
21.            this.age=age;
22.        }
23. }
```

测试类，存储自定义对象并遍历。

```
1.  import java.util.ArrayList;
2.  public class ListTest4 {
3.      public static void main(String[ ] args) {
4.          //创建集合对象
5.          ArrayList<Student>  array =new ArrayList<Student>();
6.          //创建学生对象
7.          Student s1 =new Student("小林", 18);
8.          Student s2 =new Student("小张", 20);
9.          Student s3 =new Student("小景", 19);
10.         Student s4 =new Student("小柳", 18);
11.         //把学生对象作为元素添加到集合中
12.         array.add(s1);
13.         array.add(s2);
14.         array.add(s3);
15.         array.add(s4);
16.         //遍历集合
17.         for(int x =0; x<array.size( ); x++) {
18.             Student s =array.get(x);
19.             System.out.println(s.getName( )+"- - -"+s.getAge( ));
20.         }
21.     }
22. }
```

【练一练】模仿例 6-5 为例 6-2 的 List 集合添加泛型，实现同样的功能。

6.3.3 LinkedList 集合类

ArrayList 集合查询速度快，但在插入、删除元素时效率较低，为了克服这种局限性，可以使用 LinkedList 集合来提高效率。

在使用 LinkedList 集合进行头部和尾部元素的添加和删除操作时，除了使用 List 的 add() 和 remove() 方法，还可以使用 LinkedList 集合额外提供的方法来实现操作，如表 6-2 所示。

表 6-2 LinkedList 集合的一些特殊方法

方 法	作 用
void addFirst(Object o)	在列表的头部添加元素
void addLast(Object o)	在列表的末尾添加元素
object getFirst()	返回列表中的第一个元素

方 法	作 用
object getLast()	返回列表中的最后一个元素
object removeFirst()	删除并返回列表中的第一个元素
object removeLast()	删除并返回列表中的最后一个元素

【例6-6】在集合的头部或尾部添加、获取和删除员工对象。

代码如下：

```java
package example;
import java.util.LinkedList;
public class ListTest5 {
    public static void main(String[] args) {
        //创建3个员工对象
        Employee emp1 = new Employee("张三",20,"2020001","销售部",3000);
        Employee emp2 = new Employee("李四",25,"2020002","测试部",5000);
        Employee emp3 = new Employee("王五",27,"2020003","开发部",4000);
        //创建ArrayList集合对象并将3个员工对象带入集合中
        LinkedList<Employee> empsList = new LinkedList<Employee> ();
        empsList.add(emp1);
        empsList.add(emp2);
        empsList.add(emp3);
        //用getFirst()方法获取第一个员工对象
        Employee e1 = empsList.getFirst();
        System.out.println("查看第一个员工的姓名："+e1.getName());
        System.out.println("删除最后一个员工");
        empsList.removeLast();
        System.out.println("===================当前员工，共"+empsList.size()+"===================");
        System.out.println("员工姓名\t 年龄\t 工号\t 部门\t 薪资");
        for(int i = 0; i < empsList.size(); i++) {
            //获取当前遍历的员工对象
            Employee emp =empsList.get(i);
            System.out.println(emp.getName()+"\t"+emp.getAge()+"\t"
                +emp.getEno()+"\t"+emp.getJob()+"\t"+emp.getSal());
        }
    }
}
```

程序运行结果如图6-10所示。

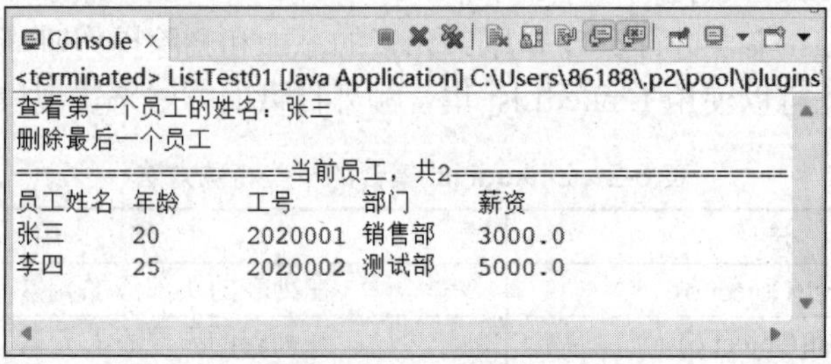

图6-10 使用LinkedList集合存储和处理员工信息

ArrayList 集合和 LinkedList 集合的区别：
- ArrayList 集合的底层是基于动态数组的数据结构，而 LinkedList 集合的底层是基于链表的数据结构。
- 对于查找 get 和 set，ArrayList 集合优于 LinkedList 集合，因为 LinkedList 集合要移动指针。
- 对于新增和删除操作 add 和 remove，LinkedList 集合比较占优势，因为 ArrayList 集合要移动数据。

ArrayList 集合对数组进行了封装，实现了长度可变的数组。ArrayList 集合存储数据的方式和数组相同，都是在内存中分配连续的空间，如图 6-11 所示。它的优点在于遍历元素和随机访问 get 和 set 元素的效率比较高。

0	1	2	3	4	5
aaaa	dddd	cccc	aaaa	eeee	dddd

图 6-11　ArrayList 集合存储方式示意图

LinkedList 集合采用链表存储方式，如图 6-12 所示，优点在于插入、删除元素时效率比较高。它提供了额外的 addFirst()、addLast()、removeFirst() 和 removeLast() 等方法，可以在 LinkedList 集合的首部或尾部进行插入或删除操作。这些方法使得 LinkedList 集合可被用作堆栈（stack）或者队列（queue）。

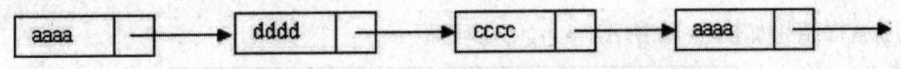

图 6-12　LinkedList 集合存储方式示意图

6.4　Map 接口

生活中我们有时开玩笑会给别人起外号，例如吴用的外号是"智多星"，林冲的外号是"豹子头"。外号与名称之间就是键-值映射的关系，例如：智多星-吴用，根据"智多星"可以查找到"吴用"，应该如何实现数据的存储和删除操作呢？

Java 语言集合框架中提供了 Map 接口，专门用来处理键-值映射数据的存储。Map 接口中可以存储多个元素，每个元素都由两个对象组成，即一个键对象和一个值对象，可以根据键实现对应值的映射。

【例 6-7】用 Map 接口实现数据存储。

代码如下：

```
1.  package example;
2.  import java.util.HashMap;
3.  import java.util.Map;
4.  public class ListTest6 {
```

```java
5.    public static void main(String[] args) {
6.       //创建 Map 对象并存入 3 组键值对
7.       Map map = new HashMap();
8.       map.put("智多星","吴用");
9.       map.put("豹子头","林冲");
10.      map.put("花和尚","鲁智深");
11.      //显示集合中元素的个数
12.      System.out.println("集合中共有:"+map.size()+"个元素");
13.      //查找智多星对应的人物名称
14.      String name = (String)map.get("智多星");
15.      System.out.println("外号智多星的人是:"+name);
16.      //显示集合中所有人的外号（键）
17.      System.out.println(map.keySet());
18.      //显示集合中所有人的名称（值）
19.      System.out.println(map.values());
20.      //删除吴用
21.      map.remove("智多星");
22.      System.out.println("集合中共有:"+map.size()+"个元素");
23.      //清空所有
24.      map.clear();
25.      System.out.println("集合中共有:"+map.size()+"个元素");
26.   }
27. }
```

程序运行结果如图 6-13 所示。

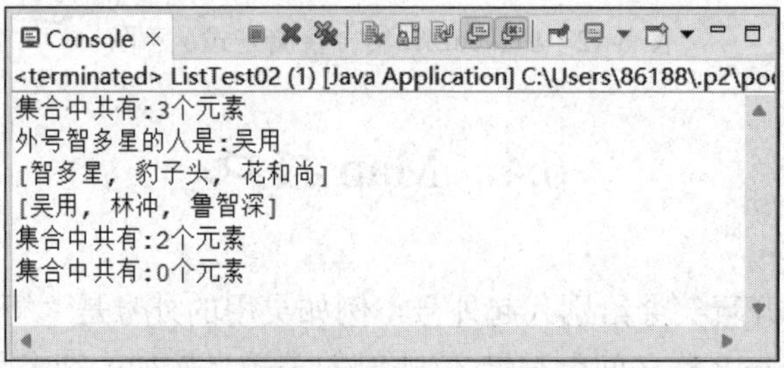

图 6-13 用 Map 接口实现数据存储

Map 接口存储一组成对的键-值对象，提供 Key（键）到 Value（值）的映射。Map 接口中的 Key 不要求有序，但不允许重复。Value 同样不要求有序，但允许重复。最常用的 Map 实现类是 HashMap，它的存储方式是哈希表。哈希表也称为散列表，是根据关键码值（Key value）而直接进行访问的数据结构。也就是说，它通过把关键码映射到表中的一个位置来访问记录，以加快查找速度。存放记录的数组称为散列表。使用这种方式存储数据的优点是查询指定元素效率较高。

在例 6-7 中使用到的 Map 接口中定义的各种常用方法（也是 HashMap 的各种常用方法），如表 6-3 所示。

表 6-3　Map 接口的常用方法

方　　法	作　　用
object put(object key, object value)	以"键值对"的方式进行存储。键必须是唯一的，值可以重复。如果试图添加重复的键，那么最后加入的"键值对"将替换掉原先的"键值对"
object get(object key)	根据键返回相关联的值，若不存在指定的键，则返回 null
object remove(object key)	删除指定的键映射的"键值对"
int size()	返回元素个数
set keySet()	返回键的集合
Collection values()	返回值的集合
boolean containskey (object key)	若存在指定的键映射的"键值对"，则返回 true
boolean isEmpty()	若不存在键-值映射关系，则返回 true
void clear()	从此映射中移除所有映射关系

6.5　遍历集合方式

6.5.1　使用 Iterator 遍历集合类

所有集合接口和类都没有提供相应的遍历方法，而是把遍历交给迭代器 Iterator 完成。迭代器 Iterator 与 List 和 Map 的区别在于，List 和 Map 用于元素的存储，而迭代器主要用于元素的处理。Iterator 为集合而生，专门实现集合的遍历，它隐藏了各种集合实现类的内部细节，提供了遍历集合的统一编程接口。

Collection 接口通过 iterator()方法返回一个 Iterator 迭代器，然后通过 Iterator 接口的两个方法即可方便地实现遍历。

Iterator 迭代器的常用方法如表 6-4 所示。

表 6-4　Iterator 迭代器的常用方法

方　　法	作　　用
boolean hasNext()	判断是否存在另一个可访问的元素
Object next()	返回要访问的下一个元素
object remove()	从迭代器指向的 Collection 中移除迭代器返回的最后一个元素（可选操作）

【例 6-8】修改例 6-2 通过 Iterator 迭代器来实现遍历 List 集合中的元素。

代码如下：

```
1.  package example;
2.  import java.util.ArrayList;
3.  import java.util.Iterator;
4.  import java.util.List;
5.  public class ListTest7 {
6.      public static void main(String[] args) {
```

```
7.      //创建3个员工对象
8.      Employee emp1 = new Employee("张三",20,"2020001","销售部",3000);
9.      Employee emp2 = new Employee("李四",25,"2020002","测试部",5000);
10.     Employee emp3 = new Employee("王五",27,"2020003","开发部",4000);
11.     //创建ArrayList集合对象并将3个员工对象带入集合中
12.     List<Employee> empsList = new ArrayList<Employee> ();
13.     empsList.add(emp1);
14.     empsList.add(emp2);
15.     empsList.add(emp3);
16.     //从集合中遍历员工信息并显示
17.     System.out.println("员工姓名\t年龄\t工号\t部门\t薪资");
18.     //获取迭代器对象
19.     Iterator<Employee> it = empsList.iterator();
20.     //判断是否有一个值,如果有返回真,否则返回假
21.     while(it.hasNext()) {
22.         Employee emp = it.next();
23.         System.out.println(emp.getName()+"\t"+emp.getAge()+"\t"
24.              +emp.getEno()+"\t"+emp.getJob()+"\t"+emp.getSal());
25.     }
26.   }
27. }
```

程序运行结果如图6-14所示。

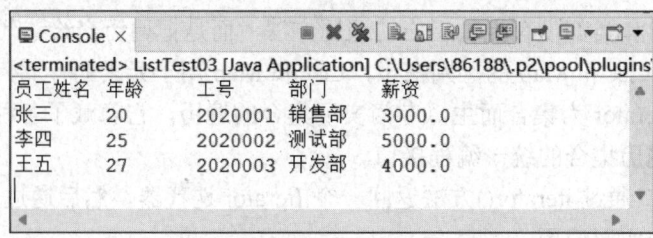

图6-14 例6-8程序运行结果

【例6-9】修改例6-7,通过Iterator迭代器实现遍历Map集合中的元素。

代码如下:

```
1.  package example;
2.  import java.util.HashMap;
3.  import java.util.Iterator;
4.  import java.util.Map;
5.  import java.util.Set;
6.  public class ListTest8 {
7.    public static void main(String[] args) {
8.      //创建Map对象并存入3组键值对
9.      Map<String,String> map = new HashMap<String,String>();
10.     map.put("智多星","吴用");
11.     map.put("豹子头","林冲");
12.     map.put("花和尚","鲁智深");
13.     System.out.println("外号\t姓名");
```

```
14.         //获取 map 集合中键的集合
15.         Set<String> keys = map .keySet();
16.         //获取 keys 集合迭代器对象
17.         Iterator<String> it = keys.iterator();
18.         while(it.hasNext()){
19.             String str = it.next();
20.             System.out.println(str+"\t"+map.get(str));
21.         }
22.     }
23. }
```

程序运行结果如图 6-15 所示。

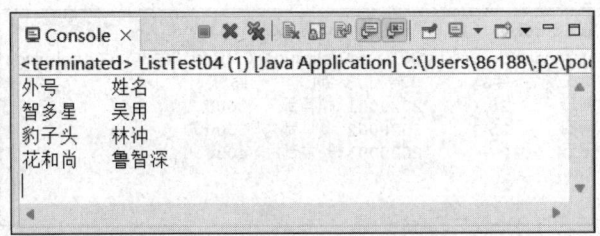

图 6-15 例 6-9 程序运行结果

6.5.2 使用增强 for 循环遍历集合类

增强型 for 循环是 for 语句的特殊简化版本，我们通常称之为 foreach 语句，它在遍历数组、集合方面提供了极大的方便。增强型 for 循环语法格式如下：

```
For(集合元素类型 t   元素变量 x: 数组或集合名){
    //引用了 x 的 java 语句
}
```

其中，"t" 的类型必须属于 "数组或集合对象" 的元素类型。

【例 6-10】修改例 6-2，通过增强 for 循环来实现遍历 List 集合中的元素。

代码如下：

```
1.  package example;
2.  import java.util.ArrayList;
3.  import java.util.List;
4.  public class ListTest9 {
5.      public static void main(String[] args) {
6.          //创建 3 个员工对象
7.          Employee emp1 = new Employee("张三",20,"2020001","销售部",3000);
8.          Employee emp2 = new Employee("李四",25,"2020002","测试部",5000);
9.          Employee emp3 = new Employee("王五",27,"2020003","开发部",4000);
10.         //创建 ArrayList 集合对象并将 3 个员工对象带入集合中
11.         List<Employee> empsList = new ArrayList<Employee>();
12.         empsList.add(emp1);
```

```
13.        empsList.add(emp2);
14.        empsList.add(emp3);
15.        //使用增强 for 循环从集合中遍历员工信息并显示
16.        System.out.println("员工姓名\t 年龄\t 工号\t 部门\t 薪资");
17.        for(Employee emp : empsList) {
18.            System.out.println(emp.getName()+"\t"+emp.getAge()+"\t"
19.                +emp.getEno()+"\t"+emp.getJob()+"\t"+emp.getSal());
20.        }
21.    }
22. }
```

程序运行结果如图 6-16 所示。

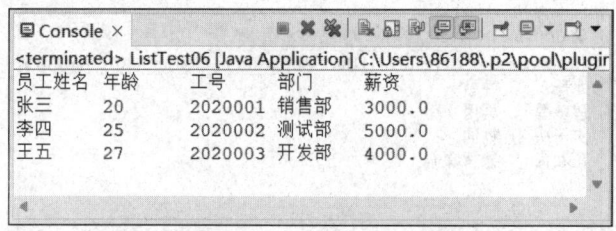

图 6-16　例 6-10 程序运行结果

【例 6-11】通过增强 for 循环来实现遍历 Map 集合中的元素。

代码如下：

```
1.  package example;
2.  import java.util.HashMap;
3.  import java.util.Iterator;
4.  import java.util.Map;
5.  import java.util.Set;
6.  public class ListTest10 {
7.      public static void main(String[] args) {
8.          //创建 Map 对象并存入 3 组键值对
9.          Map<String,String> map = new HashMap<String,String>();
10.         map.put("智多星","吴用");
11.         map.put("豹子头","林冲");
12.         map.put("花和尚","鲁智深");
13.         System.out.println("外号\t 姓名");
14.         //获取 Map 集合中键的集合
15.         Set<String> keys = map.keySet();
16.         //获取 keys 集合迭代器对象
17.         Iterator<String> it = keys.iterator();
18.         for(String str:keys) {
19.             System.out.println(str+"\t"+map.get(str));
20.         }
21.     }
22. }
```

程序运行结果如图 6-17 所示。

```
Console ×
<terminated> ListTest07 (1) [Java Application] C:\Users\86188\.p2\po
外号      姓名
智多星    吴用
豹子头    林冲
花和尚    鲁智深
```

图 6-17 例 6-11 程序运行结果

6.6 任务实施

为完成 6.1 节中的任务，需要在前面任务 5 的程序的基础上添加管理员模块代码。

1. 新建管理员数据访问层接口 AdminDao

```
1.  package com.hnjd.dao;
2.  import java.util.List;
3.  import com.hnjd.beans.Customer;
4.  //管理员数据业务接口
5.  public interface AdminDao {
6.      //获取客户信息列表
7.      public List<Customer> getCustomerList();
8.  }
```

2. 对管理员数据访问层接口 AdminDao 添加实现类 AdminDaoImpl

```
1.  package com.hnjd.dao;
2.  import java.util.ArrayList;
3.  import java.util.List;
4.  import com.hnjd.beans.Customer;
5.  public class AdminDaoImpl implements AdminDao{
6.      @Override
7.      public List<Customer> getCustomerList() {
8.          List<Customer> list = new ArrayList<Customer>();
9.          //遍历数组，将客户数据取出存入 Customer 对象中，再将对象存入 List 中
10.         Customer cust = null;
11.         for (int i = 0; i < BaseDao.custCardIds.length; i++) {
12.             cust = new Customer();
13.             if(BaseDao.custCardIds[i]!=null){
14.                 cust.setCustId(BaseDao.custCardIds[i]);
15.                 cust.setCustName(BaseDao.custNames[i]);
16.                 cust.setCustCard(BaseDao.custCardIds[i]);
17.                 cust.setBalance(BaseDao.balances[i]);
18.                 list.add(cust);
19.             }
20.         }
21.         return list;
22.     }
```

23. }

3．添加管理员业务逻辑接口 AdminService 和管理员区块 AdminServiceImpl

1）逻辑接口 AdminService

```
1.   package com.hnjd.service;
2.   public interface AdminService {
3.      //管理员登录成功页面
4.      public void adminLogin();
5.      //查询客户信息列表
6.      public void getCustomers();
7.   }
```

2）管理员区块 AdminServiceImpl

```
1.   package com.hnjd.service;
2.   import java.util.List;
3.   import java.util.Scanner;
4.   import com.hnjd.beans.Customer;
5.   import com.hnjd.dao.AdminDao;
6.   import com.hnjd.dao.AdminDaoImpl;
7.   public class AdminServiceImpl implements AdminService{
8.      AdminDao ad = new AdminDaoImpl();
9.      @Override
10.     public void adminLogin() {
11.        Scanner sc = new Scanner(System.in);
12.        System.out.println("==============银行系统（管理员）==============");
13.        System.out.println("\t1.查询客户信息 2.返回上级");
14.        System.out.println("================================================");
15.        System.out.print("请选择：");
16.        int num = sc.nextInt();
17.        boolean flag = true;
18.        while(flag){
19.           switch (num) {
20.              case 1:
21.                 getCustomers();
22.                 flag = false;
23.                 break;
24.              case 2:
25.                 Bank bank = new BankImpl();
26.                 bank.bankMenu();
27.                 flag = false;
28.                 break;
29.              default:
30.                 System.out.println("对不起，输入错误请重新输入:");
31.                 num = sc.nextInt();
32.                 break;
33.           }
34.        }
```

```
35.    }
36.    @Override
37.    public void getCustomers() {
38.        List<Customer> list = ad.getCustomerList();
39.        //循环遍历显示
40.        System.out.println("客户编号\t 客户姓名\t 卡号\t 账户余额");
41.        for(Customer cust:list){
42.            System.out.println(cust.getCustId()+"\t"+cust.getCustName()
43.                +"\t"+cust.getCustCard()+"\t"+cust.getBalance());
44.        }
45.    }
46. }
```

4. 修改 BankImpl

```
1.  package com.hnjd.service;
2.  import java.util.InputMismatchException;
3.  import java.util.Scanner;
4.  //Bank 接口实现类
5.  public class BankImpl implements Bank{
6.      CustomerService cs = new CustomerServiceImpl();
7.      AdminService as = new AdminServiceImpl();
8.      @Override
9.      public void bankMenu() {
10.         Scanner sc = new Scanner(System.in);
11.         System.out.println("==============银行系统==============");
12.         System.out.println("\t1.管理员\t2.客户");
13.         System.out.println("===================================");
14.         System.out.print("请选择你的身份: ");
15.         int num = 0;
16.         try{
17.             num = sc.nextInt();
18.         }catch(InputMismatchException e){
19.             System.out.println("请输入合法数据!");
20.             return;
21.         }
22.         boolean flag = true;
23.         while(flag){
24.             switch (num) {
25.                 case 1:
26.                     as.adminLogin();
27.                     flag = false;
28.                     break;
29.                 case 2:
30.                     //进入客户登录页面
31.                     cs.custLogin();
32.                     flag = false;
33.                     break;
34.                 default:
35.                     System.out.println("对不起,输入错误请重新输入:");
```

```
36.                num = sc.nextInt();
37.                break;
38.           }
39.       }
40.    }
41. }
```

其主要将 25~28 行代码进行了修改，将原来的"管理员功能正在开发中"改为管理员登录方法的调用。

6.7 任务小结

本任务讲解 Java 语言使用非常频繁的集合框架。首先由实际问题引出集合框架并介绍它所包含的内容，然后详细讲解 ArrayList、LinkedList 和 HashMap 3 种具体的集合类，使用泛型集合改进集合的使用，讲解了集合的统一遍历工具——迭代器 Iterator。学习这部分内容应首先从整体上把握集合框架所包含的内容，具体学习集合类时要注意区分集合类的不同之处，通过对比加深理解和记忆。

6.8 任务评价

任务 6　优化客户信息存储功能

考核目标	任务节点	完成情况	备注
知识、技能（70%）	1．ArrayList 集合的使用		
	2．HashMap 集合的使用		
	3．不同的遍历集合方式		
	4．优化客户信息存储功能		
	成绩合计		
素养（30%）	1．团队协作		
	2．个人能力展示、专业认知		
	成绩合计		
合计			

6.9 习题

一、选择题

1．ArrayList 类的底层数据结构是（　　）。
    A．数组结构　　　　　　　　　　　B．链表结构
    C．哈希表结构　　　　　　　　　　D．红黑树结构

2. LinkedList 类的特点是（　　）。
   A．查询快　　　　　　　　　　B．增删快
   C．元素不重复　　　　　　　　D．元素自然排序
3. 下列关于迭代器的说法中，错误的是（　　）。
   A．迭代器是取出集合元素的方式
   B．迭代器的 hasNext()方法返回值是布尔类型
   C．List 集合有特有的迭代器
   D．next()方法将返回集合中的上一个元素。
4. 下列关于 HashMap 集合的说法中，正确的是（　　）。
   A．底层是数组结构　　　　　　B．底层是链表结构
   C．可以存储 null 值和 null 键　　D．不可以存储 null 值和 null 键
5. 在 Java 语言中，（　　）类可用于创建链表数据结构的对象。
   A．LinkedList　　　　　　　　　B．ArrayList
   C．Collection　　　　　　　　　D．HashMap
6. 将集合转换成数组的方法是（　　）。
   A．asList()　　　　　　　　　　B．toCharArray()
   C．toArray()　　　　　　　　　D．copy()
7. 下列关于泛型的说法中，错误的是（　　）。
   A．泛型是 JDK 1.5 出现的新特性　B．泛型是一种安全机制
   C．使用泛型避免了强制类型转换　D．使用泛型必须进行强制类型转换
8. 下列不是 List 集合的遍历方式的是（　　）。
   A．通过 Iterator 迭代器实现
   B．通过增强 for 循环实现
   C．通过 get()和 size()方法结合实现
   D．通过 get()和 length()方法结合实现
9. 下列关于 Java 泛型的叙述中，不正确的是（　　）。
   A．泛型的类参数只能是类类型不能是基本数据类型
   B．泛型是 Java 语言中的语法，只存在于编译期
   C．List<String> 在运行时等价于 List<Integer>
   D．运行时泛型避免了类型转换错误

二、编程题

任务描述：
（1）存储多条狗狗信息，获取狗狗总数，逐条打印出各条狗狗信息，删除指定位置的狗狗，如第一个狗狗；删除指定的狗狗，如删除 feifeiDog 对象；判断集合中是否包含指定狗狗。
（2）在集合任何位置（头部、中间、尾部）添加、获取、删除狗狗对象。

6.10 综 合 实 训

像商城和超市这样的地方，都需要有自己的库房，并且库房商品的库存变化有专人记录，这样才能保证商城和超市正常运转。

本例要求编写一个程序，模拟库存管理系统。该系统主要包括系统首页、商品入库、商品显示和删除商品功能。每个功能的具体要求如下。

（1）系统首页：用于显示系统所有的操作，并且可以选择使用某一个功能。

（2）商品入库：首先提示是否要录入商品，根据用户输入的信息判断是否需要录入商品。若需要录入商品，则需要用户输入商品的名称、颜色、价格和数量等信息。录入完成后，提示商品录入成功并打印所有商品。若不需要录入商品，则返回系统首页。

（3）商品显示：用户选择商品显示功能后，在控制台打印仓库所有商品信息。

（4）删除商品：用户选择删除商品功能后，根据用户输入的商品编号删除商品，并在控制台打印剩余的所有商品。

本案例要求使用 Collection 集合存储自定义的对象，并用迭代器、增强 for 循环遍历集合。

答案 6

课件 6

任务 7

导出客户信息功能实现

本任务主要实现银行管理系统客户报表的查询以及下载功能,通过报表的设计,完成客户数据的导出,可以使读者了解和掌握 Java 语言中 I/O 流的相关操作,将客户的基本信息数据保存到文件中,需要时可直接从文件中读取。

学习目标:

- 理解 I/O 流的作用。
- 掌握 Java 语言中常用 I/O 流的定义和用法。
- 掌握 File 文件类的基本定义和基本属性操作。
- 掌握 Java 语言通过流进行输入/输出操作的方法。
- 能够使用 File 类中相应的方法对文件或目录进行操作。
- 能够利用随机流类 RandomAccessFile 同时完成输入/输出操作。
- 形成严谨、认真的工作态度。
- 培养高尚的职业道德,精益求精的工作态度。

7.1 任务描述

7.1.1 客户信息导入/导出

为方便进行数据信息查询,管理员登录系统后,可进行客户信息导入/导出功能。导入的文件存储在指定位置,导入成功后,可查看客户基本信息,包含客户编号、客户姓名、卡号、账户余额等信息;同时,可实现客户信息导出功能,存储在固定位置。整体分为以下 3 个部分。

1. 导入客户信息

使用管理员账号登录，选择"3"，可以把 D 盘 info.txt 文件中的客户信息导入 List<Customer>中，如图 7-1 所示。

图 7-1 管理员导入客户信息图

2. 查询客户信息

导入成功后，选择"1"，即可查询客户信息，如图 7-2 所示。

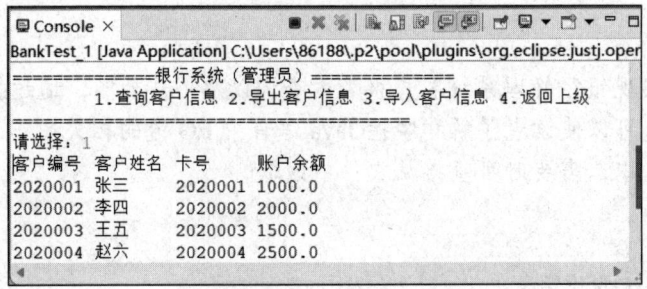

图 7-2 管理员查询客户信息图

3. 导出客户信息

选择"2"，即可导出客户信息，保存在 D:\\a.txt 文档中，打开即可查看，如图 7-3 所示。

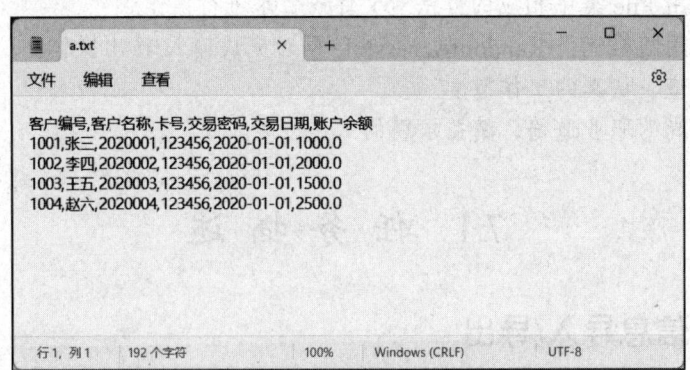

图 7-3 管理员导出客户信息图

7.1.2 实施思路

本任务需要完成客户基本信息数据的导出，将综合运用 Java 语言中 I/O 流的相关操作、字符流、字节流、File 类等技术来实现。具体实施思路如下。

（1）需要用到相应的 I/O 流，因用到的类比较多，在此采用把 java.io 包中所有类都导入的方式。

（2）将客户基本信息数据导入文本文件中，文件中每一行存放一条客户记录，各字段之间用逗号分隔，编写 importInfo()方法，利用 BufferedReader 将存储在 D 盘 info.txt 文件导入，生成客户信息。

（3）使用 for 循环对客户信息进行遍历，将客户数据取出存入 Customer 对象中，再将对象存入 list 中，查询客户信息。

（4）编写 exportInfo()方法，然后利用 BufferedWriter 在指定位置生成.txt 文件，导出客户信息。

在任务实现过程中，主要用到以下知识。

（1）I/O 流操作：通过 I/O 流可以对文件内容进行读写操作，即可以从一个文件中直接读取客户基本信息数据，也可以把编辑修改后的客户基本信息数据保存到文件中。要从文件中读写数据，需要用到相应的 I/O 流，因为用到的类比较多。

（2）File 类：对文件本身进行的一些常规操作是无法通过 I/O 流来实现的，如文件的删除或重命名、查看目录下的文件等。针对文件的这些操作，JDK 中提供了一个 File 类，File 类中提供了相应的方法用于对文件或目录进行操作。

7.2 I/O 流的定义及分类

7.2.1 什么是流和 I/O 流

1. 流的定义

在 Java 语言中，为完成对外设文件的 I/O 访问，其采用了一种流（stream）的机制来进行这一操作。所谓流，即一个无结构化的数据组成的序列，流中的数据没有任何格式和含义，只是以字节或字符形式进行流入或流出。数据流的流入和流出都是以程序本身作为核心，即流入是指数据从外部数据源流入程序内部，也就是常说的读操作；流出是指数据从程序内部向外部流出到数据的目的地，也就是常说的写操作。

这种数据的流入和流出都是通过一个通道来完成的。这个通道的两端分别连接运行的程序和外部文件，而数据就在这个通道中进行传输。Java 程序把这个通道流封装成类，用户不需要知道数据在通道中的传输细节就可以根据要求选择合适的通道流完成数据的访问和传输。这个通道流我们也称之为数据流。数据流示意如图 7-4 所示。

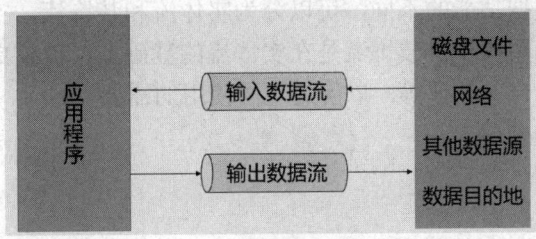

图 7-4 数据流示意图

通过这个示意图我们可以看到，应用程序和数据文件之间是通过数据流进行连接的，并且流采用的是单向传输。因此要实现读写操作就需要建立两个数据流。为提高访问效率，Java 语言在 1.4 版本后又提供了 NIO（New I/O）流，实现了同一通道的同时进行读写操作的功能。NIO 流将在 7.4 节中详细介绍。

2．I/O 流

Java 语言将数据的输入/输出（I/O）操作当作"流"来处理，流是一组有序的数据序列。流分为输入流和输出流两种形式，从数据源中读取数据是输入流，将数据写入目的地是输出流。

如图 7-5 所示，数据输入的数据源有多种形式，如文件、网络和键盘等，键盘是默认的标准输入设备。而数据输出的目的地也有多种形式，如文件、控制台和网络，控制台是默认的标准输出设备。

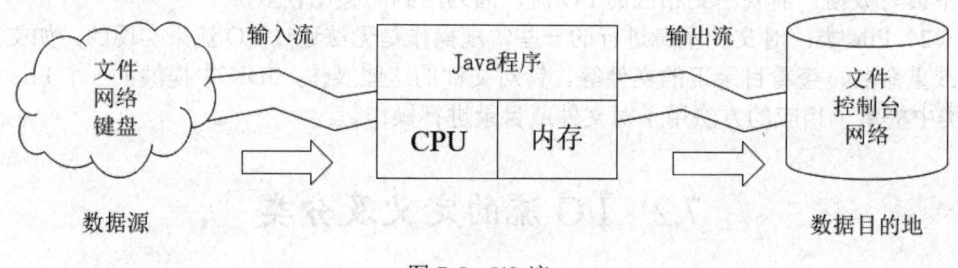

图 7-5　I/O 流

7.2.2　流的分类

在实际开发中，多数应用程序需要与外部设备之间进行数据交换，如从键盘输入数据或从文件中读取数据，将结果输出到显示器或文件中。

数据在不同输入/输出设备之间的传输连续不断，像水流一样，因此在 Java 语言中将这种通过不同输入/输出设备之间的数据传输抽象表示为"流"，输入/输出流（Input/Output，I/O），专门用于实现数据的输入/输出操作。

数据流根据流中数据类型的不同，可以分为字节流和字符流。字节流是以字节为单位进行数据传输，字符流是以字符为单位进行数据传输。

数据流根据数据的传输方向可以分为输入流和输出流。输入流是数据从外部文件传输到应用程序中，即读操作；输出流是数据从应用程序传输到外部文件中，即写操作。

数据流根据处理数据功能的不同，可以分为实体流和装饰流。实体流对数据不做任何处理，只完成基本的读写操作。装饰流是在实体流的基础上，提供更高级的功能，例如提供缓存处理、将多个流合并处理等，以满足不同使用的需要。

这些流都在 java.io 包中。

1．字节流

字节流是指数据在流中以字节为单位进行传输，不对原数据做任何改变，因此适用于各种类型的文件或数据的输入/输出操作。其分为字节输入流和字节输出流。

在字节输入流中，InputStream 类是所有输入字节流的父类，它是一个抽象类。其子类中的 ByteArrayInputStream、FileInputStream 是两个基本的实体流，它们分别从 Byte 数组和本地文件中读取数据。PipedInputStream 是从与其他线程共用的通道中读取数据。

ObjectInputStream 和所有 FilterInputStream 的子类都是装饰流，这些流是在实体流的基础上进行数据加工以满足特定的需求。图 7-6 给出了字节输入流的类关系。其中带*的表示装饰流。

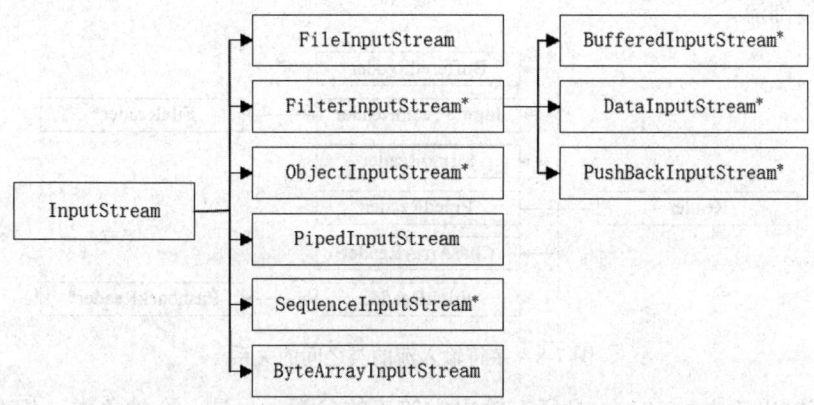

图 7-6　字节输入流的类关系示意图

在字节输出流中，OutputStream 是所有的输出字节流的父类，它是一个抽象类。ByteArrayOutputStream、FileOutputStream 是两个基本的实体流，它们分别向 Byte 数组和本地文件中写入数据。PipedOutputStream 是向与其他线程共用的通道中写入数据。ObjectOutputStream 和所有 FilterOutputStream 的子类都是装饰流。图 7-7 给出了字节输出流的类关系。其中带*的表示装饰流。

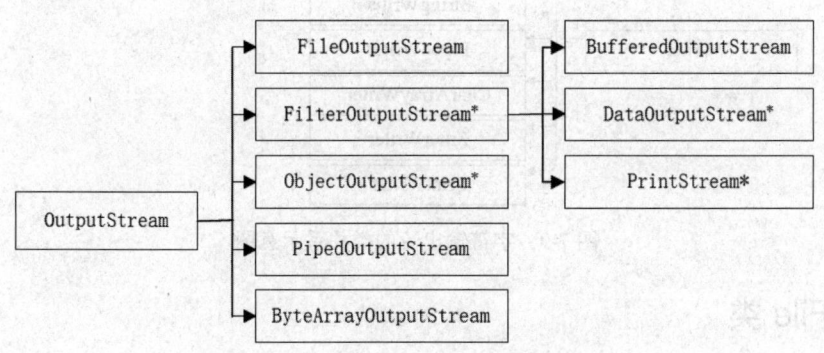

图 7-7　字节输出流的类关系示意图

2. 字符流

字符流是指数据在流中以字符为单位进行传输。Java 语言中的字符是由两个字节构成，因此如果采用字节流传输，需要用户自己完成字符的解析，容易出错。而使用字符流就不会出现这个问题。

在字符输入流中，Reader 是所有的输入字符流的父类，它是一个抽象类。InputStreamReader 是一个连接字节流和字符流的桥梁，它使用指定的字符集读取字节并将其转换成字符。其 FileReader 子类可以更方便地读取字符文件，也是常用的 Reader 流对象。CharArrayReader、StringReader 也是基本的实体流类，它们可以从 char 数组和 String 中读取原始数据。BufferedReader 是装饰流类，它可以实现具有缓存区的数据输入。FilterReader 是具有过滤功能的类，其子类 PushbackReader 可以对 Reader 对象进行回滚处理。PipedReader 是从与其他线程共用的通道中读取数据。图 7-8 给出了字符输入流的类之间的关系，其中带*的表示装饰流。

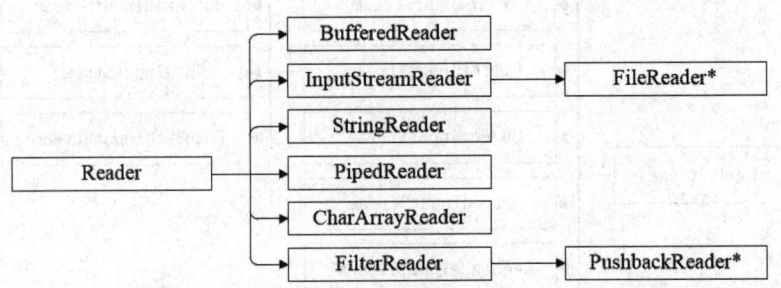

图 7-8　字符输入流的类之间的关系

在字符输出流中，Writer 是所有输出字符流的父类，也是一个抽象类。相对输入流的子类，输出流中也有相应的输出子类，只是数据传输方向相反。这些类有 OutputStreamWriter 及其子类 FileWriter、CharArrayWriter、StringWriter、BufferedWriter、PipedWriter 等。图 7-9 给出了字符输出流的类之间关系。其中带*的表示装饰流。

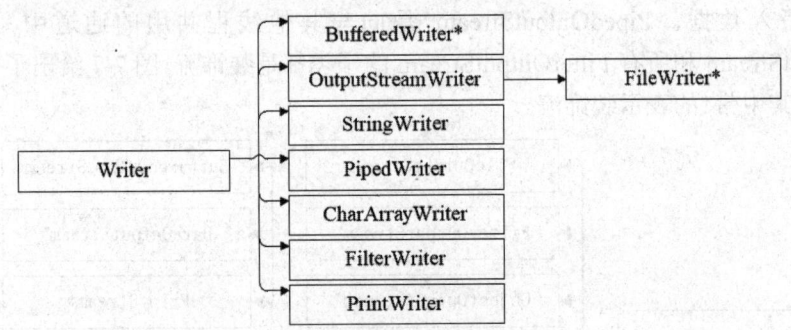

图 7-9　字符输出流的类关系示意图

7.2.3　File 类

Java 语言使用 File 类对文件和目录进行操作，查找文件时需要实现 FileNameFilter 或 FileFilter 接口。另外，读写文件内容可以通过 FileInputStream、FileOutputStream、FileReader 和 FileWriter 类实现，它们属于 I/O 流。下一节会详细介绍 I/O 流。这些类和接口全部来源于 java.io 包。

File 类表示一个与平台无关的文件或目录。初学者会误认为 File 对象只是一个文件，其实它也可能是一个目录。File 类中常用的方法如下。

1. 构造方法

（1）File(String path)：如果 path 是实际存在的路径，则该 File 对象表示的是目录；如果 path 是文件名，则该 File 对象表示的是文件。

（2）File(String path, String name)：path 是路径名，name 是文件名。

（3）File(File dir, String name)：dir 是路径对象，name 是文件名。

2. 获得文件名

（1）String getPath()：获得文件的路径。

（2）String getName()：获得文件的名称，不包括路径

（3）String getAbsolutePath()：获得文件的绝对路径。

（4）String getParent()：获得文件的上一级目录名。

【例 7-1】读取给定文件的相关属性，如果该文件不存在，则创建该文件。

代码如下：

```
1.   package demo01;
2.   import java.io.*;
3.   import java.util.Scanner;
4.
5.   public class Example07_01 {
6.     public static void main(String[] args)
7.     {
8.       Scanner scanner=new Scanner(System.in);
9.       System.out.println("请输入文件名,例如：e:\\example.txt");
10.      String s=scanner.nextLine();
11.      File file=new File(s);
12.        System.out.println("文件名： "+file.getName());
13.      System.out.println("文件大小为:"+file.length()+"字节");
14.      System.out.println("文件所在路径为："+file.getAbsolutePath());
15.        if (file.isHidden())
16.      {
17.        System.out.println("该文件是一个隐藏文件");
18.      }
19.      else
20.      {
21.        System.out.println("该文件不是一个隐藏文件");
22.      }
23.      if (!file.exists())
24.      {
25.        System.out.println("该文件不存在");
26.        try
27.        {
28.          file.createNewFile();
29.          System.out.println("新文件创建成功");
30.        }
```

```
31.         catch(IOException e){}
32.       }
33.    }
34.
35. }
```

程序运行结果如图 7-10 所示。

```
请输入文件名,例如: e:\example.txt
e:\example.txt
文件名: example.txt
文件大小为: 0字节
文件所在路径为: e:\example.txt
该文件不是一个隐藏文件
该文件不存在
新文件创建成功
```

图 7-10 例 7-1 程序运行结果

【程序说明】

在控制台提示输入一个文件名,结果为如果不输入路径则为 class 文件所在路径;如果该文件存在则获取该文件的文件名、文件大小、文件所在路径等信息。如果文件不存在则创建该文件。程序运行结果如图 7-10 所示。

3. 文件属性测试

(1) boolean exists():测试当前 File 对象所表示的文件是否存在。

(2) boolean canWrite():测试当前文件是否可写。

(3) boolean canRead():测试当前文件是否可读。

(4) boolean isFile():测试当前文件是否是文件。

(5) boolean isDirectory():测试当前文件是否是目录。

【例 7-2】 列出指定目录下的所有文件,利用过滤器列出指定扩展名的所有文件。

代码如下:

```
1.  package demo01;
2.  import java.io.*;
3.  import java.util.Scanner;
4.
5.  public class Example07_02 {
6.     public static void main(String[] args)
7.     {
8.        Scanner scanner = new Scanner(System.in);
9.        System.out.println("请输入一个路径名: ");
10.       String s = scanner.nextLine();              //读取待访问的目录
11.       File dirFile = new File(s);                 //创建目录文件对象
12.       String[] allresults = dirFile.list();       //获取目录下的所有文件名
13.       for (String name : allresults)
14.           System.out.println(name);               //输出所有文件名
15.       System.out.println("请输入要显示的文件扩展名,例如: .java");
16.        s = scanner.nextLine();
```

```
17.         Filter_Name fileAccept = new Filter_Name();    //创建文件名过滤对象
18.         fileAccept.setExtendName(s);                    //设置过滤条件
19.         String result[] = dirFile.list(fileAccept);     //获取满足条件的文件名
20.         for (String name : result)
21.             System.out.println(name);                   //输出满足条件的文件名
22.         }
23.  }
24.  class Filter_Name implements FilenameFilter
25.  {
26.      String extendName;
27.      public void setExtendName(String s)
28.      {
29.         extendName = s;
30.      }
31.      public boolean accept(File dir, String name)
32.      {                                                  //重写接口中的方法,设置过滤内容
33.         return name.endsWith(extendName);
34.      }
35.
36.  }
```

程序运行结果如图 7-11 所示。

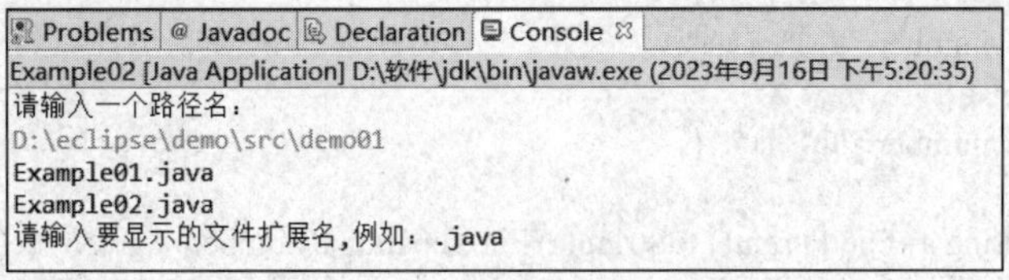

图 7-11 例 7-2 程序运行结果

【程序说明】

该示例从键盘输入一个路径字符串并创建一个目录文件对象。然后调用 list()方法获取目录下所有文件名并完成显示。为了实现有条件的文件名显示,继承并重写了 FILENAMEFILTER 接口的 accept()方法,只获取指定扩展名的文件。

4. 文件操作

(1) long lastModified():获取文件最近一次修改的时间。

(2) long length():获取文件的长度,以字节为单位。

(3) boolean delete():删除当前文件,如果成功返回 true,否则返回 false。

(4) boolean rename To(File dest):将重新命名当前 File 对象所表示的文件。如果成功返回 true,否则返回 false。

【例 7-3】在一批文件的文件名前添加编号。

代码如下:

```
1.  package demo01;
2.  import java.io.*;
```

```java
3.   import java.util.Scanner;
4.
5.   public class Example07_03 {
6.     public static void main(String[] args)
7.     {
8.       Scanner scanner = new Scanner(System.in);
9.       System.out.println("请输入文件所在的路径：");
10.      String s = scanner.nextLine();                    //读取待访问的路径
11.
12.      File dirFile = new File(s);                       //创建目录文件对象
13.      String[] allresults = dirFile.list();             //获取目录下的所有文件名
14.      File []files =new File[allresults.length];
15.      for (int i=0;i<allresults.length;i++){            //创建完整文件名对象
16.
17.         files[i]=new File(dirFile.getAbsolutePath().toString()+"\\"+allresults[i]);
18.      }
19.      int i=1;
20.      String number;
21.      for (File f:files){
22.        if(f.exists()){
23.          if(i<10){                                     //根据要求创建编号字符串，3位数字
24.            number="C00"+i+" ";
25.          }else if(i>=10 & i<99){
26.            number="C0"+i+" ";
27.          }else{
28.            number="C"+i+" ";
29.          }
30.          String a=f.getParent().toString()+File.separator+number+f.getName();
31.          File file= new File(a);                       //创建带有编号的新文件对象
32.          f.renameTo(file);                             //修改文件名
33.          i++;
34.        }
35.      }
36.    }
37.
38.  }
```

程序运行结果如图 7-12 所示。

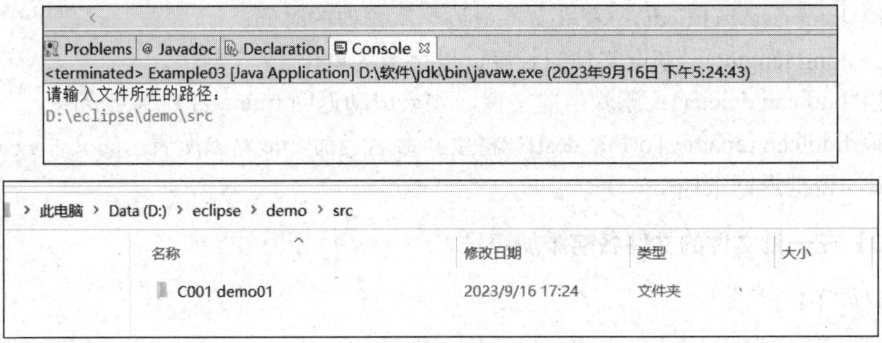

图 7-12　例 7-3 程序运行结果

【程序说明】

根据要求，首先遍历文件所在目录，获取这批文件字符串类型的文件名，然后通过循环语句在每个文件名前添加相应的编号生成新的字符串，并创建新的文件，调用 renameTo() 方法用新文件名替换旧文件名。

5. 目录操作

（1）boolean mkdir()：创建当前 File 对象指定的目录。

（2）String[] list()：返回当前目录下的文件和目录，返回值是字符串数组。

（3）String[] list(FilenameFilter filter)：返回当前目录下满足指定过滤器的文件和目录，参数是实现 FilenameFilter 接口对象，返回值是字符串数组。

（4）File[] listFiles()：返回当前目录下的文件和目录，返回值是 File 数组。

（5）File[]listFiles(FilenameFilter filter)：返回当前目录下满足指定过滤器的文件和目录，参数是实现 FilenameFilter 接口对象，返回值是 File 数组。

（6）File[] listFiles(FileFilter filter)：返回当前目录下满足指定过滤器的文件和目录，参数是实现 FileFilter 接口对象，返回值是 File 数组。

> 注意：路径中会用到路径分隔符，路径分隔符在不同平台上是有区别的，UNIX、Linux 和 macOS 中使用正斜杠（/），而 Windows 中使用反斜杠（\）。Java 语言支持两种写法，但是反斜杠属于特殊字符，前面需要加转义符。例如：C:\Users\a.java 在程序代码中应该表示为 C:\\Users\\a.java 或 C:/Users/a.java。

对目录的操作有两个过滤器接口：FilenameFilter 和 FileFilter。以上两种方法都只有一个抽象方法 accept()。FilenameFilter 接口中的 accept()方法如下：

- booleanaccept(File dir,String name)：测试指定 dir 目录中是否包含文件名为 name 的文件。

FileFilter 接口中的 accept()方法如下：

- boolean accept(File pathname)：测试指定路径名是否应该包含在某个路径名列表中。

7.2.4 Scanner 类

在前面的示例中，我们经常用 Scanner 类的对象从标准输入设备（键盘）读取数据。除此以外，利用 Scanner 类的对象还可以从文件中读取数据。例如：

```
Scanner input=new Scanner(文件类对象);
```

有了 input 对象，就可以像读取键盘数据一样访问文件内容了。读数据时默认以空格作为数据的分隔标记。

【例 7-4】有一个 student.txt 文件，内容包括一个班的学生的姓名和相应高等数学课程的成绩，现编程计算该班学生的高等数学平均成绩。

代码如下：

```java
1.  package demo01;
2.  import java.io.*;
3.  import java.util.Scanner;
4.  public class Example07_04 {
5.     public static void main(String[] args)
6.     {
7.        File file = new File("d:\\student.txt");        //创建文件对象
8.        double score,total=0;
9.        int num=0;
10.       try
11.       {
12.          Scanner reader=new Scanner(file);
13.          reader.useDelimiter("[^0-9.]+");              //设置非数字作为分隔符
14.          while(reader.hasNextDouble())                 //是否还有成绩
15.          {
16.             score=reader.nextDouble();                 //有，读出并相加
17.             total=total+score;
18.             num++;
19.          }
20.          System.out.println("平均成绩："+total/num);
21.       }
22.       catch(Exception e)
23.       { }
24.    }
25. }
```

程序运行结果如图 7-13 所示。

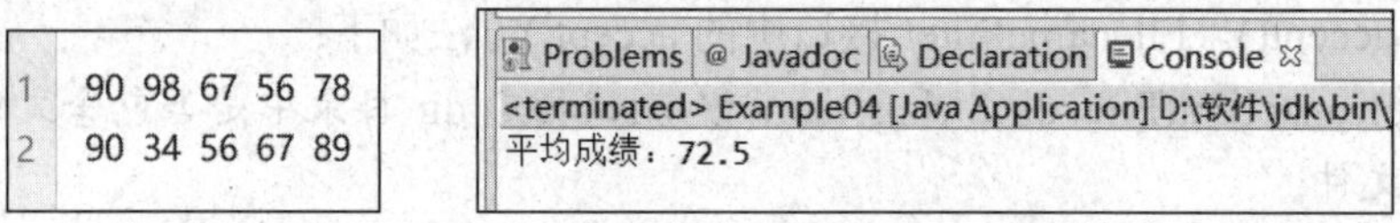

图 7-13　例 7-4 程序运行结果

【程序说明】

首先在 D 盘新建一个 .txt 文档，并输入成绩。由于成绩在一个文件中，需要定义一个文件对象指向该文件，用此文件对象再创建 Scanner 类的对象，通过 nextDouble() 方法读取数据。

7.3　I/O 流类相关操作

I/O 流相关技术根据不同的应用需求场景提供了多种 I/O 流类，下面介绍常用的 I/O 流类。

7.3.1　字节流

字节流是数据传输的基础流，其提供了基于字节的输入/输出方法。抽象类 InputStream

和抽象类 OutputStream 是所有字节流类的根类，其他字节流类都继承自这两个类，这些子类为数据的输入/输出提供了多种不同的功能。

1. InputStream 抽象类

InputStream 是字节输入流的根类，它定义了很多方法，影响着字节输入流的行为。InputStream 类的主要方法如表 7-1 所示。

表 7-1　InputStream 类的主要方法

方　　法	作　　用	返　回　值
public abstract int read()	读取一个 byte 的数据，返回 0～255 的 int 字节值	若返回值=-1 说明没有读取到任何字节，读取工作结束
public int read(byte b[])	读取 b.length 个字节的数据放到 b 数组中。该方法实际上是调用下一个方法实现的	返回值为实际读取的字节的数量；如果已经到达流末尾，而且没有可用的字节，则返回值-1
public int read(byte b[], int off, int len)	最多读取 len 个字节数据放到以下标 off 开始的字节数组 b 中，将读取的第一个字节存储在元素 b[off]中，下一个存储在 b[off+1]中，以此类推	返回值为实际读取的字节的数量。如果已经到达流末尾，而且没有可用的字节，则返回值-1
public int available()	返回输入流中可以读取的字节数。注意：若输入阻塞，当前线程将被挂起，如果 InputStream 对象调用这个方法，它只返回 0，这个方法必须由继承 InputStream 类的子类对象调用才有用	
public long skip(long n)	忽略输入流中的 n 个字节	返回值是实际忽略的字节数
public int close()	使用完后，必须关闭打开的流	

上述所有方法都可能会抛出 IOException，因此使用时要注意处理异常。

2. OutputStream 抽象类

OutputStream 是字节输出流的根类，它定义了很多方法，影响着字节输出流的行为。OutputStream 类的主要方法如表 7-2 所示。

表 7-2　OutputStream 类的主要方法

方　　法	作　　用	返　回　值
void write(int b)	将 b.length 个字节从指定字节数组 b 写入输出流	b 是 int 类型，占有 32 位，写入过程是写入 b 的 8 个低位，b 的 24 个高位将被忽略
void write(byte b[])	读取 b.length 个字节的数据放到 b 数组中。该方法实际上是调用下一个方法实现的	
void write(byte b[], int off, int len)	把字节数组 b 中从下标 off 开始，长度为 len 的字节写入输出流	

Java 程序设计项目化教程

续表

方　　法	作　　用	返　回　值
void flush()	刷空输出流，并输出所有被缓存的字节。由于某些流支持缓存功能，该方法将把缓存中所有内存强制输出到流中	
void close()	操作完毕后必须关闭流	

上述所有方法都声明了抛出 IOException，因此使用时要注意处理异常注意流（包括输入流和输出流）所占用的资源不能通过 JVM 的垃圾收集器回收需要程序员自己释放。一种方法是在 finally 代码块调用 close()方法关闭流，释放流所占用的资源。另一种方法是通过自动资源管理技术管理这些流，流（包括输入流和输出流）都实现了 AutoCloseable 接口，可以使用自动资源管理技术。

3. 文件字节输入流类 FileInputStream

文件字节输入流类 FileInputStream 是编程时常用的一个 InputStream 类的子类，其可以实现简单的文件读取操作。

FileInputStream 类的常用构造方法有以下两个：

```
public FileInputStream(File file) throws FileNotFoundException
public FileInputStream(String name) throws FileNotFoundException
```

分别通过给定的 File 对象和文件名字符串创建文件字节输入流对象。

【例 7-5】从磁盘文件中读取指定文件并显示出来。

代码如下：

```
1.   package demo01;
2.   import java.io.*;
3.   import java.util.Scanner;
4.   public class Example07_05 {
5.     public static void main(String[] args)
6.     {
7.       byte[] b=new byte[1024];                    //设置字节缓冲区
8.       int n=-1;
9.       System.out.println("请输入要读取的文件名:(例如：d:\\hello.txt)");
10.      Scanner scanner =new Scanner(System.in);
11.      String str=scanner.nextLine();              //获取要读取的文件名
12.      
13.      try
14.      {
15.        FileInputStream in=new FileInputStream(str);   //创建字节输入流
16.        while((n=in.read(b,0,1024))!=-1)
17.        {                                              //读取文件内容到缓冲区，并显示
18.          String s=new String (b,0,n);
19.          System.out.println(s);
```

```
20.            }
21.            in.close();                        //读取文件结束,关闭文件
22.        }
23.        catch(IOException e)
24.        {
25.            System.out.println("文件读取失败");
26.        }
27.    }
28. }
```

程序运行结果如图 7-14 和图 7-15 所示。

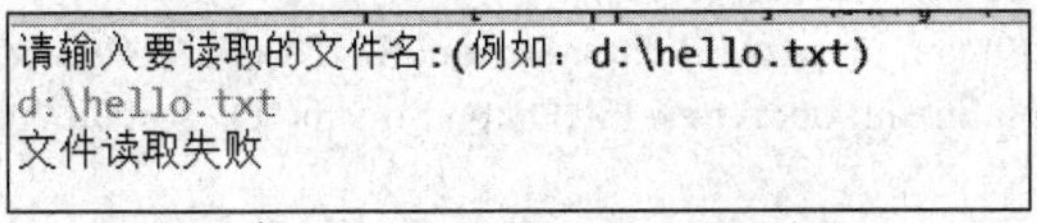

```
请输入要读取的文件名:(例如: d:\hello.txt)
d:\hello.txt
文件读取失败
```

图 7-14 例 7-5 程序运行结果情况 1

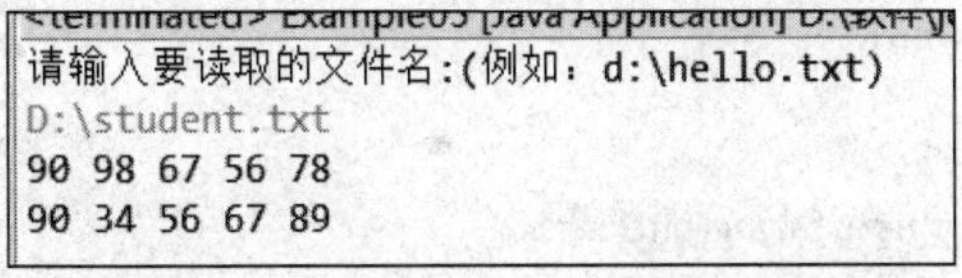

```
请输入要读取的文件名:(例如: d:\hello.txt)
D:\student.txt
90 98 67 56 78
90 34 56 67 89
```

图 7-15 例 7-5 程序运行结果情况 2

【程序说明】

在创建输入流时,如果文件不存在或出现其他问题,会抛出 FileNotFoundException 异常,所以要注意捕获,通过字节输入流读数据时,应首先设定输入流的数据源,然后创建指向这个数据源的输入流,再从输入流中读取数据,最后关闭输入流。

4. 文件字节输出流类 FileOutputStream

FileOutputStream 类是字节输出流 OutputStream 类的常用子类,用于将数据写入 File 或其他的输出流。FileOutputStream 类的常用构造方法如下:

```
public FileOutputStream(File file) throws IOException
public FileOutputStream(String name) throws IOException
public FileOutputStream(File file,boolean append) throws IOException
public FileOutputStream(String name, boolean append) throws IOException
```

在创建输出流时,如果文件不存在或出现其他问题,会抛出 IOException 异常,所以要注意捕获。

通过字节输出流输出数据时,应首先设定输出流的目的地,然后创建指向这个目的地的输出流,再向输出流中写入数据,最后关闭输出流。在这里,关闭输出流很重要。在完成写入操作后,系统会将数据暂存到缓冲区中,缓冲区存满后再一次性写入输出流。执行 close()方法时,不管当前缓冲区是否已满,都会把其中的数据写到输出流,从而保证数据的完整性。如果不执行 close()方法,有可能会导致最后的部分数据没有保存到目的地中。

【例 7-6】文件复制。

代码如下:

```java
1.  package demo01;
2.  import java.io.FileInputStream;
3.  import java.io.FileNotFoundException;
4.  import java.io.FileOutputStream;
5.  import java.io.IOException;
6.
7.  public class Example07_06 {
8.     public static void main(String[ ]args){
9.        try(FileInputStream in=new FileInputStream("D:/TestDir/build.txt");
10.           FileOutputStream out = new FileOutputStream("D:/TestDir/subDir/build.txt")){
11.       //准备一个缓冲区
12.       byte[] buffer = new byte[10];
13.       //首先读取一次
14.       int len=in.read(buffer);
15.
16.       while(len!=-1){
17.       String copyStr = new String(buffer);
18.       //打印复制的字符串
19.       System.out.println(copyStr);
20.       //开始写入数据
21.       out.write(buffer,0,len);
22.       //再读取一次
23.       len= in.read(buffer);
24.       }
25.       }catch(FileNotFoundException e){
26.        e.printStackTrace();
27.       }catch (IOException e){
28.       e.printStackTrace();
29.       }
30.    }
31. }
```

程序运行结果如图 7-16 所示。

```
Problems  @ Javadoc  Declaration  Console
<terminated> Example06 [Java Application] D:\软件\jdk\
you are gr
eat are gr
```

图 7-16 例 7-6 程序运行结果

【程序说明】

该案例实现了文件复制,数据源是文件,所以会用到文件输入流 FileInputStream;数据目的地也是文件,所以会用到文件输出流 FileOutputStream。

FileInputStream 和 FileOutputStream 中的主要方法继承自 InputStream 和 OutputStream,

这在前面两节已经详细介绍过，这里不再赘述。下面介绍它们的构造方法。

FileInputStream 主要的构造方法如下。

- FileInputStream(String name)：创建 FileInputStream 对象，name 是文件名。如果文件不存在，则抛出 FileNotFoundException 异常。
- FileInputStream(File file)：通过 File 对象创建 FileInputStream 对象。如果文件不存在，则抛出 FileNotFoundException 异常。

FileOutputStream 的主要构造方法如下。

- FileOutputStream(String name)：通过指定 name 文件名创建 FileOutputStream 对象。如果 name 文件存在，但一个目录或文件无法打开，则抛出 FileNotFoundException 异常。

7.3.2 字符流

在 Java 语言中，规定一个字符由两个字节所组成。如果用字节流进行字符传输，可能会出现字符乱码的情况。为此，Java 语言提供了专门的字符流来实现字符的输入/输出。抽象类 Reader 和抽象类 Writer 是所有字符流类的根类，其他字符流类都继承自这两个类，其中一些子类还在传输过程中对数据做了进一步处理以方便用户使用。

1. 字符输入流类 Reader

Reader 是字符输入流的根类，它定义了很多方法，影响着字符输入流的行为。Reader 类的主要方法如表 7-3 所示。

表 7-3 Reader 类的主要方法

方　　法	作　　用	返　回　值
int read()	读取一个字符	返回值为 0～65535（0x00～0xffff）。如果已经到达流末尾，则返回值-1
int read(char[] cbuf)	将字符读入数组 cbuf 中，返回值为实际读取的字符的数量	如果已经到达流末尾，则返回值-1
int read(char[]cbuf, int off, int len)	最多读取 len 个字符，数据放到以下标 off 开始的字符数组 cbuf 中，将读取的第一个字符存储在元素 cbuf[off]中，下一个存储在 cbuf[off+1]中，以此类推	返回值为实际读取的字符的数量。如果已经到达流末尾，则返回值-1
void close()	操作完毕后必须关闭流	

表 7-3 中的所有方法都可能会抛出 IOException，因此使用时要注意处理异常。

2. 字符输出流类 Writer

Writer 是字符输出流的根类，它定义了很多方法，影响着字符输出流的行为。Writer 类的主要方法如表 7-4 所示。

表 7-4　Writer 类的主要方法

方　　法	作　　用	返　回　值
void write(int c)	将整数值为 c 的字符写入输出流	c 是 int 类型，占有 32 位，写入过程是写入 c 的 16 个低位，c 的 16 个高位将被忽略
void write(char[] cbuf)	将字符数组 cbuf 写入输出流	
void write(char[] cbuf, int off, int len))	把字符数组 cbuf 中从下标 off 开始，长度为 len 的字符写入输出流	
void write(String str)	将字符串 str 中的字符写入输出流	
void write(String str, int off, int len)	将字符串 str 中从索引 off 开始处的 len 个字符写入输出流	
void flush()	刷空输出流，并输出所有被缓存的字符	由于某些流支持缓存功能，该方法将把缓存中所有内容强制输出到流中
void close()	操作完毕后必须关闭流	

表 7-4 中的所有方法都声明了抛出 IOException，因此使用时要注意处理异常。

3．文件字符输入流 FileReader 类

FileReader 类作为 Reader 类的子类，经常用于从输入流中读取字符数据。FileReader 类与 FileInputStream 类相对应，其构造方法也很相似。FileReader 类的常用构造方法如下：

```
public FileReader(File file) throws FileNotFoundException
public FileReader(String name) throws FileNotFoundException
```

通过给定的 File 对象或文件名字符串创建字符输入流。在创建输入流时，如果文件不存在，则会抛出 FileNotFoundException 异常。

4．文件字符输出流 FileWriter 类

FileWriter 类和字节流 FileOutputStream 类相对应，只是变成了字符的输出操作，实现方法也基本相同。FileWriter 类的常用构造方法如下：

```
public FileWriter(File file) throws IOException
public FileWriter(String name) throws IOException
public FileWriter(File fle,boolean append) throws IOException
public FileWriter(String name, boolean append) throws IOException
```

通过给定的 File 对象/文件名字符串创建字符输出流。如果第二个参数为 true，则将字符写入文件末尾处，而不是写入文件开始处。在创建输出流时，如果文件不存在，会抛出 IOException 异常。

【例 7-7】利用文件流完成文件的复制操作。

代码如下：

```
1.    package demo01;
2.    import java.io.*;
3.    import java.util.Scanner;
```

```java
4.
5.  public class Example07_07 {
6.      public static void main(String[] args) throws IOException
7.      {
8.          Scanner scanner=new Scanner(System.in);
9.          System.out.println("请输入源文件名和目的文件名，中间用空格分隔");
10.         String s=scanner.next();                              //读取源文件名
11.         String d=scanner.next();                              //读取目的文件名
12.         File file1=new File(s);                               //创建源文件对象
13.         File file2=new File(d);                               //创建目的文件对象
14.
15.         if(!file1.exists())
16.         {
17.             System.out.println("被复制的文件不存在");
18.             System.exit(1);
19.         }
20.
21.         InputStream input=new FileInputStream(file1);         //创建源文件流
22.         OutputStream output=new FileOutputStream(file2);      //创建目的文件流
23.         if((input!=null)&&(output!=null))
24.         {
25.             int temp=0;
26.             while((temp=input.read())!=(-1))                  //读入一个字符
27.                 output.write(temp);                           //复制到新文件中
28.         }
29.         input.close();                                        //关闭源文件流
30.         output.close();                                       //关闭目的文件流
31.         System.out.println("文件复制成功！ ");
32.     }
33.
34. }
```

程序运行结果如图 7-17 所示。

图 7-17　例 7-7 程序运行结果

【程序说明】

在上面的文件复制功能代码中，使用字节流可以对.txt、.doc、.docx 等文件类型进行复制。

7.3.3　数据流

数据流是 Java 语言提供的一种装饰类流，它建立在实体流基础上，为程序员提供更方便、准确的读写操作。DataInputStream 类和 DataOutputStream 类分别为数据输入流类和数据输出流类。

1. 数据输入流

数据输入流 DataInputStream 类允许程序以与计算机无关方式从底层输入流中读取基本 Java 数据类型。DataInputStream 类的常用方法如表 7-5 所示。

表 7-5　DataInputStream 类的常用方法

返回类型	方法名	方法功能
	DataInputStream(InputStream in)	使用指定的实体流 InputStream 创建一个 DataInputStream
boolean	readBoolean()	读取一个布尔值
byte	readByte()	读取一个字节
char	readChar()	读取一个字符
long	readLong()	读取一个长整型数
int	readInt()	读取一个整数

2. 数据输出流

数据输出流允许程序以适当方式将基本 Java 数据类型写入输出流中。与数据输入流相配合，应用程序可以很方便地按数据类型完成数据的读写操作，而无须考虑格式和占用空间的问题。DataOutputStream 类的常方法如表 7-6 所示。

表 7-6　DataOutputStream 类的常用方法

返回类型	方法名	方法功能
	DataOuputStream(OutputStream out)	创建一个新的数据输出流，将数据写入指定基础输出流
void	writeBoolean(Boolean v)	将一个布尔值写入输出流
void	writeByte(int v)	将一个字节写入输出流
void	writeBytes(String s)	将字符串按字节（每个字符的高八位丢弃）顺序写入输出流中
void	writeChar(int c)	将一个 char 值以 2 字节值形式写入输出流中，先写入高字节
void	writeChars(String s)	将字符串按字符顺序写入输出流
void	writeLong(long v)	将一个长整型数写入输出流
void	writeInt(int v)	将一个整型数写入输出流
void	flush()	将缓冲区中内容强制输出，并清空缓冲区

【例 7-8】将几个 Java 基本数据类型的数据写入一个文件中，然后读出并显示。

代码如下：

```
1.    package demo01;
2.    import java.io.*;
3.    public class Example07_08 {
4.        public static void main(String[] args)
```

```
5.  {
6.      File file=new File("d:\\data.txt");
7.      try
8.      {
9.          FileOutputStream out=new FileOutputStream(file);
10.         DataOutputStream outData=new DataOutputStream(out);
11.         outData.writeBoolean(true);
12.         outData.writeChar('A');
13.         outData.writeInt(10);
14.         outData.writeLong(88888888);
15.         outData.writeFloat(3.14f);
16.         outData.writeDouble(3.1415926897);
17.         outData.writeChars("hello,every one!");
18.     }
19.     catch(IOException e){}
20.
21.     try
22.     {
23.         FileInputStream in=new FileInputStream(file);
24.         DataInputStream inData=new DataInputStream(in);
25.         System.out.println(inData.readBoolean());      //读取 boolean 数据
26.         System.out.println(inData.readChar());         //读取字符数据
27.         System.out.println(inData.readInt());          //读取 int 数据
28.         System.out.println(inData.readLong());         //读取 long 数据
29.         System.out.println(+inData.readFloat());       //读取 float 数据
30.         System.out.println(inData.readDouble());       //读取 double 数据
31.
32.         char c = '\0';
33.         while((c=inData.readChar())!='\0')             //读入字符不为空
34.             System.out.print(c);
35.     }
36.     catch(IOException e){}
37. }
38. }
```

程序运行结果如图 7-18 所示。

```
<terminated> Example07_08 [Java Application] D:\软件\jdk\bin\javaw.exe (2023年9月24日 下午12:02:39)
true
A
10
88888888
3.14
3.1415926897
hello,every one!
```

图 7-18 例 7-8 程序运行结果

【程序说明】

例 7-8 的程序运用 DataInputStream 和 DataOutputStream 中的方法，程序可以很方便地按数据类型完成数据的读写操作，用对象流读取，大多数向量、集合都实现了序列化。

7.3.4 缓冲流

缓冲流是在实体 I/O 流的基础上增设一个缓冲区，传输的数据要经过缓冲区来进行输入/输出。缓冲流分为缓冲输入流和缓冲输出流。缓冲输入流是将从输入流读入的字节/字符数据先存在缓冲区中，应用程序从缓冲区而不是从输入流中读取数据；缓冲输出流是在进行数据输出时先把数据存在缓冲区中，当缓冲区满时再一次性地写入输出流中。

使用缓冲流可以减少应用程序与 I/O 设备之间的访问次数，提高传输效率；同时可以对缓冲区中的数据进行按需访问和一些预处理操作，增加访问的灵活性。

1. 缓冲输入流

缓冲输入流分为字节缓冲输入流 BufferedInputStream 类和字符缓冲输入流 BufferedReader 类。

1）BufferedInputStream 类

字节缓冲输入流 BufferedInputStream 类在进行输入操作时，先通过实体输入流（例如 FileInputStream 类）对象逐一读取字节数据并存入缓冲区，再由应用程序从缓冲区中读取数据。BufferedInputStream 类的构造方法如下：

```
public BufferedInputStream(InputStream in)
public BufferedInputStream(InputStream in,int size)
```

第一个构造方法用于创建一个默认大小的输入缓冲区的缓冲字节输入流对象，第二个构造方法用于创建一个指定大小的输入缓冲区的缓冲字节输入流对象。BufferedInputStream 类继承自 InputStream，所以该类的方法与 InputStream 类的方法相同。

2）BufferedReader 类

字符缓冲输入流 BufferedReader 类与字节缓冲输入流 BufferedInputStream 类在功能和实现上基本相同，但它只适用于字符输入。在输入时，该类提供了按字符、数组和行进行高效读取的方法。BufferedReader 类的构造方法如下：

```
public BufferedReader(Reader in)
public BufferedReader(Reader in,int size)
```

第一个构造方法用于创建一个默认大小的输入缓冲区的缓冲字符输入流对象，第二个构造方法用于创建一个指定大小的输入缓冲区的缓冲字符输入流对象。BufferedReader 类继承自 Reader，所以该类的方法与 Reader 类的方法相同。除此以外还增加了如下按行读取的方法：

```
String readLine()
```

读一行时，以字符换行（m）或回车键（Enter）作为行结束符。该方法返回值为该行不包含结束符的字符串内容，如果已到达流末尾，则返回 null。

2. 缓冲输出流

缓冲输出流分为字节缓冲输出流类 BufferedOutputStream 和字符缓冲输出流类 BufferedWriter。

1）BufferedOutputStream 类

字节缓冲输出流类 BufferedOutputStream 在完成输出操作时，先将字节数据写入缓冲区，当缓冲区满时，再把缓冲区中的所有数据一次性写入底层输出流中。BufferedOutputStream 类的构造方法如下：

```
public BufferedOutputStream(OutputStream out)
public BufferedOutputStream(OutputStream out,int size)
```

第一个构造方法用于创建一个默认大小的输出缓冲区的缓冲字节输出流对象，第二个构造方法用于创建一个指定大小的输出缓冲区的缓冲字节输出流对象。BufferedOutputStream 类继承自 OutputStream 类，所以该类的方法与 OutputStream 类的方法相同。

2）BufferedWriter 类

字符缓冲输出流类 BufferedWriter 与字节缓冲输出流类 Buffered OutputStream 在功能和实现上是相同的，但它只适用于字符输出。在输出时，该类提供了按单个字符、数组和字符串的高效输出方法。BufferedWriter 类的构造方法如下：

```
public BufferedWriter(Writer out)
public Bufferedwriterr(Writer out,int size)
```

第一个构造方法用于创建一个默认大小的输出缓冲区的缓冲字符输出流对象，第二个构造方法用于创建一个指定大小输出缓冲区的缓冲字符输出流对象。BufferedWriter 类继承自 Writer 类，所以该类的方法与 Writer 类的方法相同。除此以外，BufferedWriter 类增加了写行分隔符的方法：String newLine()，行分隔符字符串由系统属性 line.separator 定义。

【例 7-9】向指定文件写入内容，并重新读取该文件的内容。

代码如下：

```
1.    package demo01;
2.    import java.util.Scanner;
3.    import java.io.*;
4.
5.    public class Example07_09 {
6.        public static void main(String[] args)
7.        {
8.            File file;
9.            FileReader fin;
10.           FileWriter fout;
11.           BufferedReader bin;
12.           BufferedWriter bout;
13.           Scanner scanner = new Scanner(System.in);
14.           System.out.println("请输入文件名，例如 d:\\hello.txt");
```

```
15.        String filename = scanner.nextLine();
16.
17.        try
18.        {
19.           file = new File(filename);              //创建文件对象
20.           if (!file.exists())
21.           {
22.              file.createNewFile();                //创建新文件
23.              fout = new FileWriter(file);         //创建文件输出流对象
24.           }
25.           else
26.              fout = new FileWriter(file, true);   //创建追加内容的文件输出流对象
27.
28.           fin = new FileReader(file);             //创建文件输入流
29.           bin = new BufferedReader(fin);          //创建缓冲输入流
30.           bout = new BufferedWriter(fout);        //创建缓冲输出流
31.
32.           System.out.println("请输入数据,最后一行为字符'0'结束。");
33.           String str = scanner.nextLine();        //从键盘读取待输入字符串
34.           while (!str.equals("0"))
35.           {
36.              bout.write(str);                     //输出字符串内容
37.              bout.newLine();                      //输出换行符
38.              str = scanner.nextLine();            //读下一行
39.           }
40.           bout.flush();                           //刷新输出流
41.           bout.close();                           //关闭缓冲输出流
42.           fout.close();                           //关闭文件输出流
43.           System.out.println("文件写入完毕!");
44.           //重新将文件内容显示出来
45.           System.out.println("文件" + filename + "的内容是:");
46.           while ((str = bin.readLine()) != null)
47.              System.out.println(str);             //读取文件内容并显示
48.
49.           bin.close();                            //关闭缓冲输入流
50.           fin.close();                            //关闭文件输入流
51.        }
52.        catch (IOException e)
53.        {e.printStackTrace();}
54.     }
55.
56. }
```

程序运行结果如图 7-19 所示。

打开 helo.txt 文件,验证数据的准确性,结果如图 7-20 所示。

【程序说明】

首先判别文件是否存在,如果存在,读取文件的修改时间、大小等属性,如果不存在,

程序会创建文件；然后读取并显示指定文本文件的内容；也向指定文本文件写入指定文本内容，在程序中最后一行以"0"结束。

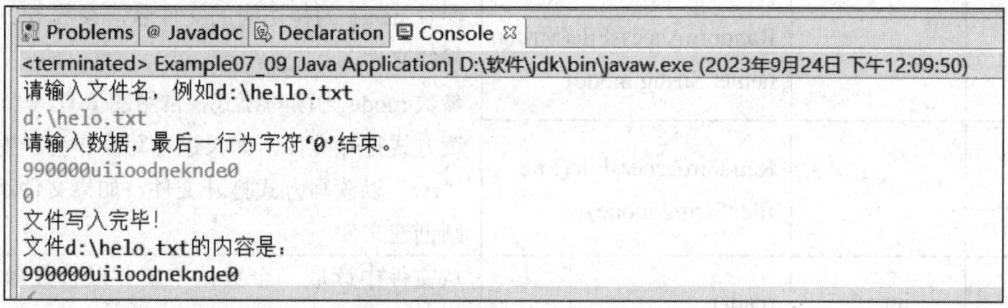

图 7-19 例 7-9 程序运行结果

图 7-20 验证数据

7.3.5 随机流

1. 什么是随机流

随机流是一种具备双向传输能力的特殊流。前面介绍的各个流都只能实现单向的输入或输出操作，如果想对一个文件进行读写操作就要建立两个流。

随机流 RandomAccessFile 类创建的流既可以作为输入流，也可以作为输出流，因此建立一个随机流就可以完成读写操作。

RandomAccessFile 类与其他流不同，它既不是 InputStream 类的子类，也不是 OutputStream 的子类，而是 java.lang.Object 根类的子类。

RandomAccessFile 类的实例对象支持对文件的随机访问。这种随机访问文件的过程可以看作是访问文件系统中的一个大型 Byte 数组，指向数组位置的隐含指针称为文件指针。输入操作从文件指针位置开始读取字节，并随着对字节的读取移动此文件指针。输出操作从文件指针位置开始写入字节，并随着对字节的写入而移动此文件指针。随机流可以用于多线程文件的下载或上传，为快速完成访问提供了便利。

2. RandomAccessFile 流类

由于利用 RandomAccessFile 类的对象既可以读数据又可以写数据，所以该类中既有读操作的方法，也有写操作的方法。表 7-7 列出的是 RandomAccessFile 类中的常用方法，其中 1 和 2 是构造方法，3～6 是读操作方法，7 和 8 是写操作方法。

表 7-7　RandomAccessFile 类中的常用方法

序号	返回类型	方法名	方法功能
1		RandomAccessFile(String name, String mode)	参数 name 为待访问的文件名，参数 file 为待访问的文件。 参数 mode 为读写模式，常用的值有："r"以只读方式打开文件，如果进行写操作会产生异常；"rw"以读写方式打开文件，如果文件不存在，则创建文件
2		RandomAccessFile(File file, String mode)	
3	int	read()	从文件中读取一个数据字节并以整数形式返回此字节
4	int	read(byte[] b)	从文件中读取最多 b.length 个数据字节到 b 数组中，并返回实际读取的字节数
5	int	read(byte[] b, int off, int len)	从文件中读取 len 个字节数据到 b 数组中。off 为字节在数组中存放的地址
6	XXX	readXXX()	从文件中读取一个 XXX 类型数据，XXX 包括 boolean、byte、char、short、int、long、float、double
7	void	write(int b)	写入指定的字节
8	void	write(byte[] b)	写入字节数组内容到文件中

3. 字符串乱码的处理

当进行字符串读取时，有时会出现乱码现象。这是因为存取时所使用的编码格式不一致。要想解决这一问题，就需要对字符串重新进行编码。重新编码时，先读取字符串：

String str =in.readLine();

再将字符串恢复成标准字节数组：

byte[] b=str.getBytes("iso-8859-1");

最后将字节数组按当前计算机的默认编码重新转换为字符串：

String result=new String(b);

经过这样重新编码，就能够显示正确的字符串内容。如果想显示编码类型，也可以直接给出编码类型：

String result=new String(b,"GB2312")

【例 7-10】以随机流的方式实现文件的读写操作。

代码如下：

```
1.   import java.io.*;
2.   public class Example07_10
3.   {
```

```java
4.     public static void main(String[] args)
5.     {
6.         try
7.         {
8.             RandomAccessFile file = new RandomAccessFile("file", "rw");
9.             file.writeInt(10);                          //占 4 个字节
10.            file.writeDouble(3.14159);                  //占 8 个字节
11.            //下面的方法先写入字符串长度（占 2 个字节），再写入字符串内容。读取字符串长度可用 readShort()方法
12.            file.writeUTF("UTF 字符串");
13.            file.writeBoolean(true);                    //占 1 个字节
14.            file.writeShort(100);                       //占 2 个字节
15.            file.writeLong(12345678);                   //占 8 个字节
16.            file.writeUTF("又是一个 UTF 字符串");
17.            file.writeFloat(3.14f);                     //占 4 个字节
18.            file.writeChar('a');                        //占 2 个字节
19.
20.            file.seek(0);                               //把文件指针位置设置到文件起始位置
21.            System.out.println("——从 file 文件起始位置开始读数据——");
22.            System.out.println(file.readInt());
23.            System.out.println(file.readDouble());
24.            System.out.println(file.readUTF());
25.            //将文件指针跳过 3 个字节，本例中跳过了一个 boolean 值和 short 值
26.            file.skipBytes(3);
27.            System.out.println(file.readLong());
28.            //跳过文件中"又是一个 UTF 字符串"所占字节
29.            //注意 readShort()方法会移动文件指针，所以不用加 2
30.            file.skipBytes(file.readShort());
31.            System.out.println(file.readFloat());
32.            file.close();
33.        }
34.        catch (IOException e)
35.        {
36.            System.out.println("文件读写错误！");
37.        }
38.    }
39. }
```

程序运行结果如图 7-21 所示。

```
<terminated> Example07_10 [Java Application] D:\软件\jdk\bin\javaw.exe (2023年9月24日 下午
——从file文件起始位置开始读数据——
10
3.14159
UTF字符串
12345678
3.14
```

图 7-21 例 7-10 程序运行结果

【程序说明】

RandomAccessFile 声明在 java.io 包下，但直接继承 Object 类。并实现了 DataInput、DataOutput 两个接口，意味着该类既可以读也可以写。RandomAccessFile 类支持"随机访问"的方式，程序可直接跳到文件的任意位置来读写文件。

7.4 NIO

java.nio 包是 Java 语言在 1.4 版本后为方便 I/O 操作新增加的类库，其实现方法与传统 I/O 流有了一定的区别，nio 使用通道和缓冲区进行数据传输和存储，并且一个通道既可以输入也可以输出，增加了灵活性。Java 语言在 1.7 版本后又增加了 les 类库，用于替代 java.io.Files 类，在性能上进行了优化和改进。

7.4.1 NIO 与 IO

java.nio 和 java.io 在以下方面有所区别。

1. 面向流和面向缓冲区

java.io 是面向流传输，即通过字节流或字符流进行操作，在数据传输结束前不缓存在任何地方。而 java.nio 是面向缓冲区的，传输的数据都存在缓冲区中。

2. 阻塞和非阻塞

java.io 传输是阻塞的，即在开始读写操作之前线程一直处于阻塞状态，不能做其他的事情。而 java.nio 是非阻塞的，即线程不需要等待数据全部传输结束就可以做其他的事情，但这时只能得到当前可用的数据。这个特性使得一个线程可以管理多个通道，如果一个通道没有数据传输则不必阻塞等待，可以处理其他通道的数据。

7.4.2 NIO 的组成部分

针对上述介绍的 java.nio 的特点，NIO 提供了 3 个重要的组成部分：缓冲区 Buffers、通道 Channels、选择器 selector。

1. 缓冲区 Buffers

缓冲区用于缓存待发送/已接收的数据，其根据数据类型的不同提供了除布尔类型以外的所有缓冲区子类：ByteBuffer、CharBuffer、DoubleBuffer、FloatBufferIntBuffer、LongBuffer、ShortBuffer 等。Buffer 抽象类是它们的父类，定义了缓冲区访问的相关属性和方法。Buffer 的基本属性有 position（位置）、limit（限制）、capacity（容量）。这 3 个属性相当于缓冲区中的 3 个指针标记，用于指出访问位置、访问范围、最大容量等信息。在读/写模式下，三者关系如图 7-22 所示。

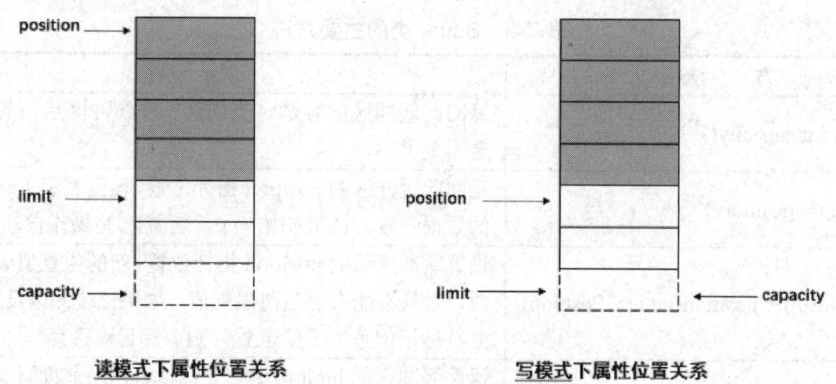

图 7-22 Buffer 基本属性的关系

3 个属性说明：

（1）position：下一个要读写的数据位置，可以从 0 开始。该值不能大于 limit。

（2）limit：不可以读写的数据起始位置。该值不能大于 capacity。

（3）capacity：缓冲区容量，一旦设定便不能修改。

三者的大小关系：0≤ position < limit <capacity

2．通道 Channels

通道 Channels 用于创建缓冲区与外部数据源的连接通道，并实现数据传输。常用的 Channel 类有 FileChannel、DatagramChannel、SocketChannel、ServerSocketChannel。利用这几个通道类，不仅可以实现文件的传输，还可以实现网络 TCP、UDP 数据报的传输。

3．选择器 Selector

选择器 Selector 可以让一个单线程处理多个 Channel。这种应用在一些特殊情况下会非常方便，比如在网络聊天室中，每个人可以创建一个通道 Channel，但每个 Channel 的通信量都较少，这时就可以使用 Selector 让一个线程来管理多个通道，这样不但方便，效率也会提高。要使用 Selector，首先 Selector 需要注册 Channel，然后调用它的 select()方法。这个方法会一直阻塞到某个注册的通道有事件就绪。一旦这个方法返回，线程就可以处理这些事件，如读入新数据等。

7.4.3 Buffers

Bufers 缓冲区类都放在 java.nio 包下面，一共有 10 个类，其中 Buffer 类是其他类的父类。这里介绍 Buffer 和 ByteBuffer 两个类，其他类用法基本相同。

1．Buffer 类

Buffer 类作为缓冲区类的根类，重点定义了缓冲区的结构和基本方法。由于缓冲区既可以读也可以写，虽然灵活方便，但增加了一定的复杂度。Buffer 类的主要方法如表 7-8 所示。

表 7-8 Buffer 类的主要方法

方　法	说　明
public final int capacity()	返回此缓冲区的容量。当创建一个缓冲区后，其容量就固定不变了
public final int position()	返回此缓冲区的 position 指针位置。该值表示下一个可处理的数据位置。该值初始为 0，随着读/写操作自动后移
public final Buffer position(int newPosition)	设置缓冲区新的 position 指针位置。新的位置值必须是非负数，而且不能大于当前限制值。如果该缓冲区设置了标记，并且标记位置大于新位置，则该标记被丢弃
public final int limit()	返回缓冲区的 limit 限制值。该值表示当前读写操作的最大缓冲区范围。通常写操作时，该值等于容量。读操作时指向最后一个数值的后面
public final Buffer limit(int newLimit)	设置此缓冲区的新限制值。新限制值必须为非负且不大于此缓冲区的容量，如果当前位置大于新限制值，则当前位置作为新限制值。如果缓冲区设置了标记且标记位置大于新限制值，则标记会被丢弃
public final int remaining()	返回当前位置与限制之间的元素数。该方法用于返回缓冲区中的剩余元素数量
public final boolean hasRemaining()	判断在当前位置和限制之间是否有元素
public abstract boolean isReadOnly()	判断此缓冲区是否为只读缓冲区
public final Buffer mark()	在此缓冲区的当前 position 位置设置标记
public final Buffer reset()	将此缓冲区的 position 值重置为以前标记的位置。除了以上方法，该类的每个子类还定义了两个操作方法 get() 和 put()，实现对缓冲区的读写操作

2. ByteBuffer 类

ByteBuffer 类用于定义一个以字节为单位的缓冲区，实现数据存储和访问。但为了方便其他类型数据的操作，该类提供了一系列方法创建不同数据类型的数据视图，这样就可以按相应的类型方法进行访问了。表 7-9 列出了 ByteBuffer 类中除 Buffer 类以外的一些常用方法。

表 7-9 ByteBuffer 类的常用方法

返回类型	方 法 名	方 法 功 能
static ByteBuffer	allocate(int capacity)	分配一个新的字节缓冲区
static ByteBuffer	allocateDirect(int capacity)	分配一个新的直接字节缓冲区
CharBuffer	asCharBuffer()	创建一个字节缓冲区作为 char 缓冲区的视图
ByteBuffer	asReadOnlyBuffer()	创建一个新的只字节缓冲区，共享此缓冲区的内容
ByteBuffer	compact()	压缩此缓冲区，将缓冲区当前位置与其限制之间的字节复制到缓冲区的开头
byte	get()	读取该缓冲区当前位置的字节，然后增加位置
byte	get(int index)	读取给定索引处的字节

续表

返回类型	方法名	方法功能
char	getChar()	在此缓冲区的当前位置读取接下来的两个字节，根据当前字节顺序组合成一个 char 值，然后将位置递增 2
ByteBuffer	get(byte[] dst)	将字节从此缓冲区传输到给定的目标数组中
ByteBuffer	put(byte b)	将给定字节写入当前位置的缓冲区，然后增加位置

7.4.4 Channels

Channels 通道类都放在 java.nio.Channels 包下面，该包内提供了与通道有关的若干个接口和类，下面介绍两个常用的类：Channels 类和 FileChannel 类。另外几个常用通道类 DatagramChannel、SocketChannel 和 ServerSocketChannel 都与网络通信有关。

1. Channels 类

Channels 类定义了支持 java.io 包的流类与 nio 包的通道类相互操作的静态方法。Channels 类的常用静态方法如表 7-10 所示。

表 7-10　Channels 类的常用静态方法

返回类型	方法名	方法功能
ReadableByteChannel	newChannel(InputStream in)	构造从给定流中读取字节的通道
WritableByteChannel	newChannel(OutputStream out)	构造一个将字节写入给定流的通道
InputStream	newInputStream(ReadableByteChannel ch)	构造从给定通道中读取字节的流
OutputStream	newOutputStream(WritableByteChannel ch)	构造将字节写入给定通道的流
Reader	newReader(ReadableByteChannel ch, String csName)	根据给定的字符集编码构造一个来自给定字节通道的读字符流
Writer	newWriter(WritableByteChannel ch, String csName)	根据给定的字符集编码构造一个写入给定字节通道的写字符流

2. FileChannel 类

FileChannel 类用于创建一个可以用于读、写、映射和操作文件的通道。该通道还支持多线程访问，能保证数据操作的可靠性。其常用方法如表 7-11 所示。

表 7-11　FileChannel 类的常用方法

返回类型	方法名	方法功能
static FileChannel	open(Path path,OpenOption.options)	打开或创建文件，并返回文件通道
int	read(ByteBuffer dst)	从该通道读取到给定缓冲区的字节序列
long	size()	返回此通道文件的当前大小
int	write(ByteBuffer src)	从给定的缓冲区向该通道写入一个字节序列，返回写入的字节数

7.5 任务实施

7.5.1 客户信息导入/导出实现

编写 importInfo()方法,利用 BufferedReader 类实现客户信息导入。D 盘中 info.txt 文件每一行存放一条客户记录,各字段之间用逗号分隔。

编写 exportInfo()方法,然后利用 BufferedWriter 类实现客户信息导出。本任务可以在6.6 节任务实施业务逻辑接口 AdminService 和管理员区块 AdminServiceImpl 代码块中增加代码,具体实现方法如下。

```
1.  package com.hnjd.service;
2.  public interface AdminService {
3.      //管理员登录成功页面
4.      public void adminLogin();
5.      //查询客户信息列表
6.      public void getCustomers();
7.      //导入客户信息
8.      public boolean importInfo();
9.      //导出客户信息
10.     public boolean exportInfo();
11. }
//管理员区块 AdminServiceImpl
1.  package com.hnjd.service;
2.  import java.util.List;
3.  import java.util.Scanner;
4.  import com.hnjd.beans.Customer;
5.  import com.hnjd.dao.AdminDao;
6.  import com.hnjd.dao.AdminDaoImpl;
7.  public class AdminServiceImpl implements AdminService{
8.      AdminDao ad = new AdminDaoImpl();
9.      @Override
10.     public void adminLogin() {
11.         Scanner sc = new Scanner(System.in);
12.         System.out.println("===============银行系统(管理员)===============");
13.         System.out.println("\t1.查询客户信息 2.返回上级");
14.         System.out.println("=========================================");
15.         System.out.print("请选择:");
16.         int num = sc.nextInt();
17.         boolean flag = true;
18.         while(flag){
19.             switch (num) {
20.             case 1:
21.                 getCustomers();
22.                 flag = false;
23.                 break;
```

```
24.        case 2:
25.            Bank bank = new BankImpl();
26.            bank.bankMenu();
27.            flag = false;
28.            break;
29.        default:
30.            System.out.println("对不起，输入错误请重新输入:");
31.            num = sc.nextInt();
32.            break;
33.        }
34.    }
35. }
36.    @Override
37.    public void getCustomers() {
38.      List<Customer> list = ad.getCustomerList();
39.      //循环遍历显示
40.      System.out.println("客户编号\t 客户姓名\t 卡号\t 账户余额");
41.      for(Customer cust:list){
42.        System.out.println(cust.getCustId()+"\t"+cust.getCustName()
43.            +"\t"+cust.getCustCard()+"\t"+cust.getBalance());
44.      }
45.    }
46. }
47.    public boolean importInfo() {
48.      boolean flag = false;
49.      String inputFilePath = "D:\\info.txt";
50.      try {
51.        BufferedReader reader = Files.newBufferedReader(Paths.get(inputFilePath));
52.        String line;
53.        int lineCount = 0;
54.        while ((line = reader.readLine()) != null) {
55.          if(lineCount!=0){
56.            String[] lineData = line.split(",");
57.            BaseDao.custIds[lineCount-1] = lineData[0];
58.            BaseDao.custNames[lineCount-1] = lineData[1];
59.            BaseDao.custCardIds[lineCount-1] = lineData[2];
60.            BaseDao. custPwds[lineCount-1] = lineData[3];
61.            BaseDao.tradeDates[lineCount-1] = lineData[4];
62.            BaseDao.balances[lineCount-1] =Double.parseDouble(lineData[5]) ;
63.          }
64.          lineCount++;
65.        }
66.        flag = true;
67.        reader.close();
68.      } catch (IOException e) {
69.
70.        e.printStackTrace();
71.      }
72.      return flag;
73.    }
```

```java
74.  public boolean exportInfo() {
75.      boolean flag = false;
76.      try {
77.          File file = new File("D:\\a.txt");
78.          if(!file.exists()){
79.              file.createNewFile();
80.          }
81.          Writer out =new FileWriter(file);
82.          BufferedWriter bw = new BufferedWriter(out);
83.          bw.write("客户编号,客户名称,卡号,交易密码,交易日期,账户余额");
84.          bw.newLine();
85.          bw.flush();
86.          for (int i = 0; i < BaseDao.custCardIds.length; i++) {
87.              if(BaseDao.custCardIds[i]==null){
88.                  break;
89.              }
90.              bw.write(BaseDao.custIds[i]+","+
91.                  BaseDao.custNames[i]+","+
92.                  BaseDao.custCardIds[i]+","+
93.                  BaseDao.custPwds[i]+","+
94.                  BaseDao.tradeDates[i]+","+
95.                  BaseDao.balances[i]);
96.              bw.newLine();
97.          }
98.          bw.close();
99.          flag = true;
100.     } catch (Exception e) {
101.         flag = false;
102.         e.printStackTrace();
103.     }
104.     return flag;
105. }
```

7.5.2 客户信息查询实现

以管理员身份进行登录,导入文件后,可以使用客户信息查询功能验证数据。具体实现可以参考 6.6 节任务实施数据访问层接口 AdminDao 添加实现类 AdminDaoImpl 代码块中 getCustomerList 方法,以及业务逻辑接口 AdminService 和管理员区块 AdminServiceImpl 代码块中 getCustomerList 方法。

7.6 任务总结

本章任务主要围绕银行管理系统导出客户信息功能实现,描述了客户信息导出的功能和设计思路;本章主要介绍了 Java 文件管理和 I/O 流技术。学生需要熟悉 File 类的使用;掌握字节流的两个根类 InputStream 和 OutputStream,以及字符流的两个根类 Reader 和

Writer；了解常用的装饰器流，如 InputStreamReader、OutputStreamWriter、BufferedReader、BufferedWriter、BufferedInputStream 和 BufferedOutputStream 等。最后，综合运用上述知识，通过界面设计和功能设计两部分完成了客户信息导出的功能的开发。

通过本项目的学习，读者可以掌握使用 Java 语言设计简单信息系统的方法，Java 语言的输入/输出流及相关操作。培养学生形成严谨认真的工作态度，树立高尚的职业道德。

7.7 任务评价

任务7 导出客户信息功能实现

考核目标	任务节点	完成情况	备注
知识、技能（70%）	1. 客户信息查询实现（30%）		
	2. 客户信息导出实现（30%）		
	3. 导出信息展示（10%）		
	成绩合计		
素养（30%）	团队协作（10%）		
	个人能力展示、专业认知（20%）		
	成绩合计		
合计			

7.8 习 题

一、填空题

1. 按照流的方向来分，IO 流包括_____和_____。

2. Java 语言中，将用于向 Java 程序输入数据的数据源构造成_____流，Java 程序通过输出流向目的地_____数据。

3. Java 语言中，所有输入流类都是 InputStream 类或者 Reader 类的子类，它们都继承了_____方法用于读取数据。

4. DataOutputStream 对象 dos 的当前位置写入一个保存在变量 d 中的浮点数的方法是_____。

5. 使用 BufferedOutputStream 输出时，数据首先写入_____，直到写满才将数据写入_____。

6. Java 语言标准的输出对象包括两个，分别是标准输出_____和标准错误输出_____。

二、选择题

1. 下列选项中，不是 InputStream 的直接子类的是（　　）。

　　A．ByteArrayInputStream　　　　　　B．FileInputStream

C. BufferedInputStream   D. PipedInputStream

2. 下列选项中，用来读取文本的字符流的是类（　　）。
   A. FileReader   B. FileWriter
   C. FileInputStream   D. FileOutputStream

3. 当文件不存在或不可读时，使用 FileInputStream 读取文件会报出的错误是（　　）。
   A. NullPointerException   B. NoSuchFieldException
   C. FileNotFoundException   D. RuntimeException

4. 以下选项中，是 FileInputStream 父类的是（　　）。
   A. File   B. FileOutput
   C. OutputStream   D. InputStream

5. 请将下列 4 个步骤进行排列，完成文件的赋值操作，排列顺序正确的是（　　）。
① 将字节流输入流和源文件相关联，输出流和目标文件相关联。② 明确源文件和目标文件。③ 使用输入流的读取方法读取文件，并将字节写入目标文件中。④ 关闭资源。
   A. ①②③④   B. ②①③④
   C. ②③①④   D. ①③②④

6. 下列关于 FileInputStream 和 FileOutputStream 的说法中，错误的是（　　）。
   A. FileInputStream 是 InputStream 的子类，它是操作文件的字节输入流
   B. FileOutputStream 是 OutputStream 的子类，它是操作文件的字节输出流
   C. 如果使用 FileOutputStream 向一个已存在的文件中写入数据，那么写入的数据会被追加到该文件原先的数据后面
   D. 使用 FileInputStream 读取文件数据时，必须保证要读取的文件存在并且是可读的

7. 下列关于字节流缓冲区的说法中，错误的是（　　）。
   A. 使用字节流缓冲区读写文件是一个字节一个字节地读写
   B. 使用字节流缓冲区读写文件时，可以一次性读取多个字节的数据
   C. 使用字节流缓冲区读写文件，可以大大提高文件的读写操作效率
   D. 字节流缓冲区就是一块内存，用于存放暂时输入/输出的数据

8. 下列选项中，使用了缓冲区技术的流是（　　）。
   A. DataInputStream   B. FileOutputStream
   C. BufferedInputStream   D. FileReader

9. FileWriter 类中有很多重载的读取字符的方法，其中，read()方法如果读取已到达流的末尾，将返回的值是（　　）。
   A. 0   B. -1
   C. 1   D. 无返回值

10. 下列关于 IO 流的说法中，错误的（　　）。
    A. InputStream 读文件时操作的都是字节
    B. Reader 是字符输入流

C. FileReader 和 FileWriter 用于读写文件的字节流
D. BufferedReader 和 BufferedWriter 是具有缓冲功能的字符流

7.9 综合实训

1. 递归实现输入任意目录，列出文件以及文件夹。
2. 递归实现列出当前工程下所有.java 文件。
3. 从磁盘读取一个文件到内存中，再将其打印到控制台。

答案7

课件7

任务 8

银行管理系统项目实现

前面任务已经学习的 Java 语言相关知识，通过项目贯穿起来，将书中的知识变成项目实战。通过项目实战，读者能够了解软件开发流程和所学知识在实际项目中的使用情况。

本任务介绍利用 Java 语言相关技术实现银行管理系统项目，所涉及的知识点包括 Java 面向对象、集合框架、JDBC 技术和数据库相关等知识，其中还会用到各个方面的 Java 语言基础知识。

学习目标：

- 阐述综合案例的需求。
- 了解软件分层设计的思想。
- 独立完成项目环境的搭建工作，做好准备工作。
- 基于某个功能模块独立编写 DAO 层的代码。
- 基于某个功能模块独立编写 Service 层的代码。
- 基于某个功能模块独立编写主控类的代码。

8.1 系统分析与设计

8.1.1 需求分析

在这个阶段要分析系统应该满足什么需求。不仅要考虑功能需求，还要考虑非功能需求，主要包括响应速度、系统所能承受的压力、界面的样式等。该程序设计应满足以下需求：

（1）用户可以根据自己的卡号或工号以普通用户或管理员的身份进行登录。

（2）普通用户可通过个人业务进行存款、取款、转账，通过查询业务进行个人信息查询、交易记录查询以及通过账号管理进行密码修改和安全退出。

（3）普通用户可通过个人信息查询进行电话号码和电子邮箱的修改，可通过交易记录查询查看交易记录，而且可通过"导出数据"按钮将交易记录导出到指定位置。

（4）管理员可通过账号管理进行开户、修改密码、安全退出，通过查询业务进行个人信息查询、交易记录查询。

（5）管理员可通过开户创建新的客户，通过修改密码对指定账户进行密码的修改。

（6）管理员在个人信息查询中可通过输入卡号查询客户，并且可以进行电话号码和电子邮箱的修改。

（7）管理员在交易记录查询可通过输入卡号查看交易记录，并且可通过导出数据将交易记录导出到指定位置。

8.1.2 数据库设计

在 MySQL 数据中，各种数据存放在一张张表中，根据实际的用户需求为这些表结构之间设置符合逻辑的外键使它们相互联系起来。这种特点就使其具有较高的灵活性和响应速度。

在不同的操作系统中都可以稳定的运行 MySQL 数据库，只需按不同平台规范进行相应的配置即可。用户也可以安装数据库管理工具，来更方便快捷地管理数据库。

众所周知，在一个系统中通常涉及大量的数据，因此要在数据库中根据数据的属性与要求，设计合适的表结构。然后在数据库中根据这些报表的结构创建一张张数据表，并将这些表按照需求设置合适的主键、外键、约束等，并组织起来更好地存储数据，保存各表之间的关系。

用户记录表用于存储客户的交易记录，交易流水号设为主键，用户记录表字段详情如表 8-1 所示。

表 8-1 客户记录表（record）

字段名称	类型	长度	字段说明	主键
serialNumber	varchar	255	交易流水号	主键
inCardNo	varchar	255	转入账户	
outCardNo	varchar	255	转出账户	
transactionDate	datetime	0	交易日期	
transactionAmount	double	255	交易金额	
currencyBalance	double	255	转出账户当前余额	
transactionType	varchar	255	交易类型	

客户信息表用来存储用户的具体信息。用户卡号设为主键，可以通过卡号对客户进行索引。客户信息表字段详情如表 8-2 所示。

表 8-2 客户信息表（user）

字段名称	类型	长度	字段说明	主键
number	varchar	255	卡号	主键
username	varchar	255	用户姓名	

续表

字 段 名 称	类 型	长 度	字 段 说 明	主 键
password	varchar	255	密码	
email	varchar	255	邮箱	
phone	varchar	255	电话号码	
opendate	datetime	6	开户时间	
balance	double	255	账户余额	
type	varchar	255	账户类型	

8.2 创建数据库

数据库设计完成之后，在编写 Java 代码之前，应该先创建数据库。

8.2.1 安装和配置 MySQL 数据库

首先应该为开发项目准备好数据库。本书推荐使用 MySQL 数据库，如果没有安装 MySQL 数据库，可以上网查询如何安装 MySQL 数据库。

JDBC 数据库连接可参考右侧二维码内容。

8.2.2 编写数据库 DDL 脚本并插入数据

按照如下代码为数据库设计模型编写数据库 DDL 脚本。当然，也可以通过一些工具生成 DDL 脚本，然后把这个脚本放在数据库中执行。在银行管理系统中有一些初始数据，这些初始数据在数据库创建成功后插入。

```
SET NAMES utf8mb4;
SET FOREIGN_KEY_CHECKS = 0;

//第一个表 record，记录表
-- ----------------------------
-- Table structure for record
-- ----------------------------
DROP TABLE IF EXISTS `record`;
CREATE TABLE `record`  (
  `serialNumber` varchar(255) CHARACTER SET utf8 COLLATE utf8_general_ci NOT NULL COMMENT '交易流水号',
  `inCardNo` varchar(255) CHARACTER SET utf8 COLLATE utf8_general_ci NULL DEFAULT NULL COMMENT '转入账户',
  `outCardNo` varchar(255) CHARACTER SET utf8 COLLATE utf8_general_ci NULL DEFAULT NULL COMMENT '转出账户',
  `transactionDate` datetime(0) NULL DEFAULT NULL COMMENT '交易日期',
  `transactionAmount` double(255, 0) NULL DEFAULT NULL COMMENT '交易金额',
  `currencyBalance` double(255, 0) NULL DEFAULT NULL COMMENT '转出账户当前余额',
```

`transactionType` varchar(255) CHARACTER SET utf8 COLLATE utf8_general_ci NULL DEFAULT NULL COMMENT '交易类型',
  PRIMARY KEY (`serialNumber`) USING BTREE
) ENGINE = InnoDB CHARACTER SET = utf8 COLLATE = utf8_general_ci ROW_FORMAT = Dynamic;

//插入的初始数据
-- ----------------------------
-- Records of record
-- ----------------------------
INSERT INTO `record` VALUES ('202307211848522621001', NULL, '1001', '2023-07-21 18:48:52', 400, 800, '存款');
INSERT INTO `record` VALUES ('202307221524558841001', NULL, '1001', '2023-07-22 15:24:55', 200, 199, '存款');
INSERT INTO 'record' VALUES ('202307221525147251001', NULL, '1001', '2023-07-22 15:25:14', 100, 99, '取款');
INSERT INTO 'record' VALUES ('202307221636439381001', '1002', '1001', '2023-07-22 16:36:43', 50, 49, '转账');
INSERT INTO 'record' VALUES ('202307241130079051001', NULL, '1001', '2023-07-24 11:30:07', 200, 249, '存款');

第二个表 user，用户表
-- ----------------------------
-- Table structure for user
-- ----------------------------
DROP TABLE IF EXISTS `user`;
DROP TABLE IF EXISTS `user`;
CREATE TABLE `user` (
  `number` varchar(255) CHARACTER SET utf8 COLLATE utf8_general_ci NOT NULL,
  `username` varchar(255) CHARACTER SET utf8 COLLATE utf8_general_ci NULL DEFAULT NULL,
  `password` varchar(255) CHARACTER SET utf8 COLLATE utf8_general_ci NULL DEFAULT NULL,
  `email` varchar(255) CHARACTER SET utf8 COLLATE utf8_general_ci NULL DEFAULT NULL,
  `phone` varchar(255) CHARACTER SET utf8 COLLATE utf8_general_ci NULL DEFAULT NULL,
  `opendate` datetime(6) NULL DEFAULT NULL,
  `balance` double(255, 0) NULL DEFAULT NULL,
  `type` varchar(255) CHARACTER SET utf8 COLLATE utf8_general_ci NULL DEFAULT NULL,
  PRIMARY KEY (`number`) USING BTREE
) ENGINE = InnoDB CHARACTER SET = utf8 COLLATE = utf8_general_ci ROW_FORMAT = Dynamic;

//插入的初始数据
-- ----------------------------
-- Records of user
-- ----------------------------
INSERT INTO `user` VALUES ('1001', '张三', '123456', '1235363345345', '45', '2023-07-19 09:46:41.000000', 249, '普通用户');
INSERT INTO `user` VALUES ('1002', '李四', '123456', '2@qq.com', '12315423', '2023-07-22 15:35:21.000000', 60, '普通用户');
INSERT INTO `user` VALUES ('1003', '王五', '123456', '123', '123', '2023-07-27 22:17:33.000000', 100, '普通用户');
INSERT INTO `user` VALUES ('admin', '超级管理员', 'admin', '2@qq.com', '123', '2023-07-13

16:19:36.000000', NULL, '管理员');
INSERT INTO `user` VALUES ('admin1', ' 管 理 员 小 王 ', '123456', '123', '123', '2023-07-27 22:18:07.000000', 0, '管理员');

SET FOREIGN_KEY_CHECKS = 1;

程序运行结果如图 8-1 所示。

number	username	password	email	phone	opendate	balance	type
1001	张三	123456	1235363345345	45	2023-07-19 09:46:41	249	普通用户
1002	李四	123456	2@qq.com	12315423	2023-07-22 15:35:21	60	普通用户
1003	王五	123456	123	123	2023-07-27 22:17:33	100	普通用户
admin	超级管理员	admin	2@qq.com	123	2023-07-13 16:19:36	(Null)	管理员
admin1	管理员小王	123456	123	123	2023-07-27 22:18:07	0	管理员

serialNumber	inCardNo	outCardNo	transactionDate	transactionAmount	currencyBalance	transactionType
20230721184852262001	(Null)	1001	2023-07-21 18:48:52	400	800	存款
20230722152455884001	(Null)	1001	2023-07-22 15:24:55	200	199	存款
20230722152514725001	(Null)	1001	2023-07-22 15:25:14	100	99	取款
20230722163643938001	1002	1001	2023-07-22 16:36:43	50	49	转账
20230724113007905001	(Null)	1001	2023-07-24 11:30:07	200	249	存款

图 8-1 程序运行结果

8.3 初始化项目

本项目推荐使用 Eclipse 工具，所以首先参考 1.4.2 节创建一个 Eclipse 项目，项目名称为 BankJDBC。（推荐工具：mysql-installer-community-8.0.26.0，Navicat Premium 15，Eclipse IDE for Java Developers - 2022-06）

8.3.1 配置项目构建路径

BankJDBC 项目创建完成后，需要参考图 8-2 在 BankJDBC 项目根目录下创建普通文件夹 db，然后将 MySQL 数据库的 JDBC 驱动程序 mysql-connector-java-XXX.jar 复制到 db 目录中，可上网查询并将驱动程序文件添加到项目的构建路径中。images 文件夹中的内容是项目使用的图片。

8.3.2 添加资源图片

项目中会用到很多资源图片，为了方便打包发布项目，这些图片最好放到 src 源文件夹下，Eclipse 会将该文件夹下的所有文件一起复制到字节码文件夹中。参考图 8-2 在 src 文件夹下创建 images 文件夹，然后在本书配套资源中找到 images 中的图片，并将其复制到 Eclipse 项目的 images 文件夹中。

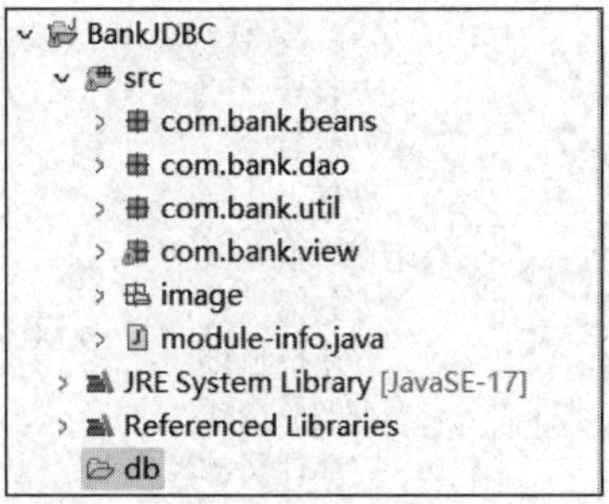

```
v 😺 BankJDBC
  v 🗁 src
    > ⊞ com.bank.beans
    > ⊞ com.bank.dao
    > ⊞ com.bank.util
    > ⊞ com.bank.view
    > 🗁 image
    > 📄 module-info.java
  > ⚙ JRE System Library [JavaSE-17]
  > 🗁 Referenced Libraries
    🗁 db
```

图 8-2　BankJDBC 项目目录结构

8.3.3　添加包

参考图 8-2，在 src 文件夹中创建如下 4 个包。

com .bank .view：放置表示层组件。

com .bank .beans：放置实体类。

com .bank .dao：放置数据访问层。

Dao 的作用是封装对数据库的访问，以及放置数据持久层组件中的 Dao 接口具体实现类。该包中还放置了访问 MySQL 数据库的一些辅助类和配置文件。

com .bank .util：放置工具类。

8.4　编写数据持久层代码

Eclipse 项目创建并初始化完成后，可以先编写数据持久层代码。

8.4.1　编写实体类

无论数据库设计还是面向对象的架构设计都会使用"实体"。"实体"是系统中的"人""事""物"等名词，如客户、记录等。在数据库设计时，它将演变为表，如客户表（user）和记录表（record），在面向对象的架构设计时，实体将演变为"实体类"。实体类属性与数据库表字段是相似的，事实上它们描述的是同一个事物，所以具有相同的属性，只是它们分别采用不同的设计理念，实体类采用对象模型，表采用关系模式。

1．客户实体类 User

代码如下：

```
1.  package com.bank.beans;
2.
3.  import java.util.Date;
4.
5.  public class User {
```

```
 6.
 7.    private String number;           //卡号/工号
 8.    private String username;         //姓名
 9.    private String password;         //密码
10.    private String email;            //邮箱
11.    private String phone;            //电话
12.    private Date openDate;           //开户日期
13.    private double balance;          //账户余额
14.    private String type;             //管理员&客户
15.
16.    public User() {
17.      super();
18.    }
19.
20.    public User(
21.      String number,
22.      String username,
23.      String password,
24.      String email,
25.      String phone,
26.      Date openDate,
27.      double balance,
28.      String type
29.    ) {
30.      super();
31.      this.number = number;
32.      this.username = username;
33.      this.password = password;
34.      this.email = email;
35.      this.phone = phone;
36.      this.openDate = openDate;
37.      this.balance = balance;
38.      this.type = type;
39.    }
40.
41.    public User(
42.      String number,
43.      String username,
44.      String password,
45.      String email,
46.      String phone,
47.      double balance,
48.      String type
49.    ) {
50.      super();
51.      this.number = number;
52.      this.username = username;
53.      this.password = password;
54.      this.email = email;
```

```java
55.        this.phone = phone;
56.        this.balance = balance;
57.        this.type = type;
58.    }
59.
60.    public String getNumber() {
61.        return number;
62.    }
63.
64.    public void setNumber(String number) {
65.        this.number = number;
66.    }
67.
68.    public String getUsername() {
69.        return username;
70.    }
71.
72.    public void setUsername(String username) {
73.        this.username = username;
74.    }
75.
76.    public String getPassword() {
77.        return password;
78.    }
79.
80.    public void setPassword(String password) {
81.        this.password = password;
82.    }
83.
84.    public String getEmail() {
85.        return email;
86.    }
87.
88.    public void setEmail(String email) {
89.        this.email = email;
90.    }
91.
92.    public String getPhone() {
93.        return phone;
94.    }
95.
96.    public void setPhone(String phone) {
97.        this.phone = phone;
98.    }
99.
100.   public Date getOpenDate() {
101.       return openDate;
102.   }
103.
```

```
104.    public void setOpenDate(Date openDate) {
105.        this.openDate = openDate;
106.    }
107.
108.    public double getBalance() {
109.        return balance;
110.    }
111.
112.    public void setBalance(double balance) {
113.        this.balance = balance;
114.    }
115.
116.    public String getType() {
117.        return type;
118.    }
119.
120.    public void setType(String type) {
121.        this.type = type;
122.    }
123. }
```

从上述代码中可见，实体类结构很简单，主要包含一些私有属性，以及对这些私有属性操作的方法 Getter()和 Setter()。在使用 Eclipse 编程时只需要编写那些私有属性即可，然后通过 Eclipse 工具生成 Getter()和 Setter()方法。记录实体类 Record 同理。

2. 记录实体类 Record

代码如下：

```
1.  package com.bank.beans;
2.
3.  import java.util.Date;
4.
5.  public class Record {
6.
7.      private String serialNumber;        //交易流水号
8.      private String inCardNo;            //转入账户
9.      private String outCardNo;           //转出账户
10.     private Date transactionDate;       //交易日期
11.     private double transactionAmount;   //交易金额
12.     private double currencyBalance;     //当前余额
13.     private String transactionType;     //交易类型
14.
15.     public Record(
16.         String serialNumber,
17.         String inCardNo,
18.         String outCardNo,
19.         Date transactionDate,
20.         double transactionAmount,
21.         double currencyBalance,
```

```java
22.        String transactionType
23.    ) {
24.        super();
25.        this.serialNumber = serialNumber;
26.        this.inCardNo = inCardNo;
27.        this.outCardNo = outCardNo;
28.        this.transactionDate = transactionDate;
29.        this.transactionAmount = transactionAmount;
30.        this.currencyBalance = currencyBalance;
31.        this.transactionType = transactionType;
32.    }
33.
34.    //存取款构造方法
35.    public Record(
36.        String serialNumber,
37.        String outCardNo,
38.        double transactionAmount,
39.        double currencyBalance,
40.        String transactionType
41.    ) {
42.        super();
43.        this.serialNumber = serialNumber;
44.        this.outCardNo = outCardNo;
45.        this.transactionAmount = transactionAmount;
46.        this.currencyBalance = currencyBalance;
47.        this.transactionType = transactionType;
48.    }
49.
50.    //转账构造方法
51.    public Record(
52.        String serialNumber,
53.        String inCardNo,
54.        String outCardNo,
55.        double transactionAmount,
56.        double currencyBalance,
57.        String transactionType
58.    ) {
59.        super();
60.        this.serialNumber = serialNumber;
61.        this.inCardNo = inCardNo;
62.        this.outCardNo = outCardNo;
63.        this.transactionAmount = transactionAmount;
64.        this.currencyBalance = currencyBalance;
65.        this.transactionType = transactionType;
66.    }
67.
68.    public String getSerialNumber() {
69.        return serialNumber;
70.    }
```

```java
71.
72.    public void setSerialNumber(String serialNumber) {
73.        this.serialNumber = serialNumber;
74.    }
75.
76.    public String getInCardNo() {
77.        return inCardNo;
78.    }
79.
80.    public void setInCardNo(String inCardNo) {
81.        this.inCardNo = inCardNo;
82.    }
83.
84.    public String getOutCardNo() {
85.        return outCardNo;
86.    }
87.
88.    public void setOutCardNo(String outCardNo) {
89.        this.outCardNo = outCardNo;
90.    }
91.
92.    public Date getTransactionDate() {
93.        return transactionDate;
94.    }
95.
96.    public void setTransactionDate(Date transactionDate) {
97.        this.transactionDate = transactionDate;
98.    }
99.
100.   public double getTransactionAmount() {
101.       return transactionAmount;
102.   }
103.
104.   public void setTransactionAmount(double transactionAmount) {
105.       this.transactionAmount = transactionAmount;
106.   }
107.
108.   public double getCurrencyBalance() {
109.       return currencyBalance;
110.   }
111.
112.   public void setCurrencyBalance(double currencyBalance) {
113.       this.currencyBalance = currencyBalance;
114.   }
115.
116.   public String getTransactionType() {
117.       return transactionType;
118.   }
119.
```

```
120.    public void setTransactionType(String transactionType) {
121.        this.transactionType = transactionType;
122.    }
123.    @Override
124.    public String toString() {
125.        return "Record [serialNumber=" + serialNumber + ", inCardNo="
126.                + inCardNo + ", outCardNo=" + outCardNo + ", transactionDate="
127.                + transactionDate + ", transactionAmount=" + transactionAmount
128.                + ", currencyBalance=" + currencyBalance + ", transactionType="
129.                + transactionType + "]";
130.    }
131. }
```

8.4.2 编写 Dao 类

编写 Dao 类就没有实体类那么简单了,数据持久层的开发工作主要是 Dao 类的编写。用户管理 UserDao 实现类 UserDaoImp 的代码如下:

```
1.  package com.bank.dao;
2.
3.  import java.sql.Connection;
4.  import java.sql.PreparedStatement;
5.  import java.sql.ResultSet;
6.  import java.sql.SQLException;
7.  import java.util.ArrayList;
8.  import java.util.List;
9.  import java.util.Vector;
10.
11. import com.bank.beans.Record;
12. import com.bank.beans.User;
13. import com.bank.util.DBUtil;
14.
15. public class UserDaoImpl implements UserDao{
16.     DBUtil db = new DBUtil();
17.     Connection conn = db.getConn();
18.     PreparedStatement pstmt = null;
19.     ResultSet rs = null;
20.
21.     @Override
22.     public User userLogin(String cardNo, String password, String userType) {
23.         User user = null;
24.         try {
25.             String sql = "select * from user where number=? and password=? and type=?";
26.             pstmt = conn.prepareStatement(sql);
27.             pstmt.setString(1, cardNo);
28.             pstmt.setString(2, password);
29.             pstmt.setString(3, userType);
30.             rs=pstmt.executeQuery();
```

```
31.         if(rs.next()) {
32.            user=new User(rs.getString(1),rs.getString(2),rs.getString(3),rs.getString(4)
33.                ,rs.getString(5),rs.getDate(6),rs.getDouble(7),rs.getString(8));
34.         }
35.      } catch (SQLException e) {
36.         e.printStackTrace();
37.      } finally{
38.         try {
39.            pstmt.close();
40.         } catch (SQLException e) {
41.            e.printStackTrace();
42.         }
43.      }
44.      return user;
45.   }
46.
47.   @Override
48.   public boolean deposit(String cardNo, double money) {
49.      boolean flag = false;
50.      try {
51.         String sql = "update user set balance=balance+? where number=?";
52.         pstmt = conn.prepareStatement(sql);
53.         pstmt.setDouble(1, money);
54.         pstmt.setString(2, cardNo);
55.         int result = pstmt.executeUpdate();
56.         if(result!=0){
57.            flag = true;
58.            System.out.println("存款成功");
59.         }else{
60.            System.out.println("存款失败");
61.         }
62.      } catch (SQLException e) {
63.         e.printStackTrace();
64.      } finally{
65.         try {
66.            pstmt.close();
67.         } catch (SQLException e) {
68.            e.printStackTrace();
69.         }
70.      }
71.      return flag;
72.   }
73.
74.   @Override
75.   public double queryBalance(String cardNo) {
76.      double balance = 0;
77.      try {
78.         String sql = "select balance from user where number=?";
79.         pstmt = conn.prepareStatement(sql);
```

```java
80.        pstmt.setString(1, cardNo);
81.        rs=pstmt.executeQuery();
82.        if(rs.next()){
83.            balance = rs.getDouble(1);
84.            System.out.println("当前余额: "+balance);
85.        }
86.    } catch (SQLException e) {
87.        e.printStackTrace();
88.    } finally{
89.        try {
90.            pstmt.close();
91.        } catch (SQLException e) {
92.            e.printStackTrace();
93.        }
94.    }
95.    return balance;
96. }
97.
98. @Override
99. public boolean withdrawMoney(String cardNo, double money) {
100.    boolean flag = false;
101.    try {
102.        String sql = "update user set balance=balance-? where number=?";
103.        pstmt = conn.prepareStatement(sql);
104.        pstmt.setDouble(1, money);
105.        pstmt.setString(2, cardNo);
106.        int result = pstmt.executeUpdate();
107.        if(result!=0){
108.            flag = true;
109.            System.out.println("取款成功");
110.        }else{
111.            System.out.println("取款失败");
112.        }
113.    } catch (SQLException e) {
114.        e.printStackTrace();
115.    } finally{
116.        try {
117.            pstmt.close();
118.        } catch (SQLException e) {
119.            e.printStackTrace();
120.        }
121.    }
122.    return flag;
123. }
124.
125. @Override
126. public boolean transferMoney(String inCardNo, String outCardNo, double money) {
127.    deposit(inCardNo, money);
128.    withdrawMoney(outCardNo, money);
```

```java
129.        return true;
130.    }
131.
132.    @Override
133.    public boolean isUserExist(String cardNo) {
134.        boolean flag = false;
135.        try {
136.            String sql = "select * from user where number=?";
137.            pstmt = conn.prepareStatement(sql);
138.            pstmt.setString(1, cardNo);
139.            rs=pstmt.executeQuery();
140.            if(rs.next()){
141.                flag = true;
142.            }
143.        } catch (SQLException e) {
144.            e.printStackTrace();
145.        } finally{
146.            try {
147.                pstmt.close();
148.            } catch (SQLException e) {
149.                e.printStackTrace();
150.            }
151.        }
152.        return flag;
153.    }
154.
155.    @Override
156.    public boolean changePassword(String cardNo, String newPassword) {
157.        boolean flag = false;
158.        try {
159.            String sql = "update user set password=? where number=?";
160.            pstmt = conn.prepareStatement(sql);
161.            pstmt.setString(1, newPassword);
162.            pstmt.setString(2, cardNo);
163.            int result = pstmt.executeUpdate();
164.            if(result!=0){
165.                flag = true;
166.                System.out.println("更新密码成功");
167.            }else{
168.                System.out.println("更新密码失败");
169.            }
170.        } catch (SQLException e) {
171.            e.printStackTrace();
172.        } finally{
173.            try {
174.                pstmt.close();
175.            } catch (SQLException e) {
176.                e.printStackTrace();
177.            }
```

```java
178.        }
179.        return flag;
180.    }
181.
182.    @Override
183.    public boolean addRecord(Record record) {
184.        boolean flag = false;
185.        int i = 0;
186.        String sql = "insert into record values(?,?,?,CURRENT_TIME(),?,?,?)";
187.        try {
188.            pstmt = conn.prepareStatement(sql);
189.            pstmt.setObject(1, record.getSerialNumber());
190.            pstmt.setObject(2, record.getInCardNo());
191.            pstmt.setObject(3, record.getOutCardNo());
192.            pstmt.setObject(4, record.getTransactionAmount());
193.            pstmt.setObject(5, record.getCurrencyBalance());
194.            pstmt.setObject(6, record.getTransactionType());
195.            i = pstmt.executeUpdate();
196.            if(i!=0){
197.                flag = true;
198.            }
199.        } catch (SQLException e) {
200.            e.printStackTrace();
201.        } finally{
202.            try {
203.                pstmt.close();
204.            } catch (SQLException e) {
205.                e.printStackTrace();
206.            }
207.        }
208.        return flag;
209.    }
210.
211.    @Override
212.    public boolean updateUserInfo(String cardNo,String email,String phone) {
213.        boolean flag = false;
214.        try {
215.            String sql = "update user set email=?,phone=? where number=?";
216.            pstmt = conn.prepareStatement(sql);
217.            pstmt.setString(1, email);
218.            pstmt.setString(2, phone);
219.            pstmt.setString(3, cardNo);
220.            int result = pstmt.executeUpdate();
221.            if(result!=0){
222.                flag = true;
223.                System.out.println("更新个人信息成功");
224.            }else{
225.                System.out.println("更新个人信息失败");
226.            }
```

```java
227.        } catch (SQLException e) {
228.            e.printStackTrace();
229.        } finally {
230.            try {
231.                pstmt.close();
232.            } catch (SQLException e) {
233.                e.printStackTrace();
234.            }
235.        }
236.        return flag;
237.    }
238.
239.    @Override
240.    public User getUserInfoByCard(String cardNo) {
241.        User user = null;
242.        try {
243.            String sql = "select * from user where number=?";
244.            pstmt = conn.prepareStatement(sql);
245.            pstmt.setString(1, cardNo);
246.            rs=pstmt.executeQuery();
247.            if(rs.next()) {
248.                user=new User(rs.getString(1),rs.getString(2),rs.getString(3),rs.getString(4)
249.                    ,rs.getString(5),rs.getDate(6),rs.getDouble(7),rs.getString(8));
250.            }
251.        } catch (SQLException e) {
252.            e.printStackTrace();
253.        } finally {
254.            try {
255.                rs.close();
256.                pstmt.close();
257.            } catch (SQLException e) {
258.                e.printStackTrace();
259.            }
260.        }
261.        return user;
262.    }
263.
264.    @SuppressWarnings({ "rawtypes", "unchecked" })
265.    @Override
266.    public List<Vector> queryRecordsByCardNo(String cardNo){
267.        List<Vector> list = new ArrayList<Vector>();
268.        Vector vector = null;
269.        try {
270.            String sql = "select * from record where outCardNo=?";
271.            pstmt = conn.prepareStatement(sql);
272.            pstmt.setString(1, cardNo);
273.            rs=pstmt.executeQuery();
274.            while(rs.next()){
275.                vector = new Vector();
```

```java
276.            vector.add(rs.getString(1));
277.            vector.add(rs.getString(3));
278.            vector.add(rs.getString(2));
279.            vector.add(rs.getDouble(5));
280.            vector.add(rs.getString(7));
281.            vector.add(rs.getDate(4));
282.            vector.add(rs.getDouble(6));
283.            list.add(vector);
284.        }
285.    } catch (SQLException e) {
286.        e.printStackTrace();
287.    } finally {
288.        try {
289.            rs.close();
290.            pstmt.close();
291.        } catch (SQLException e) {
292.            e.printStackTrace();
293.        }
294.    }
295.    return list;
296. }
297.
298. @Override
299. public boolean addUser(User user) {
300.    boolean flag = false;
301.    int i = 0;
302.    String sql = "insert into user values(?,?,?,?,?,CURRENT_TIME(),?,?)";
303.    try {
304.        pstmt = conn.prepareStatement(sql);
305.        pstmt.setObject(1, user.getNumber());
306.        pstmt.setObject(2, user.getUsername());
307.        pstmt.setObject(3, user.getPassword());
308.        pstmt.setObject(4, user.getEmail());
309.        pstmt.setObject(5, user.getPhone());
310.        pstmt.setObject(6, user.getBalance());
311.        pstmt.setObject(7, user.getType());
312.        i = pstmt.executeUpdate();
313.        if(i!=0){
314.            flag = true;
315.        }
316.    } catch (SQLException e) {
317.        e.printStackTrace();
318.    } finally {
319.        try {
320.            pstmt.close();
321.        } catch (SQLException e) {
322.            e.printStackTrace();
323.        }
324.    }
```

```
325.         return flag;
326.     }
327. }
```

UserDao 接口定义的 12 种抽象方法在本项目中均需实现。

8.4.3 数据库帮助类

数据库帮助类可以进行 JDBC 驱动程序加载以及获取数据库连接。

1. DBUtil

数据库帮助类 DBUtil 可以进行 JDBC 驱动程序加载、获取数据库连接以及获取数据库数据。具体实现代码如下：

```
1.   package com.bank.util;
2.
3.   import java.sql.Connection;
4.   import java.sql.DriverManager;
5.   import java.sql.PreparedStatement;
6.   import java.sql.ResultSet;
7.   import java.sql.SQLException;
8.
9.   public class DBUtil {
10.
11.
12.      private static final String URL  ="jdbc:mysql://localhost:3306/bank?useUnicode=true&characterEncoding=UTF-8&serverTimezone=UTC" ;
13.      private static final String JDBC_NAME = "com.mysql.cj.jdbc.Driver";
14.      private static final String USERNAME  ="root" ;
15.      private static final String PASSWORD="Accord";
16.
17.      private  PreparedStatement pstmt = null ;
18.      private  Connection connection = null ;
19.      private  ResultSet rs = null ;
20.
21.      //获取数据库连接
22.      public Connection getConn(){
23.          try {
24.              //1.加载驱动
25.              Class.forName(JDBC_NAME);
26.              //2.获取连接
27.              connection =DriverManager.getConnection(URL, USERNAME, PASSWORD);
28.          } catch (Exception e) {
29.              e.printStackTrace();
30.          }
31.          return connection;
32.      }
33.
```

```java
34.     //关闭数据库连接
35.     public void closeAll(ResultSet rs, PreparedStatement pstmt, Connection connection)
36.     {
37.         try {
38.             if (rs!=null) {
39.                 rs.close();
40.             }
41.             if(pstmt!=null){
42.                 pstmt.close();
43.             }
44.             if(connection!=null){
45.                 connection.close();
46.             }
47.         } catch (SQLException e) {
48.             e.printStackTrace();
49.         }
50.     }
51.
52.     public static void main(String[] args) {
53.         DBUtil db = new DBUtil();
54.         db.getConn();
55.     }
56.
57.     //通用的增删改方法
58.     public  boolean executeUpdate(String sql,Object[] params) {
59.         try {
60.             pstmt = createPreParedStatement(sql,params);
61.             int count = pstmt.executeUpdate() ;
62.             if(count>0){
63.                 return true ;
64.             }
65.             else {
66.                 return false;
67.             }
68.
69.         } catch (SQLException e) {
70.             e.printStackTrace();
71.             return false ;
72.         }catch (Exception e) {
73.             e.printStackTrace();
74.             return false ;
75.         }
76.         finally {
77.             closeAll(null,pstmt,connection);
78.         }
79.     }
80.
81.     /**
82.      * 将集合按顺序插入 PreparedStatement
```

```
83.     * @param sql sql 语句
84.     * @param params 集合
85.     * @return PreparedStatement
86.     * @throws SQLException SQLException
87.     */
88.    public PreparedStatement createPreParedStatement(String sql, Object[] params) throws SQLException {
89.        pstmt = getConn().prepareStatement(sql) ;
90.        if(params!=null) {
91.            for(int i=0;i<params.length;i++) {
92.                pstmt.setObject(i+1, params[i]);
93.            }
94.        }
95.        return pstmt;
96.    }
97.
98.
99.    /**
100.    * 通用的查询:适合任何查询
101.    * @param sql sql 语句
102.    * @param params 更新的集合
103.    * @return
104.    */
105.    public ResultSet executeQuery(String sql ,Object[] params)
106.    {
107.        try {
108.            pstmt = createPreParedStatement(sql,params);
109.            rs =  pstmt.executeQuery() ;
110.            return rs ;
111.        } catch (SQLException e) {
112.            e.printStackTrace();
113.            return null ;
114.        }catch (Exception e) {
115.            e.printStackTrace();
116.            return null ;
117.        }
118.    }
119.
120.
121.
122.
123.    //查询通用方法
124.    public ResultSet query(String sql,Object[] params){
125.
126.        Connection conn = getConn();
127.        ResultSet rs = null;
128.        PreparedStatement ps = null;
129.        try {
130.            ps = conn.prepareStatement(sql);
```

```
131.        //先判断数组是否为 null
132.        if(params!=null){
133.            for (int i = 0; i < params.length; i++) {
134.                ps.setObject(i+1, params[i]);
135.            }
136.        }
137.        rs = ps.executeQuery();
138.        System.out.println("执行查询");
139.    } catch (SQLException e) {
140.        // TODO Auto-generated catch block
141.        e.printStackTrace();
142.    }
143.
144.    return rs;
145. }
146.
147. //增删改通用方法
148. public int excuteUpdate(String sql,Object[] params){
149.     int num = 0;
150.     Connection conn = getConn();
151.
152.     PreparedStatement ps = null;
153.     try {
154.         ps = conn.prepareStatement(sql);
155.         //先判断数组是否为 null
156.         if(params!=null){
157.             for (int i = 0; i < params.length; i++) {
158.                 ps.setObject(i+1, params[i]);
159.             }
160.         }
161.         num = ps.executeUpdate();
162.         System.out.println("执行查询");
163.     } catch (SQLException e) {
164.         num=-1;
165.         e.printStackTrace();
166.     }
167.     return num;
168. }
169.
170. }
```

2. StringUtil

Stringutil 为工具类，包含一些字符串处理相关的方法，具体实现代码如下：

```
1.  package com.bank.util;
2.
3.  import java.time.LocalDateTime;
4.  import java.time.format.DateTimeFormatter;
5.
```

```
6.   public class StringUtil {
7.
8.      //判断字符串是否为空
9.      public static boolean isEmpty(String str){
10.         if(str==null||"".equals(str.trim())){
11.             return true;
12.         }else{
13.             return false;
14.         }
15.     }
16.
17.     //随机生成交易记录号
18.     public static String getOrderNum(String userId) {
19.         //时间（精确到毫秒）
20.         DateTimeFormatter ofPattern = DateTimeFormatter.ofPattern("yyyyMMddHHmmssSSS");
21.         String localDate = LocalDateTime.now().format(ofPattern);
22.         String orderNum = localDate + userId;
23.         return orderNum;
24.     }
25. }
```

8.5 编写表示层代码

表示层开发的工作量相对较大，有很多细节工作需要完成。

8.5.1 编写用户登录窗口

LoginFrame 运行时会启动用户登录窗口，如图 8-3 所示，其中有一个文本框、一个密码框和两个按钮。用户输入卡号和密码后，单击"登录"按钮，如果输入的卡号和密码正确，则登录成功，进入商品列表窗口；如果输入的卡号或密码不正确，则弹出如图 8-4 所示的对话框。

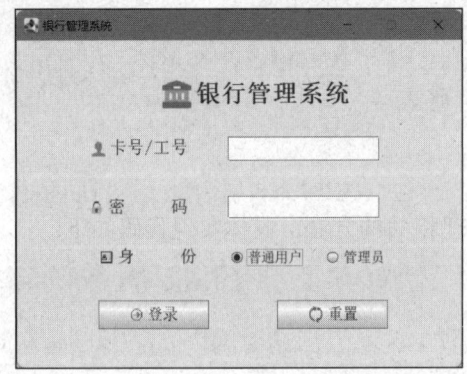

图 8-3 用户登录窗口

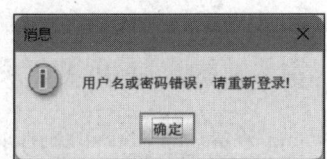

图 8-4 用户登录失败提示

用户登录窗口 LoginFrame 的代码请扫描右侧二维码获取。

8.5.2 编写登录后的窗口

1. 普通用户登录后的窗口与安全退出

普通用户进入系统后，显示"个人业务""查询业务""账号管理"菜单列表。分别单击菜单，显示功能列表如图 8-5～图 8-7 所示。

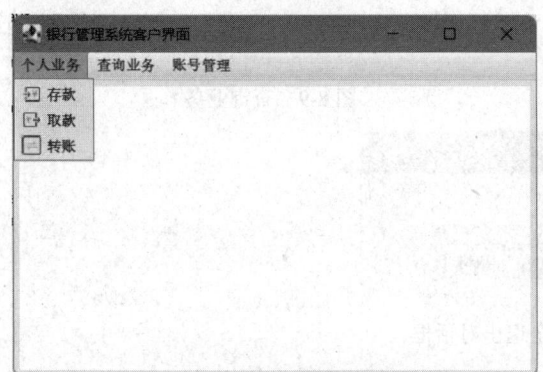
图 8-5 个人业务

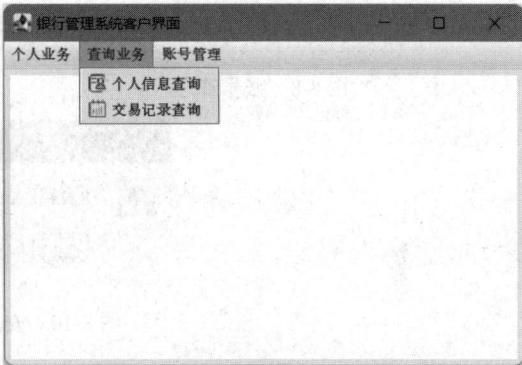
图 8-6 查询业务

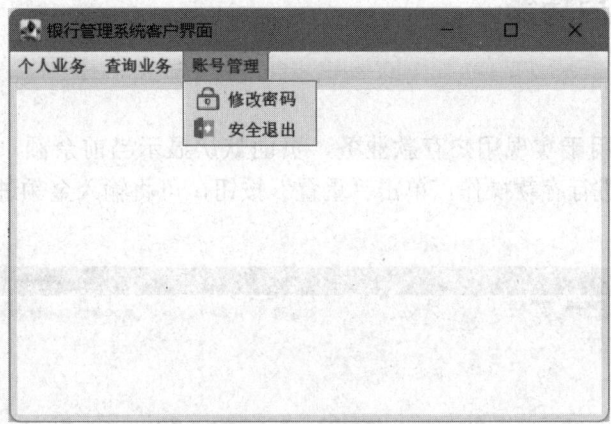
图 8-7 账号管理

实现代码请扫描右侧二维码获取。

2. 管理员登录后的窗口与安全退出

如果"账号管理"或"查询业务"相关操作完成，如图 8-8 和图 8-9 所示，用户想退出系统，则可以单击右上角"×"按钮安全退出，然后会弹出如图 8-10 所示安全退出对话框。如果单击"是"按钮，则安全退出。如果单击"否"或"取消"按钮，则返回登录后窗口。

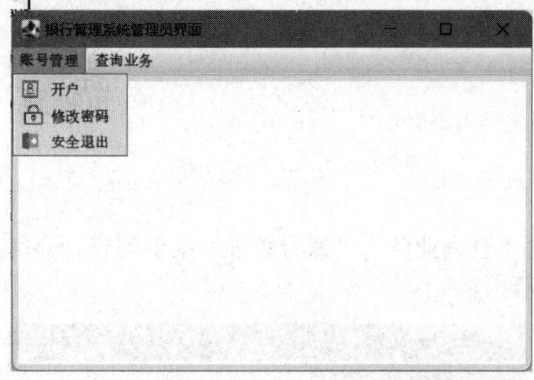
图 8-8　账号管理

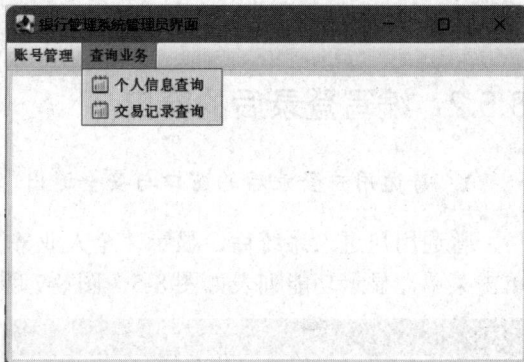
图 8-9　查询业务

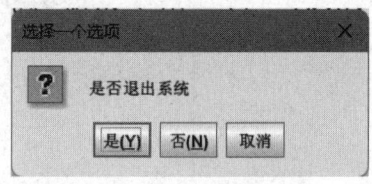
图 8-10　安全退出对话框

实现代码请扫描右侧二维码获取。

8.5.3　普通用户功能

1. 存款

存款功能主要用于实现用户存款业务，页面默认显示当前余额，输入存款金额，单击"确定"按钮，进行存款操作，单击"重置"按钮，可将输入金额进行重置，如图 8-11 所示。

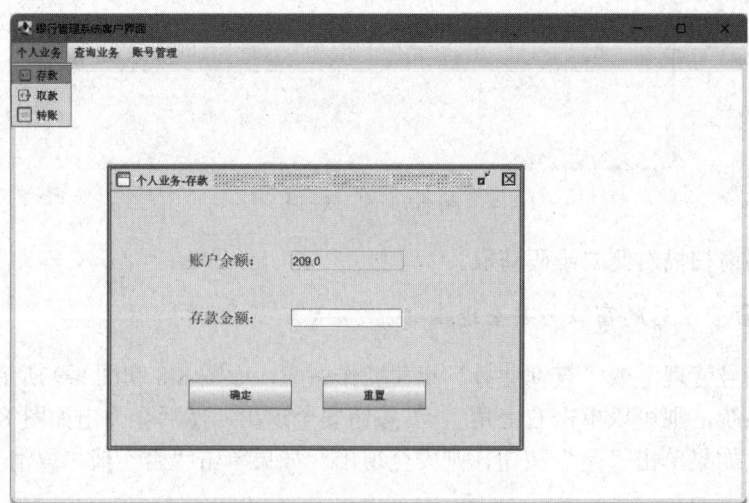
图 8-11　存款对话框

实现代码请扫描右侧二维码获取。

2. 取款

取款功能主要用于实现用户取款业务，页面默认显示当前余额，输入取款金额，单击"确定"按钮，进行取款操作，单击"重置"按钮，可将输入金额进行重置，如图 8-12 所示。

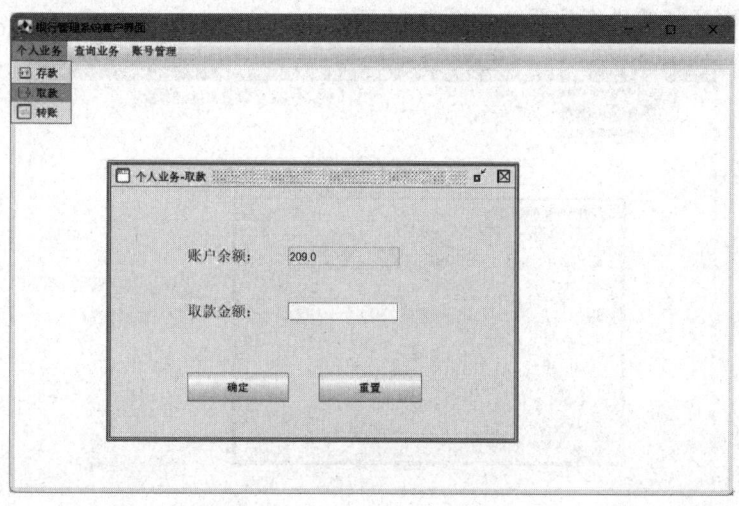

图 8-12 取款对话框

实现代码请扫描右侧二维码获取。

3. 转账

转账功能主要用于实现用户转账业务，页面默认显示当前余额，输入转出账户以及转出金额，单击"确定"按钮，进行转账操作，单击"重置"按钮，可将转出金额以及转出账户进行重置，如图 8-13 所示。

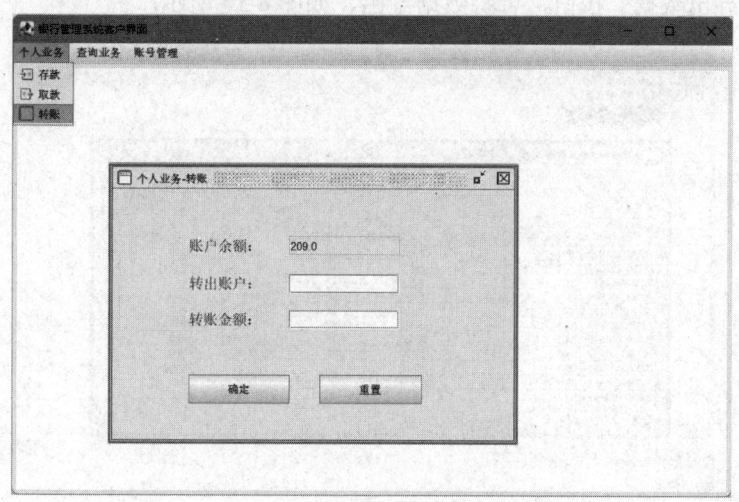

图 8-13 转账对话框

实现代码请扫描右侧二维码获取。

4. 个人信息查询

查询业务分为个人信息查询和交易记录查询。单击"个人信息查询"按钮，默认显示银行卡号、电话号码、用户姓名、开户日期、电子邮箱以及当前余额，以及"修改"和"重置"按钮。其中，电话号码、电子邮箱可以进行修改；单击"重置"按钮，可将电话号码、电子邮箱进行重置，如图8-14所示。

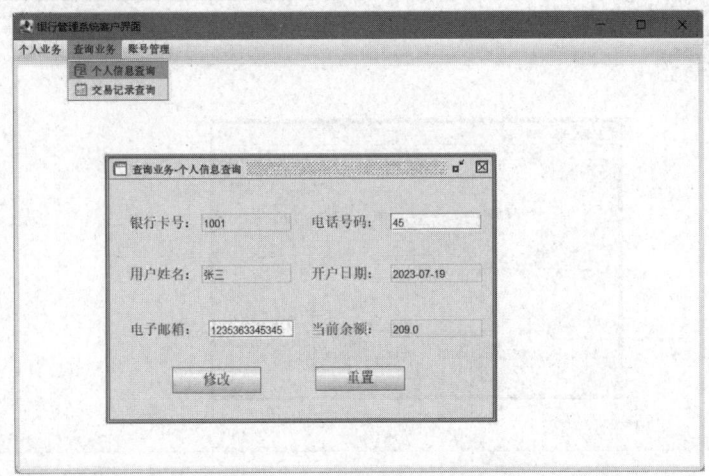

图8-14 个人信息查询对话框

实现代码请扫描右侧二维码获取。

5. 交易记录查询

单击"交易记录查询"按钮，显示交易流水信息，包括交易流水号、转出账户、转入账户、交易金额、交易类型、交易时间、账户余额等字段，并显示"导出数据"按钮，单击"导出数据"按钮，可将数据导出，如图8-15所示。

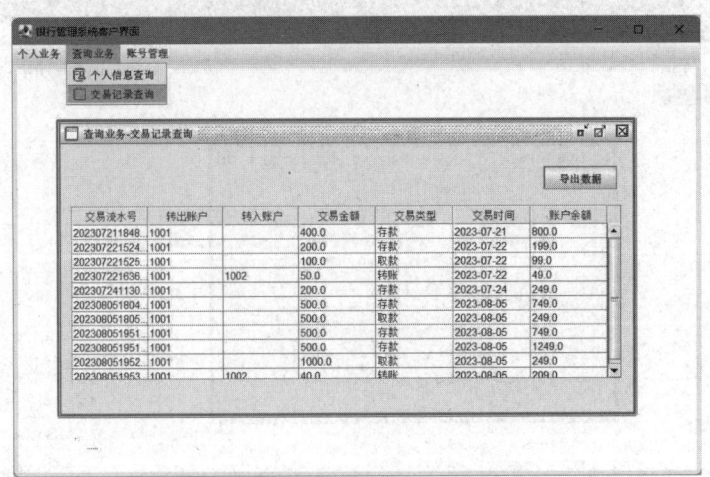

图8-15 交易记录查询对话框

实现代码请扫描右侧二维码获取。

6. 修改密码

账号管理菜单包含密码修改和安全退出功能。单击"修改密码"按钮，显示旧密码、新密码、确认密码输入框，并显示"确认""重置"按钮，输入相关数据，单击"确认"按钮，可进行密码修改；单击"重置"按钮，可清空输入内容，如图 8-16 所示。

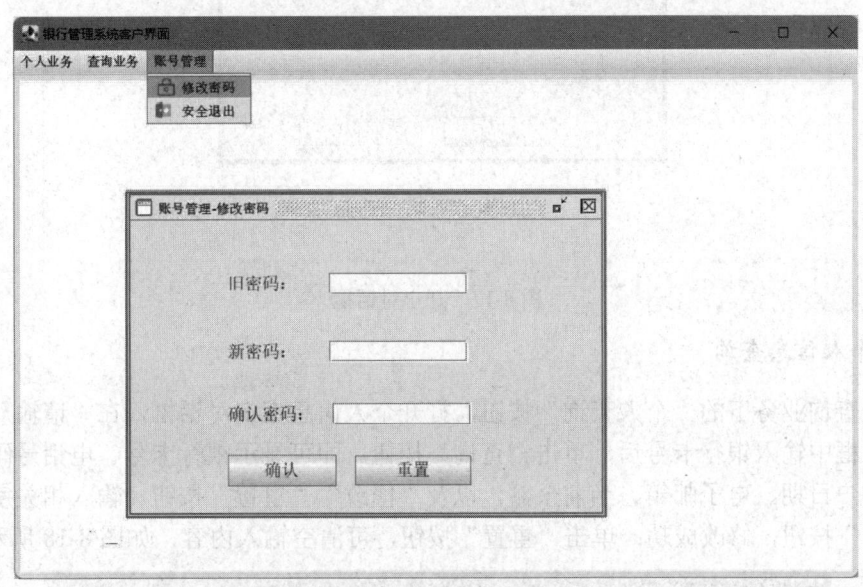

图 8-16 修改密码对话框

实现代码请扫描右侧二维码获取。

8.5.4 管理员功能

使用管理员账号进行登录，可显示账号管理、业务查询菜单。账号管理包含开户、修改密码、安全退出；业务查询包含个人信息查询、交易记录查询。

1. 开户

单击账号管理下的"开户"按钮，打开"开户"对话框，默认显示银行卡号、电话号码、用户姓名、账户密码、电子邮箱、账户类型、账户余额，以及"添加""重置"按钮。输入相关字段，单击"添加"按钮，即可开户成功；单击"重置"按钮，可清空输入内容，如图 8-17 所示。

实现代码请扫描右侧二维码获取。

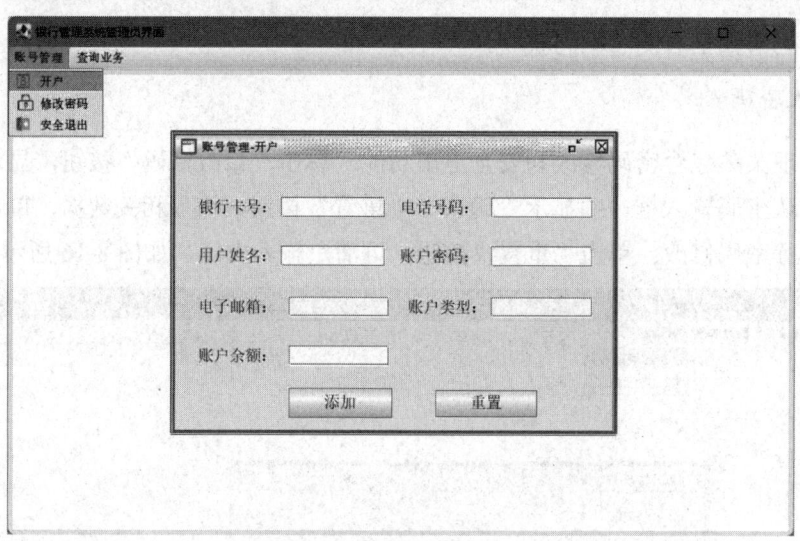

图 8-17　开户对话框

2. 个人信息查询

单击查询业务下的"个人查询"按钮,打开个人信息查询对话框,在"请输入银行卡号"输入框中输入银行卡号后,单击"查询"按钮。即可显示银行卡号、电话号码、用户姓名、开户日期、电子邮箱、当前余额,以及"修改""重置"按钮。输入相关字段,单击"修改"按钮,修改成功;单击"重置"按钮,可清空输入内容,如图 8-18 所示。

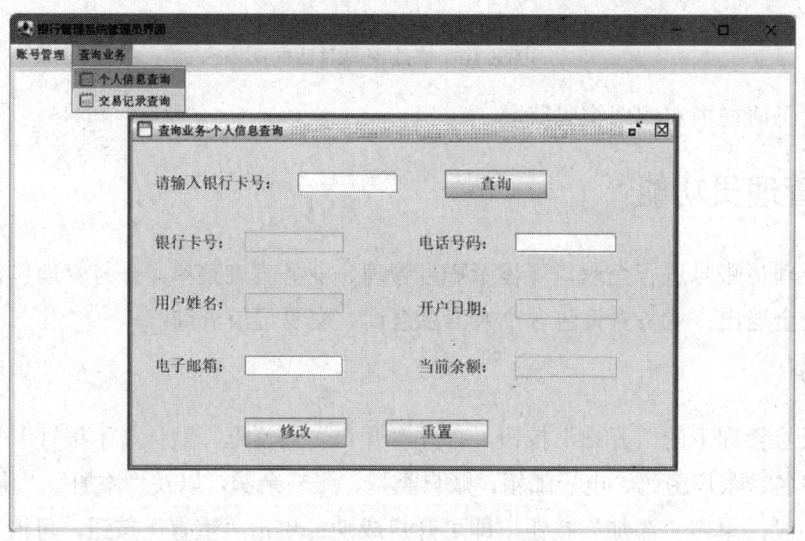

图 8-18　个人信息查询对话框

实现代码请扫描右侧二维码获取。

3. 交易记录查询

单击查询业务下的"交易记录查询"按钮,打开"交易记录查询"对话框。

默认显示"转出账户"输入框，如图 8-19 所示。输入转出账户，单击"查询"按钮，可显示该账户下的交易记录信息。显示交易流水号、转出账号、转入账号、交易金额、交易类型、交易时间、账户金额，如图 8-20 所示。单击"导出数据"按钮，可导出数据，以文本形式存储，如图 8-21 所示。

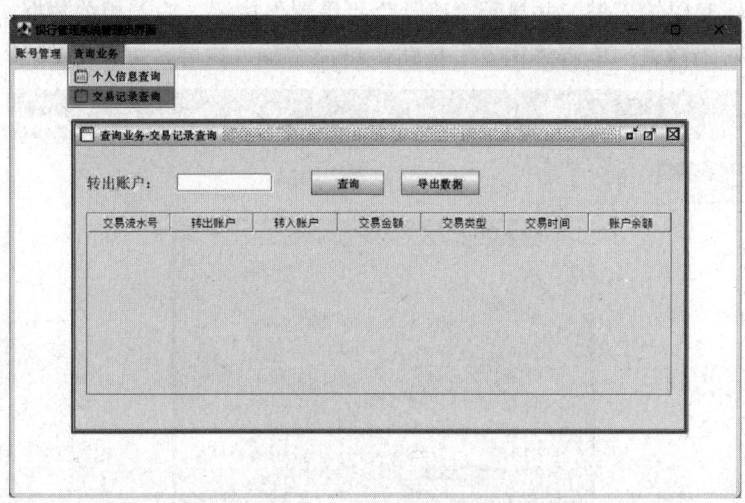

图 8-19 "转出账户"输入框

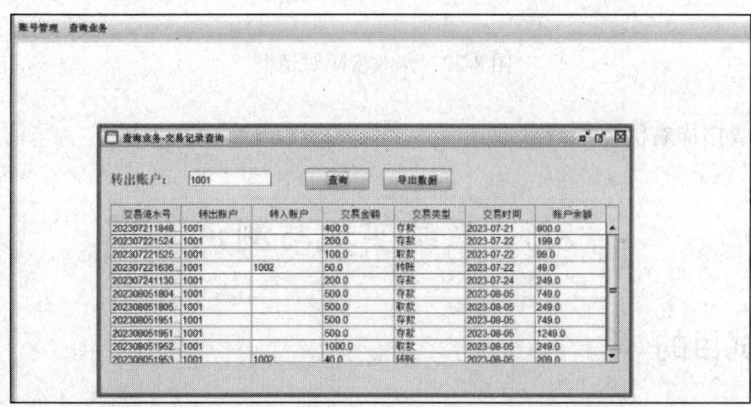

图 8-20 显示交易记录

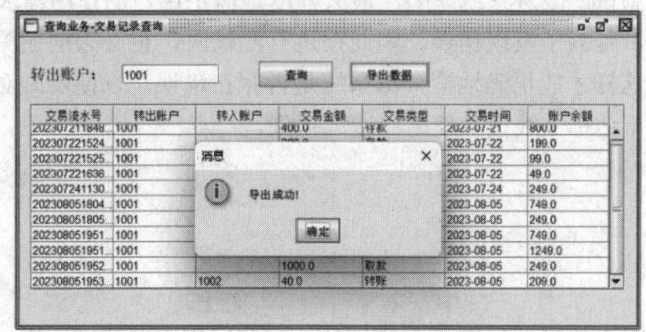

图 8-21 导出交易记录

实现代码请扫描右侧二维码获取。

4. 修改密码

账号管理菜单包含修改密码、安全退出功能。单击"修改密码"按钮，显示开户账号和新密码输入框，并显示"确认""重置"按钮，输入相关数据，单击"确认"按钮，可进行密码修改；单击"重置"按钮，可清空输入内容，如图 8-22 所示。

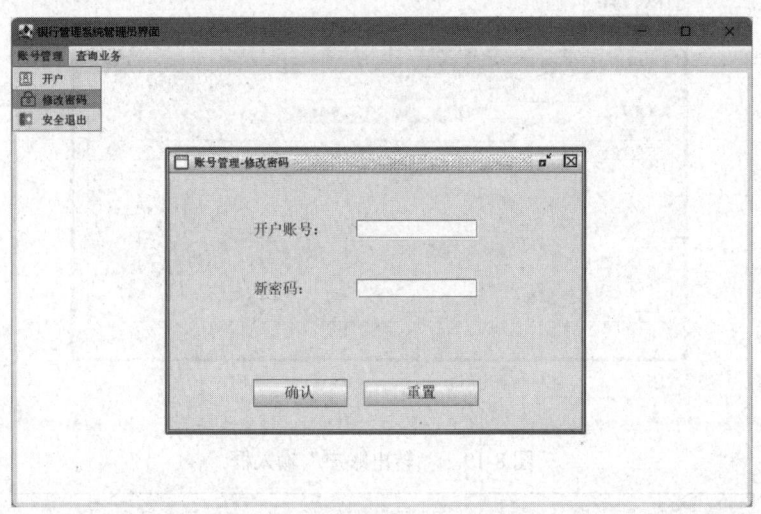

图 8-22　修改密码对话框

实现代码请扫描右侧二维码获取。

8.6　系统实现与测试

8.6.1　测试目的

基于 Java 源程序的银行管理系统正式上线交付用户使用之前，需要对各种用户对应的各个功能模块进行测试。改进系统缺陷，最大程度地满足用户的使用需求。

进行系统测试，是为了发现错误。因此在进行测试时，也必须遵循测试的要求，按照规范的方法进行，这样才能正确地检查出系统是否存在错误，以便及时对功能进行扩充或完善，避免系统因不达标上线投入使用而造成损失。

8.6.2　测试

1. 测试范围

可以对银行管理系统制定如表 8-3 所示的一些测试范围及测试内容。通过这三大范围以及具体的测试内容，基本可以完成用户对系统的界面、功能以及数据库方面需求的基本测试。通过这些测试来发现系统的不足或错误，以进行及时的调整与完善。

表 8-3　测试范围表

序　号	测试范围	测试内容
1	界面测试	登录界面、开户界面、个人信息查询界面、交易记录查询界面等
2	功能测试	开户、个人信息查询、交易记录查询、修改密码等
3	数据库测试	数据库设计测试、一致性测试等

2．测试分析

（1）界面测试。开发者模拟用户进行测试，系统正常运行进入登录界面，然后通过开户界面进行开户之后，再使用此账号登录，可以正常进入系统，看到各功能界面。

界面满足测试内容以及测试用例。此部分通过测试。

（2）功能测试。进入系统之后，界面正常显示，存款、取款、转账、个人信息查询、交易记录查询内容均正常展示。

管理员对普通用户作业进行个人信息查询、交易记录查询，功能正常执行。

此部分功能正常运行，测试用例均通过，各功能能够满足需求。

（3）数据库测试。程序运行过程中，若各测试用例请求的功能都能正常运行，各功能需要访问的数据都能正常取到，未出现数据访问失败或数据更新不及时的情况。则数据库测试完成，满足系统对数据库的要求。

8.6.3　测试结果

采用多种测试方法与用例对系统进行了综合测试。银行管理系统能够按照预先计划正常运行，各个功能模块稳定。运行速度、响应时间基本在计划范围内。系统整体满足用户的需求。

8.7　任务总结

本章任务主要围绕银行管理系统，通过实际项目案例，引导读者进行 Java 应用的开发实践，包括系统需求分析、数据库创建、数据库操作、图形界面编程、功能开发、系统实现与测试等，使读者在实践中巩固所学知识，提高实际开发能力。整体项目从实际问题出发，引导读者分析问题、设计解决方案、编写代码、测试运行等。通过完成这些项目，读者可以更好地理解和掌握 Java 语言编程的实际应用，提高编程能力。

8.8 任务评价

任务 8　银行管理系统项目实现

考核目标	任务节点	完成情况	备注
知识、技能（70%）	1. 系统分析与设计（10%）		
	2. 数据库创建（10%）		
	3. 初始化项目（10%）		
	4. 功能实现（20%）		
	5. 系统功能测试（10%）		
素养（30%）	团队协作（10%）		
	个人能力展示、专业认知（20%）		
	成绩合计		
合计			

8.9 习　题

一、填空题

1. 关系数据库的 3 个基本要素是_____。
2. 系统测试中，常见测试类型有：_____（请列举 5 种）。
3. 软件的生命周期从软件的计划到废弃，划分为若干阶段，并赋予任务和活动，它们分别是_____。
4. 在 SQL 中，"DELETE FROM 表名"表示_____。
5. 典型的软件测试过程模型有_____等。

二、选择题

1. 数据库是指（　　）的数据集合。
   A. 相关的　　　　　　　　　　B. 无序的
   C. 混合的　　　　　　　　　　D. 循环的
2. 软件测试的目地是（　　）。
   A. 避免软件开发中出现的错误
   B. 发现软件开发中出现错误
   C. 尽量发现并排除软件中潜藏的错误，提高软件的可靠性
   D. 修改软件中出现的错误
3. 下列软件属性中，软件产品应首要满足的是（　　）。
   A. 功能需求　　　　　　　　　B. 性能需求
   C. 可扩展性和灵活性　　　　　D. 容错纠错能力

4. 坚持在软件的各个阶段实行下列哪种质量保障措施，才能在开发过程中尽早发现和避免错误，把浮现的错误克服在初期（　　）。
  A．技术评审   B．程序测试
  C．改正程序错误   D．管理评审
5. 以程序的内部构造为基本的测试用例技术属于（　　）。
  A．灰盒测试   B．数据测试
  C．黑盒测试   D．管理评审
6. 在 ER 图中，长方形和圆分别表示（　　）。
  A．联系、属性   B．属性、实体
  C．实体、属性   D．什么也不代表、实体
7. 在数据库技术中，面向对象数据模型是一种（　　）。
  A．概念模型   B．结构模型
  C．物理模型   D．形象模型
8. ER 图是表示概念模型的有效工具之一，在 ER 图中的菱形框表示（　　）。
  A．联系   B．实体
  C．实体的属性   D．联系的属性
9. 概念模型表示方法最常用的是（　　）。
  A．ER 方法   B．数据的方法
  C．分布式方法   D．面向对象的方法
10. 下列各种模型中不是数据模型的是（　　）。
  A．概念模型   B．层次模型
  C．网状模型   D．关系模型

8.10　综合实训

1. 系统名称

学生成绩管理软件

2. 需求说明

学生成绩管理在学校里是一个最为常见的管理工作。涉及方方面面，包括教师在期末需要在网上提交成绩，学生可以查看自己的成绩，教务处需要按照成绩进行补考安排和学籍管理，学生处按照成绩评定奖学金，学院按照成绩确定评优评先等。

3. 功能实现要求

1) 分别采用文件和数据库存储学生信息和成绩信息

2) 学生信息添加功能

（1）用户从键盘输入每个学生的信息：学号，姓名，班级，数学、英语、语文成绩等。

（2）可插入一个或多个学生信息到当前编辑的班级数据中。

3）文件保存功能

（1）将学生信息存为一个数据文件，数据文件可在程序中打开、编辑和重新保存。

（2）用户输入学生信息可随时保存数据文件。

4）查询功能

（1）浏览所有学生信息。

（2）按学号查询学生信息。

（3）按姓名查询学生信息。

（4）查询一个班的学生信息。

答案8

课件8

参 考 文 献

[1] 丁文. Java 程序设计基础项目化教程[M]. 北京：机械工业出版社，2020.
[2] 王波，杨晓健. Java 语言程序设计[M]. 成都：电子科技大学出版社，2021.
[3] 谢振华，李向东，洪晓彬. Java 面向对象程序设计[M]. 上海：上海交通大学出版社，2020.
[4] 肖睿，崔雪炜. Java 面向对象程序开发与实战[M]. 北京：人民邮电出版社，2018.
[5] 赵冬玲，郝小会. Java 程序设计案例教程[M]. 北京：清华大学出版社，2014.